情感智能理论与方法丛书

总主编　李太豪

情感计算：
概念与原理

主　编　李太豪　董建敏

副主编　程翠萍　朱　敏

上海科学技术出版社

图书在版编目（ＣＩＰ）数据

情感计算：概念与原理 / 李太豪，董建敏主编；
程翠萍，朱敏副主编. -- 上海：上海科学技术出版社，
2024.1
（情感智能理论与方法丛书）
ISBN 978-7-5478-6052-6

Ⅰ. ①情… Ⅱ. ①李… ②董… ③程… ④朱… Ⅲ.
①智能计算机 Ⅳ. ①TP387

中国国家版本馆CIP数据核字(2023)第199198号

基 金 支 持

本书出版得到了科技部科技创新2030-"新一代人工智能"重大项目
（2021ZD0114303）、国家自然科学基金专项项目（T2241018）资助。

情感计算：概念与原理

主　编　李太豪　董建敏

副主编　程翠萍　朱　敏

上海世纪出版（集团）有限公司
上 海 科 学 技 术 出 版 社　出版、发行
（上海市闵行区号景路 159 弄 A 座 9F-10F）
邮政编码 201101　　www.sstp.cn
上海光扬印务有限公司印刷
开本 787×1092　1/16　印张 20
字数 300 千字
2024 年 1 月第 1 版　2024 年 1 月第 1 次印刷
ISBN 978-7-5478-6052-6/TP·78
定价：108.00 元

本书编写组

李太豪　信息科学与系统工程博士，之江实验室高级研究专家、研究员，中国科学院大学杭州高等研究院教授，浙江大学计算机学院博士生导师，浙江省海外高层次人才特聘专家。曾任哈佛大学研究员，波士顿 Flatley 创新实验室首席科学家。

董建敏　控制科学与工程博士，之江实验室高级研究专员。

程翠萍　计算机技术硕士，之江实验室研究专员。

朱　敏　经济学博士，上海师范大学商学院副教授，商业数据系主任，金融学专业硕士生导师，中国交叉科学学会金融量化分析与计算专业委员会委员、上海市经济学会会员、上海市世界经济学会会员。

总序

　　情感的识别和理解是类人智能机器的核心功能之一，是人工智能的一个重要方向。情感计算的概念最早由美国麻省理工学院教授罗莎琳德·皮卡德（Rosalind Picard）提出，情感计算旨在创建一种能感知、识别和理解人的情感，能针对个体的情感作出智慧、灵敏、友好反应的计算系统，并实现在多领域的应用。

　　随着人工智能技术的发展，情感计算受到了学术界和产业界的广泛关注，并被认为具有重要的意义和影响。人工智能奠基者之一马文·明斯基（Marvin Minsky）指出，不在于智能机器能否具有情感，而在于没有情感的机器能否实现智能。情感计算是实现自然化、拟人化、人格化人机交互的基础性技术和重要前提，也为人工智能决策提供了优化路径，对开启智能化、数字化时代具有重大价值。因此，在人机共生社会，不仅需要机器具备类人的"智商"（逻辑智能），而且需要赋予其类人的"情商"（情感智能），从而实现智慧、自然和有温度的人机交互。

　　目前，针对人工智能领域的教材和科普读物，更多聚焦于逻辑智能方面，对情感智能的涉及有限，且缺乏针对性的关于学术前沿、学科建设、技术动态及行业发展的系统总结和科学传播，造成了情感智能领域高质量教材和科普读物供给不足，并且导致缺乏科学内涵和依据，甚至存在伪科学、陈旧知识流传等问题，不利于全社会科学素养的提升和人工智能科学理念的培育。因此，情感智能领域需要全社会广泛关注与共同努力。

　　基于此，我们推出了情感智能理论与方法丛书，首批包含《情感计算：发展与趋势》《情感计算：概念与原理》《情感计算：应用与案例》三册。本丛书的出版将有助于明晰学术研究热点和发展趋势，以及与情感计算相关的关键共性技术、前沿引领技术及颠覆性技术；为广大学者和科学基金立项的指南编写、主题选取、团队组建等提供参考；为相关领域重大科研项目布局提供建议。本丛书的出版还将有助于包括本科生、研究生等在内的公众在理解逻辑智能的基础上，认识情感智能的重要性；服务和谐人机共生社会的建设，形成更加全面的人工智能认知体系；为培养情感计算领域科研后备力量筑牢基础。同时，本丛书还有助于促进相关从业人员对技术全景的理解和认知，助力全行业更好地运用情感计算技术进行赋能和实践，加速数字经济转型升级和人工智能技术迭代应用，促进更多企业从产业链下游向产业链中上游的价值重塑。

　　不止于此，我们还将围绕情感智能前沿技术，特别聚焦于情感智能"多维度分类、多模态融合、多模型推理、多轮交互计算"的新趋势，出版第二批专业性和科普性兼备的读物，欢迎有志于此的学者和同行与我们联系，共同推动出版工作，使之更加丰富化和专业化。

　　本丛书的出版离不开各界的支持，我们向之江实验室、上海科学技术出版社、德勤中国（Deloitte China）、国家自然科学基金委员会交叉科学部、中国科学院文献情报中心、英国工程技术学会（The Institution of Engineering and Technology，IET）等表达诚挚的感谢，同时感谢参与编写的各位专家和同事的辛勤付出。

之江实验室高级研究专家、研究员
浙江省海外高层次人才计划专家

本书序

　　1956 年，随着"人工智能之父"约翰・麦卡锡（John McCarthy）组织的达特茅斯人工智能夏季研究会成功召开，人工智能成为当时社会的研究热点。如今，人工智能凭借大数据、云计算等技术成为信息和数字化时代应用于产业能级提升和社会经济建设的一大亮点。但是，如何使机器拥有情感始终是摆在学术界和产业界面前的一大难题。美国麻省理工学院媒体实验室马文・明斯基（Marvin Minsky）认为，只有当机器拥有情感智能的时候，人工智能才算真正实现。1997 年，美国麻省理工学院媒体实验室教授罗莎琳德・皮卡德（Rosalind Picard）在其著作《情感计算》（*Affective Computing*）一书中提出了有关情感及情感计算的相关内容。自此，情感计算受到了广泛关注。

　　本书主要介绍了情感计算的意义、概念、研究内容、研究现状等，详细阐述了文本情感计算、语音情感计算、视觉情感计算、生理信号情感计算、多模态情感计算的研究方法、核心技术和算法，以及拟人情感对话系统的构建。本书撰写的目的是希望通过对情感计算的基本情况、技术细节以及应用场景进行系统化的介绍，推动该技术在全球发展事务中的转化和普及。本书系统性地论述了当下能够用以实现机器情感计算的各种技术手段和方法，可以作为面向人工智能技术爱好者的科普读物，也能够作为高等院校情感计算专业课程入门教材所用。

　　值得注意的是，人工智能尤其是情感计算等类脑智能技术都是建立在

1

几千年来无数学者对人类心智的探索和研究结论之上的。因此，学习和应用好情感计算要求读者对人类心理学和认知神经科学，尤其是与情绪及情感有关的知识进行大量的阅读和深刻的理解。这也充分体现了人工智能作为一门交叉学科，对实践者知识面的宽度有着较高要求。另外，情感计算是一门需要"动手做"的科学。通过算法的不断优化，情感计算最终要实现的是使机器能够完全如同我们人类一样拥有源于主观感受和客观体验的情感心智。

正如明斯基所言，没有情感成份的加载，机器所输出的不算是真正的智能。我们真切希望本书的出版能够为全球科技界带来一波新的情感计算浪潮，从而吸引更多人为发展情感计算共同奋斗！

之江实验室高级研究专家、研究员

浙江省海外高层次人才计划专家

前言

　　随着科技的不断进步，人工智能技术的发展和应用已经成为当今社会发展的重要驱动力。如何让机器具有情感，使机器与人类之间的交流和互动更具有温度是人工智能领域研究的一大热点和难点。解决这一问题的基石就是研究情感本身，对情感进行科学度量和分析。情感计算，顾名思义就是对情感的定量化研究。作为人工智能和认知科学的结合，情感计算在商业、管理等领域有许多前景广阔的应用，近年来更是成为理论研究的一个热点。虽然情感的概念和理论在心理学中已经形成了比较成熟的知识体系，但现在人们认知中的情感计算超越了传统心理学的范畴，包含了深度学习、人机交互等人工智能方面的技术进展。

　　本书共 8 章。第一章是绪论，从情感计算的发展历程、存在意义和未来挑战等 3 个方面出发，介绍情感计算的背景和现状。第二章介绍情感及情感计算的概念，从人类情感的概念出发讲述了情感的分类方法，引出情感计算的研究内容、研究方法、研究现状及功能特点。第三章、第四章、第五章、第六章分别聚焦文本情感计算、语音情感计算、视觉情感计算和生理信号情感计算，介绍各自的背景、代表数据集、主要方法、技术挑战、应用及展望等。在前几章的基础之上，第七章围绕多模态情感计算展开。第八章介绍拟人情感对话系统，包括拟人情感对话系统的模块框架、应用场景和技术挑战等，并详细介绍了之江情感识别和计算平台。

　　本书的构思和撰写希望实现 3 个小目标。首先，通过梳理目前情感计算最新的研究进展，总结情感计算过去研究的发展脉络，力求呈现给广大读者一个较为全面、完整的知识体系，便于读者了解概况、迅速入门，熟悉当前研究的主流理论、方法和技术。其次，较为详细地介绍情感计算中广为运用的深度学习技术，包括支持向量机（SVM）、卷积神经网络（CNN）、循环神经网络（RNN）等方法，希望读者能以本书深入浅出的介绍为基石，顺利地延伸学习相关技术细节。此外，通过案例的方式展现主要的技术运用流程，结合具体的问题，从自然语言处理开始，提取数据、处理数据和分析数据。最后，提供可供研究使用的数据资源。当前许多技术性研究通常都会使用标准开源的数据集作为算法比较的基准。提供这些数据库信息以及相应的下载链接，可以大大减轻读者搜索数据的成本。此外，本书的编写也尽量贴近高等学校心理学、管理学、人工智能等专业教材的教学需求，秉承概念、理论、技术、运用"四位一体"的知识架构，便于安排教学学时和学习测评。

在本书的撰写过程中，编写组得到了学术界和产业界人士的大力协助。其中，德勤科学加速中心侯月女士、张博伦先生，纽约大学坦登工学院数据分析专业研究生崔新蕾女士，上海师范大学商学院商业数据系研究生卜守业先生、毛慧珏女士、赵若雯女士、耿慧敏女士、郭煜先生、吴一凡先生，之江实验室跨媒体研究中心岳鹏程先生、李刘鹏先生、宋兴喆先生、吴彦峰先生、阮玉平先生、孙俊先生、邹晓梅女士参与了本书各章节的内容编撰。值此，谨代表本书编写组向他们及其所在单位表示诚挚的谢意。

众所周知，情感计算技术的研发和应用在当前相对较少。因此，本书的撰写也是由一批走在科研和转化实践最前沿的人士"摸着石头过河"。相信随着相关技术的不断成熟和应用的进一步普及，本书难免存在不足之处，望读者能够理解并提出宝贵的建议。我们也十分愿意与各位读者、专家展开深度交流和合作，共同推动情感计算领域的发展。

本书编写组

目录

第一章　绪论 …………………………………………………… 1

1.1　情感计算的发展历程 ………………………………… 1

1.2　情感计算的存在意义 ………………………………… 4

1.3　情感计算的未来挑战 ………………………………… 6

　　1.3.1　情感计算的可行性 ………………………… 6

　　1.3.2　情感计算的理论和技术突破 ……………… 8

　　1.3.3　情感计算的监管需求 ……………………… 10

第二章　情感及情感计算 …………………………………… 15

2.1　情感计算的由来 ……………………………………… 15

　　2.1.1　人类社会的情感 …………………………… 16

　　2.1.2　可计算的情感 ……………………………… 20

2.2　情感的分类方法 ……………………………………… 22

　　2.2.1　离散情感模型 ……………………………… 22

　　2.2.2　维度情感模型 ……………………………… 24

　　2.2.3　其他情感模型 ……………………………… 27

2.3　情感计算的研究内容 ………………………………… 29

　　2.3.1　情感基础理论 ……………………………… 29

2.3.2　情感信号的采集 ……………………………… 30

2.3.3　情感分析 …………………………………………… 30

2.3.4　多模态融合 ……………………………………… 33

2.3.5　情感的生成与表达 …………………………… 35

2.4　情感计算的研究方法 ……………………………… 35

2.4.1　传统机器学习方法 …………………………… 36

2.4.2　深度学习方法 …………………………………… 41

2.5　情感计算的研究现状 ……………………………… 49

2.5.1　单模态情感计算 ………………………………… 50

2.5.2　多模态情感计算 ………………………………… 55

2.6　情感计算的功能特点 ……………………………… 57

2.6.1　情感计算的行业应用 ………………………… 59

2.6.2　情感计算的未来趋势 ………………………… 63

第三章　文本情感计算……………………………………69

3.1　背景概述 ………………………………………………… 69

3.1.1　基于情感词典和规则库的文本情感计算 ……… 70

3.1.2　基于机器学习的文本情感计算 ………… 70

3.1.3　基于深度学习的文本情感分析 ………… 72

3.2　代表数据集 ……………………………………………… 75

3.2.1　中文文本情感分析数据集介绍 ………… 75

3.2.2　英文文本情感分析数据集介绍 ………… 83

3.3　主要方法 ………………………………………………… 91

3.3.1　基于传统机器学习的方法 ………………… 91

3.3.2　基于深度学习的方法 ………………………… 93

3.4　应用及展望 ……………………………………………… 97

第四章　语音情感计算 ·· **101**

4.1　背景概述 ··· **101**

4.1.1　语音情感计算研究背景 ··········· 101

4.1.2　语音情感计算研究现状 ··········· 103

4.2　代表数据集 ··· **105**

4.2.1　数据集的分类 ······················· 105

4.2.2　常见的语音情感数据集 ··········· 107

4.3　主要方法 ··· **111**

4.3.1　语音信号的预处理 ················· 112

4.3.2　语音情感特征提取 ················· 115

4.3.3　传统的方法 ·························· 118

4.3.4　深度学习的方法 ··················· 121

4.4　技术挑战 ··· **124**

4.5　应用及展望 ··· **126**

4.5.1　医学领域 ····························· 126

4.5.2　服务领域 ····························· 126

4.5.3　公共安全领域 ······················· 127

4.5.4　教育领域 ····························· 127

第五章　视觉情感计算 ·· **131**

5.1　背景概述 ··· **131**

5.1.1　视觉情感计算研究背景 ··········· 131

5.1.2　视觉情感计算研究现状 ··········· 135

5.2　代表数据集 ··· **140**

5.2.1　图像情感数据集 ······················· 140

5.2.2　视频情感数据集 ······················· 142

5.3　主要方法 ·· 144

　　5.3.1　基于传统机器学习的方法 ················ 144

　　5.3.2　基于深度学习的方法 ···················· 146

5.4　技术挑战 ·· 148

　　5.4.1　语义鸿沟 ······························· 148

　　5.4.2　情感表述的准确性 ······················ 149

　　5.4.3　标注困难 ······························· 149

　　5.4.4　数据库构建困难 ························ 150

5.5　应用及展望 ··· 150

第六章　生理信号情感计算·························· 157

6.1　背景概述 ·· 157

　　6.1.1　基于生理信号的情感计算研究背景 ·········· 157

　　6.1.2　基于生理信号的情感计算发展现状 ·········· 158

6.2　脑电信号 ·· 159

　　6.2.1　数据集介绍 ····························· 160

　　6.2.2　信号处理方法 ··························· 162

6.3　眼动信号 ·· 165

　　6.3.1　数据集介绍 ····························· 166

　　6.3.2　信号处理方法 ··························· 167

6.4　肌电信号 ·· 170

　　6.4.1　数据集介绍 ····························· 171

　　6.4.2　信号处理方法 ··························· 172

6.5　皮肤电信号 ··· 175

　　6.5.1　数据集介绍 ····························· 176

　　6.5.2　信号处理方法 ··························· 177

6.6　心电信号 ···································· 179

　　6.6.1　数据集介绍 ····················· 180

　　6.6.2　信号处理方法 ·················· 181

6.7　呼吸信号 ···································· 182

　　6.7.1　数据库 ··························· 183

　　6.7.2　呼吸信号处理方法 ············· 184

6.8　技术挑战 ···································· 186

6.9　应用及展望 ································· 189

第七章　多模态情感计算 ······················· 193

7.1　背景概述 ···································· 193

　　7.1.1　什么是多模态 ·················· 194

　　7.1.2　单模态与多模态对比 ··········· 194

　　7.1.3　多模态情感计算的概念 ········· 196

7.2　代表数据集 ································· 196

7.3　融合策略 ···································· 202

　　7.3.1　特征层融合 ····················· 203

　　7.3.2　决策层融合 ····················· 204

　　7.3.3　模型层融合 ····················· 205

7.4　技术挑战 ···································· 213

　　7.4.1　标注问题 ······················· 214

　　7.4.2　跨模态问题（表征与融合）····· 216

　　7.4.3　多模态情感计算的新挑战 ······· 219

7.5　应用及展望 ································· 220

　　7.5.1　应用场景 ······················· 221

　　7.5.2　未来方向 ······················· 226

第八章　拟人情感对话系统 ·· 231

  8.1　背景概述 ··· 231

  8.2　系统框架 ··· 233

    8.2.1　多模态感知模块 ································· 234

    8.2.2　语义理解 ··· 235

    8.2.3　情感识别 ··· 240

    8.2.4　共情回复 ··· 242

    8.2.5　内容生成 ··· 243

    8.2.6　情感表达 ··· 248

  8.3　代表系统 ··· 252

  8.4　应用场景 ··· 258

  8.5　技术挑战 ··· 260

  8.6　应用及展望 ··· 262

参考文献 ·· 263

第一章 绪论

1.1 情感计算的发展历程

1956 年夏天，美国达特茅斯学院开会研讨了如何用机器模拟人类的智能，人工智能（Artificial Intelligence，AI）的概念也被首次提出，人工智能学科由此诞生。此后，人们开始通过研究人类智能活动的规律，建造智能系统，以使计算机能够模拟人类智能行为。前期的研究焦点集中在人类理性的活动规律，与此同时，心理学家对感性或情感的研究也在逐步推进。

早在 20 世纪 70 年代，研究人员就开始进行关于人脸表情识别的研究。1971 年，美国著名心理学家保罗·埃克曼（Paul Ekman）和华莱士·弗里森（Wallace Friesen）通过研究高兴、悲伤、惊讶、恐惧、愤怒、厌恶等 6 种基本表情，系统地建立了上千幅不同的人脸表情图像库。1978 年，他们研究了情感类别之间的内在关系，开发了面部动作编码系统（Facial Action Coding System，FACS），系统描述了基本情感以及对应的产生这种情感的肌肉移动的动作单元。1985 年，人工智能奠基者之一明斯基首次提出让计算机具有情感，他在其专著《心智社会》（*The Society of Mind*）中强调情感是机器实现智能不可或缺的重要能力。1990 年，美国耶鲁大学心理学家彼得·萨洛维（Peter Salovey）和美国新罕布什尔大学心理学家约翰·梅耶（John Mayer）发表名为《情感智能》（*Emotional Intelligence*）

的文章，他们认为情感也是一种智能，具有处理能力。该观点重点强调情感的认知成分。20 世纪 80 年代末至 90 年代初期，美国麻省理工学院媒体实验室构造了一个"情感编辑器"，对外界各种情感信号进行采集，综合使用人体的生理信号、面部表情信号、语音信号来初步识别各种情感，并让机器对各种情感做出简单的反应。1996 年，美国马里兰大学帕克分校亚瑟·雅各布（Yaser Yacoob）和美国马里兰大学帕克分校拉里·戴维斯（Larry Davis）提出了另一种面部表情识别模型，它也是基于动作能量模版，将模版、子模版（如嘴部区域）和一些规则结合起来表达情感。1997 年，皮卡德出版《情感计算》著作，首先提出了情感计算的概念，并对情感计算进行了系统的论述。1999 年，日本庆应义塾大学森山刚志（Tsuyoshi Moriyama）和小泽真司（Shinji Ozawa）提出语音和情感之间的线性关联模型，并据此在电子商务系统中建造出能够识别用户情感的图像采集系统语音界面，实现了语音情感在电子商务中的初步应用。20 世纪 90 年代末，国外的文本情感分析研究已经开始。2002 年，美国康奈尔大学庞博（Bo Pang）等以积极情感和消极情感为维度，对电影评论进行了情感分类。他们分别采用了支持向量机（Support Vector Machine，SVM）、最大熵（Max Entropy）、朴素贝叶斯（Naive Bayes Model，NBM）算法进行分类实验，发现支持向量机的精确度达到了 80%。同时，加拿大国家研究委员会信息技术研究所彼得·特尼（Peter Turney）等在 2002 年使用点互信息的方法扩展了正负面情感词典，在分析文本情感时使用了极性语义算法，处理通用的语料数据时准确率达到了 74%。

美国人工智能协会（AAAI）在 1998 年、1999 年和 2004 年分别召开了针对人工情感和认知的专业学术会议。同一时期，日本的"感性工学"逐步发展，即从工程学的角度实现对人的感性需求的满足，把情感信息的研究从心理学角度过渡到心理学、信息科学等相关学科的交叉融合领域。2000 年，国际语言通讯协会（International Speech Communication Association，ISCA）在爱尔兰召开语言与情感研讨会（ISCA Workshop on Speech and Emotion）。2004 年到 2007 年，欧盟设立了一个名为 HUMAINE 的人机交互情感项目，旨在为能够记录、建模和影响人类情感的情感导向系统的发展奠定基础，欧盟 27 所大学联合参与了该项目。2010 年，《IEEE

情感计算汇刊》（*IEEE Transactions on Affective Computing*）创立，这是情感计算的第一本期刊，且是在全球最大的专业技术学会上创刊，这代表情感计算受到了学者认可，赢得了属于自己的一席之地。除了对科学界产生影响外，情感计算也开始改变社会。苹果、亚马逊、谷歌和 Meta 等科技巨头以及数百家规模较小的公司，正在部署情感计算方法来预测或影响消费者行为。致力于理解人工智能社会影响的跨学科研究中心 AI Now Institute 在其 2019 年的报告中将情感计算列为首要社会关注事项。

国内的情感计算起步稍晚，但发展势头强劲。2003 年 12 月，第一届中国情感计算及智能交互学术会议在北京举办，主办单位为中国科学院自动化研究所、中国自动化学会、中国计算机学会、中国图象图形学学会、中国中文信息学会、国家自然科学基金委员会和国家 863 计划计算机软硬件技术主题专家组。会议收到来自海内外近百篇论文的投稿，还邀请海外学者到场一起交流探讨。2005 年，首届情感计算和智能交互国际学术会议在北京召开。此外，关于情感计算的各类研究所、研究中心相继成立。其中，具有较高代表性的有清华大学人机交互与媒体集成研究所、之江实验室跨媒体智能研究中心、中国科学院自动化研究所、哈尔滨工业大学社会计算与信息检索研究中心等。2021 年，中国中文信息学会情感计算专委会（筹）在北京正式成立。近年来，中国的情感计算研究蓬勃发展，从最初的独立研究向国际化、联盟化和体系化发展。

现阶段，随着时代的发展，互联网赋予情感计算新的、更大的数据平台，打开了情感计算的新局面。海量数据蕴含的情感表现出更多的社会属性，主要包括：情感随群体的变化、情感随社会角色的变化、情感随时间的演变。多模态计算是目前情感计算发展的主流方向，每个模态所传达的人类情感的信息量大小和维度不同，通过融合多个信息源，综合处理，协调优化，以求尽可能精准地识别人类情感。

总的来说，情感计算的发展经历了一定的时间，在多领域实现了较为广泛的应用。随着计算机水平的不断发展，越来越多的计算机技术被应用于情感计算，这对智能化、数字化时代的发展具有重要的意义与价值。同时，人类对自己内心世界的认识还处于比较粗浅的阶段，对内心世界的探索面临很多挑战。因此，情感计算是人工智能的一大进步，体现出更高层次的智能，必将引领人类向"真正认识自己"迈进一大步。

1.2　情感计算的存在意义

明斯基提出"没有情感的机器能否实现智能"这一问题，其背后涵盖了历经百年的情感与理性认知/思维之争。

17—18 世纪，法国著名的哲学家、物理学家、数学家、神学家勒内·笛卡尔（René Descartes）所提出的身心二元论已经在西方世界占据思想的主流。"我思故我在"这句经典名句更体现出笛卡尔对理性的崇尚。他拒绝承认情感在理性决策中的作用，认为情感会使人变得不理性，受情感支配会丧失自主权。然而，如今众多研究已经表明情感在决策、理解、学习等理性思考过程中都扮演着重要的角色并影响最终的结果。

美国南加利福尼亚大学神经科学、心理学和哲学教授安东尼奥·达马西奥（Antonio Damasio）在《笛卡尔的错误：情绪、推理和人脑》（*Descartes' Error：Emotion，Reason，and the Human Brain*）一书中通过丰富的临床案例研究和理论假设，颠覆了身心二元论的思想。他认为人类的理性决策离不开对身体情绪状态的感受，这揭示了情感在理性思考和社会行为中不可或缺的作用。认知神经科学家通过对情感障碍患者神经生理学、神经影像学等的研究，为情感对认知存在影响这个理论提供了坚实的科学证据。

中国科学院心理研究所心理健康重点实验室研究人员发表的一篇关于情感和记忆相互作用的文章表示，杏仁核是情感学习和记忆的重要脑结构，情感对记忆的影响可通过两种方式进行：一是皮质醇等应激激素在情感唤醒时释放，作用于杏仁核；二是杏仁核与其他脑结构联系，改变这些脑结构，特别是海马体和前额皮层的活动。可以说，在现代科学的加持下，情感与认知存在关联已是毋庸置疑的事实。

情感计算可在多领域实现广泛应用，这对开启智能化和数字化时代具有重大价值。如今，情感计算的技术已运用在教育培训、医疗健康、商业服务等多个领域，极大地促进了人类生活质量提高，并且提升了人们的幸福感。

在教育培训领域，情感计算的切入点主要在于识别学习者的情感状态，然后给予相应的反馈和调节。例如，教师能够通过情感教学系统进一步了解学生的课堂参与度，从而及时调整教学节奏和内容，改进教学过程。智能系统能够通过情感分析挖掘学生感兴趣的主题，推荐定制化的学习内容。学生也能通过智能系统进行真实的教学反馈，提高教学评价的综合性与准确性。同时，智能系统的优势在于既能在传统课堂中使用，也能嵌入网络软件应用于线上课堂。特别是在新冠疫情的影响下，线上教育培训的应用场景更广、频率更高，而远程教育缺乏面对面互动的情感化课堂氛围。因此，结合情感计算的线上课堂值得推广应用。除了课堂教育外，情感计算还有利于教育游戏和教育机器人的研究发展。融入情感元素的游戏和机器人可以提供更好的人机交互体验，从而更有效地达到其教育培训目的。

在医疗健康领域，尤其是在心理疾病的治疗上，情感计算能够以一种较为科学和客观的方式对患者的情感进行识别判断，对主观性较强的传统诊断手段（如观察和量表填写）进行补充。如今，在竞争越来越激烈的社会大背景下，患抑郁症的比例在逐渐上升。对生理信号、文本信息等进行情感计算，可以为随后进行的抑郁症患者的辅助诊断和疗效评估提供相应的研究基础，这具有很重要的现实应用意义。而且，机器在个性化定制上存在天然优势，根据收集到的数据，医生可为患者量身定制最合适的互动治疗方案。例如，通过可穿戴设备获取的患者情感状态，可以让医护人员更好地调节康复训练等方案的内容和强度。这不仅能够为被监测者提供低负荷和长期连续的日常健康监测，而且缓解了我国人口基数巨大以及老龄化程度不断加深所带来的医疗资源紧缺问题。

在商业服务领域，情感计算的应用非常广泛。消费者的用户体验与情感高度关联，情感计算可以帮助企业了解消费者的消费心理。有时，甚至消费者自身也没有明显察觉到消费行为背后的驱动情感。情感计算能够协助企业制定具有前瞻性的商业策略。此外，融入了情感计算的产品能够给消费者提供更贴心的服务。例如，融入了情感计算的电子手表不仅能打电话、发短信，还能实时监测人体血压、呼吸、心跳等生理信号，从而识别使用者的情感状态。

在公共安全领域，情感计算能用于安保防范和舆情监控，在减轻人工压力的同时提升监控质量，保障社会和谐、稳定、安全。例如，可通过对微博评论、视频弹幕进行话题情感计算，实现网络舆情事件的在线监测，便于把控舆情传播方向，建立健全负面情感舆情干预机制。除此之外，监测司机的情感状态可以预防因疲劳驾驶以及"路怒症"导致的事故，从而降低交通事故的发生率。

1.3　情感计算的未来挑战

情感计算一经提出，就得到了学术界和企业界的广泛关注与迅速反应。英国电信公司（British Telecom）和国际商业机器公司（International Business Machines Corporation，IBM）为此成立了专门的情感计算研究小组，美国麻省理工学院媒体实验室、英国剑桥大学、中国科学院等也在进行情感计算方面的研究。随着时间的推移，关于情感计算的各项成果逐渐丰富，情感计算在生活的方方面面得到应用。但是，关于情感计算的研究在一些基本问题上仍然存在分歧。

1.3.1　情感计算的可行性

无论是进行商业活动，还是进行学术课题研究，都离不开可行性论证，只有在明确了所从事活动或研究的必要性和可实现性后，后续开展的一系列行动才具有其现实意义和经济价值。同样，对情感计算的研究和转化也离不开可行性论证。

（1）情感计算的必要性

情感计算的必要性，即情感计算能够带给人类社会怎样的影响和价值。个人情感左右着我们的行为和决策，公众集体情感氛围也对每一个个体参与者有着巨大的潜在影响。例如，诺贝尔经济学奖获得者乔治·阿克洛夫（George Akedof）在他出版的名为《动物精神》（*Animal Spirits*）一书中反复提及信心、市场舆论等可能影响市场参与者情感的要素是如何影响了经济衰退，又是如何作用于数次经济大萧条。2000—2005 年期间，诺贝尔经济学奖获奖者中至少有 3 位被视为"行为经济学家"，他们深刻探讨情感和其他心理要素与人类经济活动的关联。随着对情感的深入研究，近年来计量经济学中也越来越多地出现"舆情因子"这类关乎情感测量的要素。这些社会变化无不向我们提出了情感计算的诉求，也证明了情感计算研究及其潜在的应用价值。

（2）情感计算的可实现性

情感计算的可实现性，即情感能否进行科学识别和度量。这一问题实际上包含了两个层面的思考。一方面，需要从技术的角度进行衡量；另一方面，也是更为重要的，需要从哲学思辨的角度进行理解，因为这直接指导了后续技术实现路径的发展轨迹。

对于认为情感计算可实现的研究人员，当前阶段情感计算的研究重点不在于情感如何产生（这可能是心理学家的首要任务），而在于情感产生后有怎样的呈现。皮卡德等认为，情感并不仅仅是一种人的内心体验，情感作用的结果可通过人的生理活动、语言活动等有所呈现，如果能够通过技术手段对这些活动进行科学测量，就可以识别是什么样的情感在其中发挥作用。在这一研究方向的指导下，研究人员通过对这些特征进行一定的测量，认识特征与情感之间的关系，并建立起相应的分析模型，最终实现对情感的处理。整个建模的过程比较复杂，目前所使用的方法主要是情感测量和情感建模，通过情感测量和建模的过程，从定量的方面将情感客观化，目的是使计算机可以很好地处理情感。

这种以结果为导向的倒推法被证明是可行的。例如，可穿戴设备对人类情感识别的测量准确率为 80% 左右，通过文本分析进行网络舆情监测时对公众情感的识别率为 85% 左右。与此同时，为了更好地提升情感计算的精准程度，相关资源的建立、完善和迭代也必不可少。这种资源既包括不同的情感模型，如美国心理学家安德鲁·奥托尼（Andrew Ortony）等提出的 OCC（One-Class classification）模型、美国麻省理工学院媒体实验室建立的隐马尔可夫模型（Hidden Markov Model，HIMM）等，也包括涵盖多种模态的数据集，如斯坦福大学发布的 SST 数据集（The Stanford Sentiment

Treebank）、卡耐基梅隆大学提出的多模态情感分析数据集 CMU-MOSEI（CMU Multimodal Opinion Sentiment and Emotion Intensity）等。虽然现在测量到的情感数据繁杂，建立的模型也不够完善，但随着研究的深入，大量的多模态数据库和适合个体习惯的模型设计必将随之出现。

这些努力和研究成果共同证实了情感计算的可实现性，也是对反对派质疑的有力回应。在情感计算研究面临的诸多怀疑中，一个主要的担忧就是情感计算的研究方法难以实现，考虑到情感的传递过程涉及大脑、神经、体内化学物质等极为广泛的范围，以目前的科技水平无法对情感的表达过程进行跟踪和把握，便无法有效地进行情感识别。但是，目前的研究成果已经表明，人类的情感总会以一定的特征表现出来，如生理反馈、语言表达等。诚然，对情感产生、传递、表达全过程的理解能够极大地提升情感计算的准确率，这应是未来长期探索的目标。

除此之外，情感计算也面临一些质疑，例如，情感是人类所独有的，机器无法产生情感，即便机器能够模拟出相应的情感那也是"虚情假意"。从理论上来说，计算机虽然无法拥有像人一样产生情感和处理情感的能力，但是计算机可以通过模仿人的行为，像人一样进行观察、理解并且生成情感的特征。情感计算的过程是一个科学技术处理的过程，是研究方法是否可行的过程。从目标上来看，要实现人工智能就要进行情感的计算，正如明斯基所说，"问题不在于智能机器是否有情感，而在于没有情感的机器能否实现智能"。

1.3.2 情感计算的理论和技术突破

情感计算是一个不断发展的多学科领域，涉及计算机科学、人工智能、心理学和认知科学等多个领域，并具有明显的应用型技术导向。技术的研究和发展包含基础研究、应用研究和试验发展 3 个阶段，理论知识在第一步基础研究中发挥着基石的作用。情感计算对多学科理论知识的融合和共创提出了高要求，例如，计算机科学与人工智能侧重于提供各类信息技术手段和算法模型，将情感感知、识别、理解、回复等人类功能进行数字重构和计算实现，使机器能够拥有与人类近似的情感心智。心理学侧重于提供关于人类情感的基础定义、相关要素结构以及存在意义等方面的理论描述，为情感理论建模构筑了基石。认知科学侧重于人类大脑情感加工的机理研究，以及与情感相关的心理要素关系网络的建立，为开发情感计算模型提供了关键启发和策略。因此，这是一个需要多学科研究人员共同推动的领域，也是一个由行业需求和实践倒逼技术进步的领域。

（1）理论基石的夯实

在传统的情感识别过程中主要涉及的是基于情感特征进行情感分类。情感计算的开创者皮卡德及其后继者都参照心理学理论在研究中将情感分为 5 种基本情感，包括快乐、焦虑、悲伤、愤怒和厌恶。人的其他更多的情感都是在这 5 个基础情感之上衍生而来的复合情感。情感的表现则可以从心理感受强度、表情特征、生理指标等 3 个方面进行描述。计算机科学家对情感的建模基本上也遵循类似的维度论，主要考虑的就是上述 5 种基本情感，建模过程就是通过对生理特征和行为特征的测量，推测情感状态。但是，这个过程存在一些不足之处。例如，对于同一类型情感，可以采用情感感受强度、情感表达强度等不同的指标进行计算和测量。那么，应该以什么标准衡量？应该选用哪些指标？同时，在测量过程中难免受到许多环境因素和人体其他生理因素，甚至是精神因素的影响，这些影响所造成的测量值的差异性和波动性应该如何消除？

这些挑战都要求我们进一步夯实情感计算的理论基础，并且，随着人工智能的进一步发展，如何将包括脑科学、认知科学等多个学科的研究成果融合起来深入研究情感特征及其来源，对情感计算的研究过程也十分重要。理论的突破会带来新的情感计算的方法。这也是目前脑科学、认知科学与人工智能等领城研究的前沿问题。

（2）技术瓶颈的突破

情感计算应用目前仍然存在一些技术上的瓶颈，主要表现在以下 3 个方面。

第一，个体情感表达差异。在情感识别与认知的过程中，一些跨文化、跨区城、不同性别、不同年龄、不同受教育程度等个性化特征的差异将对情感的识别与度量产生显著影响。在相同诱发条件下，不同个体表达同一情感的面部表情也会存在较大的差异。

第二，数据集缺乏。目前，国内外对情感计算研究的热度不断增加，同时国内外各种关于情感的数据集也在不断增加。但是，这些数据集大多是单模态数据集，被国内外学者广泛认可的也非常少。构建一些学术界广泛认可的标准化多模态数据集是目前情感计算领域面临的一大挑战。

第三，算法的局限。情感容易受到外部环境、生理、心理、文化背景、语境、语义等因素的影响，如何使现有的机器学习和深度学习算法准确地表示情感特征并进行准确的情感计算，是目前情感计算相关研究中的挑战。面对未来情感计算领域不断出现的新问题，对算法的研究也要不断地更新迭代。

1.3.3　情感计算的监管需求

情感计算对开启智能化和数字化时代具有重大价值，在多领域均展现出强大的运用潜力，这一点已经得到了中国科学院心理研究所研究员傅小兰、清华大学计算机系张迎辉等当代研究人员的广泛认可。总的来看，情感计算研究或将在 4 个方面对人类生活产生非常深刻的影响。一是情感计算过程可以实现对人类情感的识别，从而帮助人类更好地理解所面对的精神世界。二是情感计算方法对远程教育来说可以进一步优化学习功能。三是情感计算的研究过程在很大程度上推动了一系列可穿戴计算机系统的应用。四是情感计算技术可以提高设备的安全性，同时对人类情感的感知力可以在传媒、游戏等方面得到应用。也正因情感计算研究具备不可估量的发展前景与影响力，如何对其进行有效且合理的监管才显得尤为重要。

近年来，各国要求对 AI 进行监管的呼吁已不绝于耳。2023 年上半年，美国硅谷引发的一场千人联名要求暂缓 GPT5 开发研究的抵抗活动就是这种监管诉求的强烈表达。2023 年 5 月 23 日，《生成式人工智能服务管理暂行办法》已通过国家互联网信息办公室 2023 年第 12 次室务会会议审议，并自 2023 年 8 月 15 日起施行。该办法对生成式人工智能的技术发展和治理进行了指导，并对相应的服务规范进行了规定，也明确了相关监督检查和法律规范，是我国对蓬勃发展的人工智能的密切关注和正确引导。

再聚焦到情感计算这个细分领域，情感是一种个人的内在感受，对一般公众而言，控制情感使其不轻易呈现是重要的社会规则，尤其是内疚、沮丧、恐惧、焦虑等消极情感。在特定的情形下，人可能需要呈现一种虚假的情感，典型的如"善意的谎言"。同时，情感状态的完全暴露还可能会让一个人更容易受到伤害。因此，情感信息尤其是个人不愿意外露的情感带有敏感和私密的性质。按照我国《民法典》第 1032 条第 2 款规定，隐私是自然人的私人生活安宁和不愿为他人知晓的私密空间、私密活动、私密信息。公众不愿意外露的情感状态就属于不愿意为他人知晓的私密信息。情感计算的应用具有非常强的"侵入性"，虽然好像很难把对人明显的情感的识别和隐私联系起来，但在情感识别过程中对人短暂出现的面部表情的识别以及瞳孔变化等更加细微的特征的获取，有可能会涉及人类非自愿的真实情感的泄露。按照《民法典》第 1033 条规定，除了"法律另有规定或者权利人明确同意"外，其他侵犯隐私的行为不具合法性。对于情感隐私的侵入性获取，如果没有获得权利人的明确同意，则具有侵权的可能。

此外，情感状态与人类价值紧密相连，尤其在道德判断中至关重要。情感也在人类生活中起着核心作用，它在人际关系、群体形成、决策和推理中发挥重要作用，是人类与社会互动的基本方式之一。对与情感计算相关的伦理问题的讨论实际上与道德哲学息息相关。由于情感计算关注的是人类的情感，并在技术逻辑上以影响人的情感为最终目的，而情感问题又与伦理在多个层面错综交织，这就使情感计算应用除了面临各类法律问题外，还面临一系列伦理挑战。

人工心理和人工情感

人工情感和人工心理是指利用信息科学的手段，对人类的情感和心理活动进行模拟、识别和理解，使机器人能够产生类人情感和心理，并能与人类自然和谐地进行沟通和交互。这种技术的应用前景非常广泛，例如，通过对人类情感的研究可以使机器人具有一定的"意识"，从而实现拟人机械研究，这种对于机械的控制将会更加接近人脑对机械的控制。

已有的拟人控制理论主要是"反馈"控制论和人工智能，但这与人的大脑还有很大差别。因为人的大脑的控制模式是"感知觉＋情感"决定行为，而现有的控制系统决策不考虑也无法考虑情感的因素。

人工心理一个非常重要的应用领域是商品的设计以及市场开发环节，人工心理的应用将会使这一环节更加人性化。作为人工智能的高级阶段，人工心理的研究有望在拟人控制理论、情感机器人、人性化商品设计等方面取得长足的进展。同时，心理学家对"情绪智力与人工智能中的感情计算"进行了进一步研究与思考。未来，对人类情感的研究将更加依赖于人工智能专家与心理学家之间的密切合作。

科学家的尝试

目前，在人工心理和人工情感方面的研究已经逐渐丰富与普及。从 20 世纪 90 年代开始，日本将人的感情融入商品的开发与设计环节中，即将感性与工程结合起来。日本各大公司都在开发、研究各类个人机器人系列产品，如索尼公司的 AIBO 机器狗和 QRIO 型情感机器人等。欧盟对情感信息处理的研究也进行得如火如荼，许多大学都成立了相关的研究小组。德国科学家在德国教育及研究部的资助和 20 多个大学和公司的参与下，提出了基于 EMBASSI 系统的多模型购物助手，这是一款以考虑消费者心理和环境需求为研究目标的网络电子商务系统。

从 20 世纪 90 年代开始，我国对人工情感展开研究，研究主要围绕两个方面：一个是人工情感单元理论；另一个是技术实现，主要包括多功能感知机（表情识别、人脸识别、人脸检测与跟踪、手语识别、手语合成、表情合成、唇读等）、多功能感知机同情感计算的融合和基于生物特征的身份验证等。

"人工"的屏障

目前，人们对人工情感与人工心理的研究还只是处于基础研究与应用研究的初级阶段，成熟的技术还不多。

关于情感的心理学理论非常多，但并没有针对信息科学的人工情感的统一的理论方法。而且，符合人类情感规律并适用于机器的人工情感生成模型目前还并不存在。因此，建立一个这样的模型，用来表达情感与意识的关系，最终通过机器表达出来，目前来说还是一个非常大的挑战。人类对情感、意识，以及它们所牵涉的脑机制的运行过程的认识还非常浅显，难以深入了解意识和情感的表达机制，人工模拟更无从谈起。

此外，关于语气和表情的识别尚不成熟，这在一定程度上也制约了人工情感的发展。目前急需解决从人工情绪走向仿真情感、工程情感，进而找到重大应用突破点的问题。人工心理还是一个新概念，其理论和技术方面的研究还有很长的路要走。这些学科问题的源头是未来人工心理研究中的挑战，当然也是机遇。

第二章 情感及情感计算

2.1 情感计算的由来

　　情感计算是人工智能的一个细分领域。1986年，明斯基出版了面向大众且极具影响力的著作《心智社会》。2006年，他再次推出《情感机器》（*The Emotion Machine*）一书，并明确表示人是一种复杂的机器，人的每一种主要的"情感状态"（emotional states）都是因为激活或关闭了组成大脑的一些资源，从而改变了大脑的运行模式。因此，英文中"智能"一词有时会被另一个词所替代，即"resourcefulness"（智谋）。如果说情感和智能之间有某种联系，那么对情感的深入研究无疑将推动人们对机器智能探索的又一次升华。

　　众所周知，语言在情感的多模态表达中占据主导地位。但是，随着各个时代口语化进程对专业语言环境的影响不断加大，致使"情感""情绪""感情"等近义词不再被人们严格地区分和对待，从而也影响了人们对自身情感内涵及概念的理解。例如，绝大多数人就完全不能分辨"情感"和"感情"的词义差别。然而，要充分理解情感计算的内涵以及阶段性的任务，厘清这些容易被混淆的概念就显得非常重要。在本套丛书的《情感计算：发展和趋势》中已有专门论述有关人类对于"情"的研究以及在现代汉语体系中各关联词汇差异的内容。这里仅做一些简单回顾和概念提点，以帮助读者对后续专业内容能够有正确的理解。

2.1.1　人类社会的情感

自英国生物学家查尔斯·罗伯特·达尔文（Charles Robert Darwin）提出进化论以来，不少生理学家和心理学家就已经阐明"情感心智"在人类文明悠长的发展历程中所扮演的重要作用。例如在早期原始人类的群居生活中，"情感心智"就扮演着警惕外敌、凝聚族群的作用。

相较于对"情感"的应用历程，人类对自身"情感"的探索历程则要晚很多。但即便如此，这一时间也能最早追溯到距今约3 000年的早期人类文明阶段。3 000多年来，古今中外的哲学家、思想家、生理学家等纷纷通过思辨、经验、实验等方式对"情感"进行全方位的探索和研究。

（1）探索思辨的第一阶段（欧洲文艺复兴之前）

在这一阶段，人类的几大古代文明都对情感是什么及如何产生等基本问题进行了初步探究和论证，这也为后来的诸多研究奠定了思想基础。古代中国和古代印度是东方情感概念和思想产生的代表，古代希腊和文艺复兴时期的欧洲则开启了对情感进行科学研究的先河。

在汉语体系中，"情"的内涵非常丰富。古代中国最早针对"情感"的书面记载可以追溯到先秦两汉时期，其中《易经》中的《周易》记载了人与自然之间的互动细节。著名心理学家、上海师范大学教授燕国材认为，这些记载直接反映了人类情感是一种对自然事物及其规律表现敬畏之心和行为应答的方式。例如，《周易·震卦》的卦辞中有"震来虩虩，笑言哑哑"，前半句是对自然界雷电现象的描述，后半句则是人们对其的情感态度和行为反应。燕国材对《周易》全本中的人类情感提出了3种不同程度的划分，即强惧型、不理型和镇静型，并认为这可能是目前已知最早的对人类情感多元内涵的文字记载。

后来，儒家思想对情感的认知与描述有了更为细致的划分。春秋末期的史学家、文学家和思想家左丘明在《左传·昭公·昭公二十五年》中提出"六气"的分类，即好、恶、喜、怒、哀、乐。西汉时期的礼学家和儒学家戴圣在《礼记·礼运》中提出了"七情"的概念，即喜、怒、哀、惧、爱、恶、欲。到了宋代，程朱理学的集大成者、我国古代思想家、教育家和儒学家朱熹在"七情"的基础上进一步阐明了情的表达和反馈机制，即

"七情"往往在人们回忆愉快经历、需求无法实现、问题无法被解答或心中受到挫败的情景下相应地产生。

关于"情感"和生理、躯体之间的关系在中国古代的医学著作中早有端倪。《黄帝内经》是中国传统医学的四大经典之一，记载了气的运行和喜、怒、哀、乐、恐惧等情感的联系，以及同人体内五大脏器的联动性。结合现代医学体系来看，《黄帝内经》中的气其实就等同于血液系统和神经系统的存在。由此可见，生理和情感的联动机制也在早期先哲的研究中萌生了初芽。

在西方，古希腊和古罗马的多位家喻户晓的医学家和哲学家也在进行着相似的"情感"主题探索。古希腊著名医生希波克拉底（Hippocrates）提出人体"体液说"，他认为体液的不同属性诱发了人类不同类型的情感生成及行为反应。希波克拉底的学说被古罗马著名医学家克劳迪亚斯·盖伦（Claudius Galenus）进一步发展，形成了"四种气质"学说：举止活泼、为人热心的多血质者；性格冷静、善于思考和计算的黏液质者；性格坚毅、带悲壮情怀的神经质者；以及易怒、行为举止较激烈的胆汁质者。

古希腊著名思想家和哲学家、原子论思想的创始者德谟克里特（Democritus），则通过继承恩培多克勒（Empedocles）的"流射说"，进一步提出了著名的"影像说"。该学说认为，万物会通过原子自身的一种流射属性将其影像传入人的双眼，人眼受到这种原子的力量而被激活，从而形成人们意识中的各种感知和情感。这一论述也为后来被称为"刺激-反应"（S-R）的行为主义心智过程，以及"if-Do"（基于规则的反应器）智能机器实现模型的产生奠定了基础。

随着公元14世纪欧洲文艺复兴的开始，关于"情感"的研究在系统性和复杂性上有了明显的提升，以"心灵哲学派"为代表的哲学家对情感的本质问题进行了更为深入的研究和思考。笛卡尔作为该学派的创始人，在其专著《论灵魂的激情》（*The Passion of the Soul*）中提炼出人类的6种基本情绪类型：惊奇、爱悦、憎恶、欲望、欢乐和悲哀。这为后来实现机器视觉识别人类表情的关键——FACS的开发打下了基础。

（2）科学启蒙的第二阶段（文艺复兴后期至 20 世纪 60 年代前后）

这一时期的研究让人们更深入地了解了情感是如何被激发并作用于人们的行为决策。其中，生理医学方面的研究在以达尔文为代表的一群科学家的推动下硕果累累。同时，科学心理学体系也在这一时期逐步成形，其对情感的探索直接对后世情感计算的实现起到了决定性的作用。

达尔文在这一时期发表了其研究巨作《人和动物的情感》（*The Expression of Emotion in Man and Animals*）。书中，达尔文不仅提出了人类所拥有的一般表情，如痛苦、哭泣、快乐、憎恨、愤怒等，还进一步论述了基于这些表情的情绪、思维过程及相应的生理表现。

后来的机能主义心理学和行为主义心理学将研究从人类表情扩展到更广泛的行为举动，并深入探讨行为背后的情感心智过程。机能主义心理学创始人、著名心理学家威廉·詹姆斯（William James）和心理学家卡尔·兰格（Carl Lange）于 1884 年和 1885 年分别提出了詹姆士-兰格理论（图 2-1），认为事件激发了人体的生理反应，情绪的发生是对这种生理反应的解释。美国生理心理学家沃尔特·坎农（Walter Cannon）和生理学家菲利普·巴德（Philip Bard）不认同这一观点，他们认为大脑接收到丘脑传递来的刺激信息时将同步激活生理反应和情感状态（图 2-2）。1962 年，沙赫特-辛格理论被提出，该理论融合了上述两种理论（图 2-3），认为外部刺激导致生理上的唤醒首先发生，然后个体必须确定这种唤醒的原因，在认知上进行解释，进而产生情绪。对于这些各执一词的理论，我们可以参考图示来进行比较分析，虽然时至今日仍很难有权威的定论，但我们从

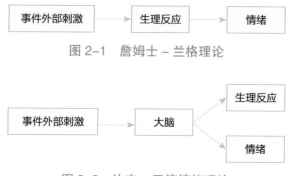

图 2-1　詹姆士 - 兰格理论

图 2-2　坎农 - 巴德情绪理论

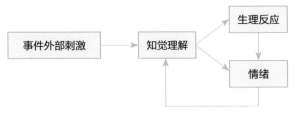

图 2-3　沙赫特 – 辛格理论

中可以总结出不论是先有情绪还是先有生理反应，二者之间是存在一定联系的。

　　行为主义心理学先驱、美国著名心理学家约翰·华生（John Watson）继承了机能主义心理学的基本思想，开展了著名的小阿尔伯特实验。该实验证明了人类的情绪（或反应）可以在一定的操作方法下通过施加外部刺激来形成新的且固定的联结关系。这一结论首次将情绪这种主观体验的心智过程程序化，为今后的情感计算实现提出了可能。后来，这种操作方法也被叫作"条件反射法"，并进一步由行为主义的继承者、著名心理学家伯尔赫斯·斯金纳（Burrhus Skinner）扩展为操作性条件反射理论。该理论已经被广泛应用于教育、体育、军事等领域。在人工智能领域，这一理论也被迁移应用于机器学习等开发中，作为有监督学习的理论基础。

（3）发展应用的第三阶段（20 世纪 70 年代前后至今）

　　这一时期，基于现代生理医学、神经科学、计算机科学等的全面突破和融合，围绕情感心智命题的相关应用产品在多个应用领域推出。

　　1971 年，埃克曼在对巴布亚新几内亚原始部落人群进行观察和总结后，发布了自己的研究成果。埃克曼归纳出人类拥有 7 种基本情感：高兴、悲伤、惊讶、恐惧、愤怒、蔑视和厌恶。埃克曼系统地收集了上千幅表情图片并进行分类，对人的面部（眼睛、鼻子、嘴巴、眉毛和脸部）进行了详细的描述和变化分析。后来，埃克曼还特地选取基于不同文化背景下的人群（日本和美国）进行测试，虽然有的组整体表现更冷漠和波澜不惊，有的组表现则更加夸张，但是如果降低实验视频的播放倍速，都能观察到这 7 种基本情绪的细微迹象，这也就是微表情的发现。埃克曼对基本情绪和微表情的发现，直接推动了情感检测技术和人工智能的发展。

1997 年，皮卡德出版了《情感计算》一书，明确了情感计算的概念与相应的定义。自此，情感计算开始成为一个单独的研究主题，人工智能的新时代正式开启。

进入 21 世纪，世界各国和地区有关情感计算的实验小组、研究项目蓬勃发展，各类国际会议也相继召开。中国在情感计算领域的研究也在千禧之年伊始呈现方兴未艾的发展势头。2003 年，北京召开了首届中国情感计算及智能交互学习会议。2004 年，国家自然科学基金委批准资助了重点基金项目情感计算理论与方法。2005 年，第一届国际情感计算及智能交互学术会议在北京召开。

随着研究的不断深入和计算机算法的进步，情感计算领域的会议和国际赛事愈发聚焦于细分领域和应用转化。计算机领域顶级国际会议 ACM Multimedia 中包含一项由英国帝国理工学院、诺丁汉大学以及美国南加利福尼亚大学、德国帕绍大学等联合组织的国际听觉视觉情感计算挑战赛（International Audio/Visual Emotion Challenge and Workshop，AVEC），AVEC 是情感计算领域公认的顶级国际竞赛，已连续举办多届，关注焦点为情感计算作用于抑郁症、双相情感障碍等心理疾病预防和治疗方向的研发与应用。

至此，人类对情感的研究走完了一段跨越千年的漫长旅程，并对情感及其产生过程有了充分的了解。但是，这并不是终点，未来还有更多更艰巨的挑战亟待解决。

2.1.2　可计算的情感

随着认知的进步、科学心理学的引入和白话文的普及，文言文中的"情"在现代汉语体系中开始拥有意义不同的各种变体，如"情感""情绪""心情""感情"等。对于这些词的本源和区别，心理学界一直存在着争议。讨论情感计算问题时经常涉及心理学中"情绪"这一概念，因此，这里选取比较主流的观点来帮助读者理解"情感"和"情绪"的本质差异。

"情绪"是所有这些词中最容易与"情感"混淆的一个词语。"情绪"

一词在心理学中主要指代人类主观心境感受，如快乐、悲伤、愤怒等。
1986 年，心理学者张燕云和孟昭兰就曾指出，情绪是人类个体对客观事物
的态度的体验，情感更着重于对情绪过程的体验。著名心理学家彭聃龄也
认为，"情绪指感情的过程，情感指具有稳定、深刻的社会意义的感情"。
综上所述，我们将"情绪"与"情感"的区别总结见表 2-1。

表 2-1　情绪与情感的区别

情　　绪	情　　感
出现较早，常与生理性需求相联系	出现较晚，常与社会性需求相联系
全人类客观共有，具有普适性	个性化、不具有普适性
具有情景性和暂时性 / 易变性	具有深刻性和稳定性 / 持久性
具有冲动性和明显的外部生理变化	比较内隐
内心的感官体验和心境体验，结合对个人经验和外部刺激的反馈	对人、物、事的自发情绪的感知，伴随相应的认知（态度、观念）过程

情感识别是情感计算领域的一种智能算法技术，是利用计算机对从传
感器采集来的信号进行分析和处理后，计算得出目标对象当下所处情感状
态的一种智能技术。这里的信号来源主要包括生理信号和带有情感信息的
行为信号（如面部表情）两种检测方式。情感计算的学科创始人皮卡德指
出，情感计算就是针对人类的外在表现，能够进行测量和分析并能对情感
施加影响的计算。通过对这些专业词汇的剖析可以发现，所谓可计算的情
感依旧针对目标对象"情绪"信号的采集、识别和反馈。相较于人类带有
价值观和信念的复杂情感（如思念家乡的情感），这里的情感计算技术并
不涉及交互。

英文中"emotion"一词源于希腊文"pathos"，最早用来表达人们对悲
剧的感伤之情。《心理学大辞典》中将情感定义为"人对客观事物是否满
足自己的需要而产生的态度体验"。由于情感的复杂性，情感计算相关研
究对情感的定义至今也未达成一致，有记载的相关理论就有 150 多种。在
过往的研究与阅读中我们发现不论是中文还是英文，都存在模糊用词和笼

统翻译的现状。明斯基就词语的模糊性问题给出了自己的思考。2006 年，他在新作《情感机器》一书中写道，"日常生活中，在说出'快乐'或'恐惧'之类的词汇的时候，我们期待朋友了解我们的真正意图，但是如果要用更精确的情感词语代替上述这些常用的词语，反而会阻碍而不是帮助人们总结出人类大脑运行的理论。"许多关于情感计算的研究并没有完全区分情绪和情感，后文将统一使用"情感"一词。

2.2 情感的分类方法

发展情感计算，是期待有朝一日机器人可以像人类一样观察、理解和表达各种情感，使人机交互变得像人类自然交互一样流畅与生动。情感建模则是实现这一目标的重要环节，肩负着让机器可以更直观地理解和描述人类情感内涵的使命。情感建模是将人类的情感状态转述成数学模型的过程。由于对情感状态的划分方式不同，相应的情感模型也有不同的分类，大致可分为离散情感模型、维度情感模型和其他模型。

2.2.1 离散情感模型

离散情感模型又叫范畴观情感模型。这一类模型将情感分成相互独立的范畴，其中最具代表性的就是埃克曼提出的六大类情感分类体系：伤心（sadness）、生气（anger）、快乐（happiness）、厌恶（disgust）、惊讶（surprise）、恐惧（fear）。

基于该情感分类模型，埃克曼领导开发了全球首个利用机器视觉采集和分析人类情感的 FACS。该系统将人类表情分解为 43 个面部动作单元，根据面部动作单元描述面部的活动，通过标注哪些面部单元发生了运动来测量面部表情的变化，并进行分类和分析。

除了作为视觉情感计算的分类标准之外，这六大类情感分类体系也是人工智能自然语言程序的情感分类划分准则。在过去的十几年里，基于文本的情感计算数据集大多通过对电影字幕、新闻标题等文本进行人工标注，将文本数据也依照 6 大类基本情感进行了划分。然而，仅仅依靠 6 种基本情感难以满足对人类复杂又微妙的情感的概括。20世纪90年代，埃克曼进一步完善了自己的分类体系，补充提出了愉悦、轻蔑、满足、窘迫、兴奋、内疚、成就感、安慰、满意、感官愉悦和羞愧这几类新的情感。

随着互联网大数据时代的到来，基于云计算的数据集训练为完善情感体系、细化情感分类和拓宽应用领域提供了更多可能性。2021年，谷歌公司发布了迄今为止包含最多情感类别的数据集GoEmotions，具有超58 000条英文评论，GoEmotions将情感分成了积极、消极和中性三大类别，总共包含如表2-2中所示的子类别。

表2-2 GoEmotions 情感分类

积极 Positive		消极 Negative		中性 Ambiguous
钦佩 admiration	喜悦 joy	愤怒 anger	悲痛 grief	困惑 confusion
娱乐 amusement	爱 love	烦恼 annoyance	紧张 nervousness	好奇 curiosity
认可 approval	乐观 optimism	失望 disappointment	悔恨 remorse	领悟 realization
关心 caring	骄傲 pride	不认可 disapproval	伤心 sadness	惊讶 surprise
渴望 desire	解脱 relief	厌恶 disgust		
激动 excitement		尴尬 embarrassment		
感激 gratitude		害怕 fear		

离散型情感分类能够和人类的词汇概念进行语言、语义上的直接接轨，更符合人们在日常生活中对情感所做出的直觉判断，所以也更容易在生活中推广。纵然随着研究的深入，离散型情感从最初的6种基本情感扩

充到了 28 个子类别，但其面对的根本问题还是没有被解决，如对情感更全面的覆盖以及对情感更复合的描述。在解决这些问题方面，维度情感模型提出了不同的思路。

2.2.2 维度情感模型

维度情感模型建立的基础是情感的连续性，这一理论认为情感具有基本维度和两极性，也就是性质和强度两种特性。例如：难过、伤心的情绪，随着强度的加深，会逐渐演变成悲痛和哀伤；同样的，高兴、开心的情绪，也会随着强度的加深演变成喜悦，甚至是狂喜。在这类情感模型中，情感不是独立的，而是连续的，可以实现逐渐、平稳的转变。

比较著名的有美国心理学家詹姆斯·罗素（James Russel）于 1980 年提出的效价–唤醒度（Valence-Arousal）二维情感环状模型（如图 2-4 所示）。他将情感分布于由愉快程度和强度构成的 4 个象限中，每个人的情感状态就可以根据效价维度（积极的、愉快的，或消极的、不愉快的）和唤醒维度（强烈的或平缓的）上的取值组合得到表征。

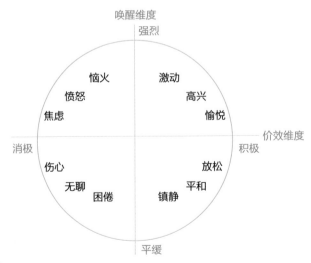

图 2-4　效价 – 唤醒度二维情感环状模型

　　除了二维空间模型外，也有学者主张将人类情感投射到由 x、y、z 轴构成的物理空间内，形成三维的情感模型。这一理论最早源于德国心理学家、被公认为实验心理学之父的威廉·冯特（Wilhelm Wundt）的情感三度说。他认为，情感包含性质和强度，要从愉快–不愉快、紧张–松弛、兴奋–沉静等 3 个维度进行有效的说明，人类的任何情感都可以在这 3 个维度所组成的坐标图中定位。

　　美国心理学家查尔斯·埃杰顿·奥斯古德（Charles Egerton Osgood）也主张从 3 个维度对情感进行评价，即评价（evaluation）、力度（potency）和活跃性（activity）。美籍伊朗裔心理学家阿尔伯特·梅拉比安（Albert Mehrabian）和罗素基于埃格顿的理论，进一步修订了关于情感维度的描述，于 1994 年提出了 PAD 情感三维理论（图 2-5）。该情感模型是目前学术界认可度较高的一种情感模型，3 个维度分别是：P，愉悦度（Pleasure-displeasure），代表个体情感状态的消极、积极程度；A，唤醒度（Arousal-nonarousal），代表个体的神经生理激活水平；D，支配度（Dominance-submissiveness），代表个体对情感状态的主观控制程度，换言之，情感是由个体主观发出的还是受到客观环境影响而产生的。PAD 模型在对情感空间

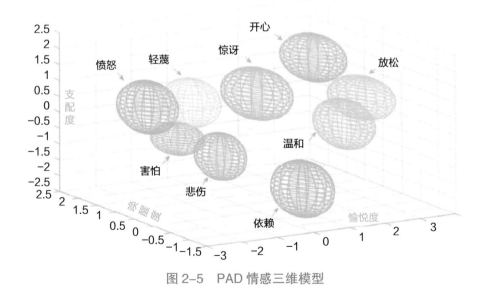

图 2-5　PAD 情感三维模型

完成理论构想的同时，采用量化方法建立起各种情感范畴在情感空间中的定位和关系，因而被广泛地应用。

三维情感模型中比较知名的还有普拉切克抛物锥三维情感轮模型（图2-6）。该模型由美国心理学家罗伯特·普拉切克（Robert Plutchik）于1980年提出，结合8种基本情感元素和不同强烈程度，形成有8片花瓣的花形图，越靠近"花蕊"颜色越重，表示情感越重，越向外延展颜色越浅，表示情感越轻微，合起来形成一个圆锥状的情感空间。

除了二维和三维情感空间外，在维度情感模型的建模中，有学者研究设计出了更复杂的多维情感模型。例如：在四维情感模型中，情感包含愉悦度、紧张度、激动度和确实度；在六维情感模型中，情感具有愉快、唤醒、兴趣、社会评价、惊奇和复杂共6个维度。但是，高维情感模型因自

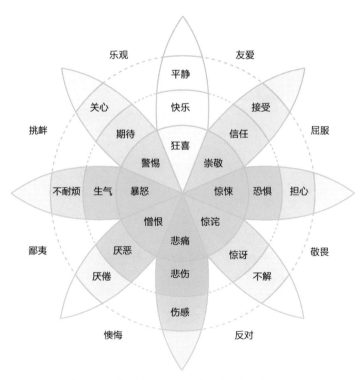

图2-6　普拉切克抛物锥三维情感轮模型

身的复杂性在应用过程中存在较大的难度，所以在实际中很少使用。

维度情感模型试图将人类的所有情感都涵盖其中，不同情感之间没有明确的边界，基本情感之间可以连续、逐渐地转化。基于维度情感模型所进行的情感计算任务，本质上是连续空间的回归问题，随着算法的进步和大数据时代的到来，目前已有足够的数据量支持回归分析得到非常精准的结果。

2.2.3 其他情感模型

离散情感模型和维度情感模型是目前较常用的情感模型，相关的研究和理论模型层出不穷，这些模型究其根本都是以情感本身为出发点。然而，另有一些学者提出了其他基于不同思想的情感模型，如基于认知的情感模型、基于事件相关的情感模型。这些百花齐放的观点为情感模型的完善提供了不同角度的分析和描述，进一步丰富和补全了情感的数学描述。

1984 年，在综合考虑了认知评价过程对情感的影响后，瑞士情感科学研究中心心理学教授克劳斯·舍雷尔（Klaus Scherer）提出了情感成分处理模型（component process model），将情感定义为 5 种成分之间的相互作用，这 5 种成分分别是认知成分（cognitive component）、周边协调成分（peripheral efference component）、行为动机成分（motivational component）、行为表达成分（motor expression component）以及主观感觉成分（subjective feeling component）。首先，认知成分对刺激事件进行感知、记忆及预期评估，通过周边协调成分控制神经内分泌等身体状态，从而由行为动机成分做出相应的决策判断，指导行为表达成分给出反应，并将其转移到当前状态上形成主观感觉。这一评估理论的情感计算模型本质上依赖于知识系统的构建，要求有大量真实世界的认知知识储备，否则容易出现匹配不成功的情况，在这个系统里也就意味着"无情感发生"，这在真实世界显然说不通。

评估理论中最有影响力的情感模型可能要数在 1990 年由奥托尼、美国弗吉尼亚大学教授杰拉尔德·克洛尔（Gerald Clore）和美国西北大学教授艾伦·柯林斯（Allan Collins）提出的 OCC 模型，该模型是早期针对情感研究而提出的最完整的情感模型之一，也是第一个以计算机实现为目的而发展起来的模型。该模型不仅定义了情感的层次关系（事件层、智能体层、目标层），还给出了各类情感产生的认知评价方式（高兴 / 不高兴、赞成 / 不赞成、喜欢 / 不喜欢），以及最终形成的 22 种情感。如图 2-7 所示，OCC 情感模型具有很强的可推理性，提供了一种基于规则的情感归纳和推

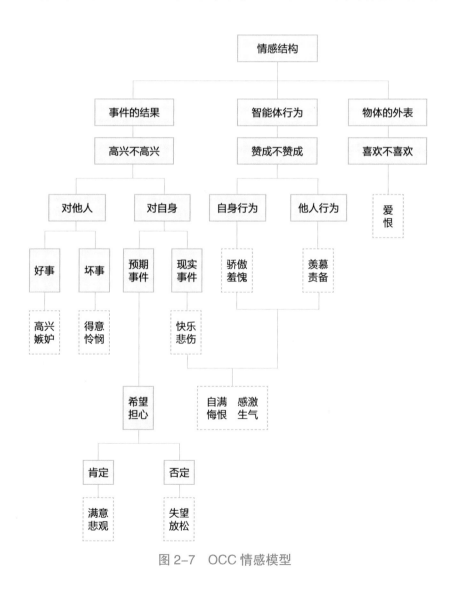

图 2-7　OCC 情感模型

导机制，极大地方便了计算机应用的实现，因而被广泛地使用于人机交互中。

时至今日，情感计算已经取得了长足的进步，这离不开上述提及以及未能详尽列出的在情感模型方面的探索和付出。这些对情感模型的探索和架构，正印证了明斯基提出的：关键不是在于让机器像人一样思考，而是如何将人类的思维机器化、编程化。情感模型为实现计算机的智能化提供了举足轻重的理论基础，百家争鸣的思想也让人们在对情感计算的探索中碰撞出火光四射的未来。

2.3　情感计算的研究内容

清华大学人工智能研究院等机构联合发布的《人工智能之情感计算》中，情感计算被分为三大模块，分别是情感信号的采集，情感信号的分析、建模与识别，情感信号的融合算法研究。

牛津大学出版社出版的《情感计算牛津手册》中，虽然没有对研究内容直接划分，但其目录和编排遵循了一定的规则，主要分为五大模块，依次是理论和模型（Theories and Models）、情感检测（Affect Detection）、情感生成（Affect Generation）、方法论和数据集（Methodologies and Databases）以及情感计算的应用（Applications of Affective Computing）。

这两所世界著名学府针对情感计算内容的界定虽然在划分节点上略有不同，但内容实质上基本重叠。本书对情感计算研究内容的划分较好地融合了上述两种划分方式，将研究内容主要整合为 5 个方面：情感基础理论、情感信号的采集与数据集建立、情感分析、多模态融合和情感的生成与表达。

2.3.1　情感基础理论

情感计算是一项广泛包含自然科学和工程学的学科，其基础理论的探索与构建受到来自神经科学、心理学、社会学、计算机科学等多个领域的启发。目前，其基础理论主要依托于心理学领域的情感离散模型和情感维度模型，并由基本情感向复合情感延伸。立足于认知心理学领域的认知评价理论而建立的评估模型（如 OCC 情感模型），因提供了人与环境之间关系的结构量化表示、不同的评估变量以及信息处理集成，包含了计算机情感建模所必需的要素，因此应用非常广泛。这一部分的更多内容已经在 2.2 "情感的分类方法"中做了详尽的解释。

2.3.2　情感信号的采集

情感计算系统能够感知和响应人的情感状态，通常要求系统首先对人的情感进行采集和监测。由于情感本身的复杂性和多变性，情感信号的采集与监测是一项极具挑战的工作，目前主要涉及文本、语音、视觉（人脸表情、肢体语言等）及生理信号等多个方面。

传感器及相关设备的进步和发展为情感信号的采集打下了坚实的基础，其中有可以捕捉面部微表情的精密摄像技术，也有 EEG/ERP（脑电图 / 事件相关电位）等脑电波采集传感技术。数据集质量的高低直接决定了由它训练得到的情感识别系统的性能好坏。数据集也是对采集到的情感信号进行特征提取或标注时的参考依据，因此可以看作是情感计算的基础。目前，在情感数据集建立方面还有很大的进步空间，例如，建立高质量的中文文本数据集、建立具有广泛认可度的数据集、建立多模态情感数据集、建立标准化可以跨学科和研究小组使用的数据集等。

2.3.3　情感分析

数据采集完成之后，需要寻找数据跟情感之间的逻辑关系，识别数据蕴含何种情感，涉及运用机器学习和深度学习算法对情感信号进行建模与识别。情感信号的识别根据信息渠道的不同也可以分为不同的类别。

（1）文本情感分析

文本情感分析是处理文本数据以识别和分析文本中的情感和情感极性的过程。文本情感分析的一般过程包括数据收集、文本预处理、特征提取、情感分类。

① 数据收集

收集包含文本数据的数据集，这些文本可以是用户评论、社交媒体帖子、新闻文章、产品评论或任何包含情感信息的文本。数据集可以包括已标记的情感标签，以便用于监督学习，也可以是无标签数据，用于自监督学习或弱监督学习。

② 文本预处理

对文本数据进行预处理，以准备用于情感分析。预处理步骤包括文本清理、分词、去除停用词、词干化或词形还原等。

③ 特征提取

从文本中提取与情感相关的特征。这些特征可以包括文本中的单词、短语、情感词汇、情感表达、情感符号和情感强度。使用词袋模型、word2vec或其他嵌入技术来表示文本。

④ 情感分类

使用机器学习或深度学习模型，如朴素贝叶斯、支持向量机、神经网络等，对提取的特征进行情感分类。训练模型时，通常需要带有情感标签的数据，以便模型了解不同情感类别的特征。针对每段文本，模型会输出一个或多个情感标签，表示文本中存在的情感。

（2）语音情感分析

语音情感分析是用于识别和分析语音信号中包含的情感或情感极性的过程。语音情感分析的一般过程包括语音数据收集、语音预处理、特征提取、情感分类。

① 语音数据收集

收集包含语音信号的数据集，这些语音可以是语音记录、电话对话、音频评论或任何包含情感信息的语音数据。数据集可以包括已标记的情感标签，以便用于监督学习，或者可以是无标签数据，用于自监督学习或弱监督学习。

② 语音预处理
对语音信号进行预处理，以准备用于情感分析。预处理步骤包括降噪、归一化、分帧、提取特征等。预处理还可以包括语音信号的降维，以减少特征的复杂性。

③ 特征提取
从语音信号中提取与情感相关的声学特征。这些特征可能包括声音频率、声音强度、语速、音调、情感声学特征（如情感声音的频率和持续时间）等。使用信号处理技术和特征提取工具来获取这些特征。

④ 情感分类
使用机器学习或深度学习模型，如支持向量机、神经网络、高斯混合模型等，对提取的声学特征进行情感分类，这是分析语音情感的核心步骤。训练模型时，通常需要带有情感标签的语音数据，以便模型了解不同情感类别的声学特征。针对每段语音，模型会输出一个或多个情感标签，表示语音中存在的情感。

（3）视觉情感分析
视觉情感分析旨在理解图像或视频中表现出的情感和情感状态。视觉情感分析的一般过程包括数据收集、数据预处理、面部检测和关键点标定、特征提取、情感分类。

① 数据收集
收集包含图像或视频的数据集，其中图像或视频可能包含人脸、场景或其他与情感相关的元素。数据集可以包括带有情感标签的图像，以便用于监督学习，或者可以是无标签数据，用于自监督学习或弱监督学习。

② 数据预处理

对图像或视频进行预处理，以准备用于分析。预处理步骤包括图像缩放、裁剪、去噪、亮度和对比度调整等。对于视频情感分析，需要将视频帧提取出来，以便逐帧分析。

③ 面部检测和关键点标定

如果分析的对象是人脸，需要进行面部检测和关键点标定，以识别人脸的位置、表情等信息。这可以通过面部检测器和人脸关键点检测器来完成。

④ 特征提取

从图像或视频中提取相关特征，以描述情感相关的信息，包括颜色特征、纹理特征、面部表情特征等。还可以使用深度学习模型（如卷积神经网络）来提取高级特征，如卷积层的特征映射。

⑤ 情感分类

使用机器学习或深度学习模型，如支持向量机、神经网络等，对提取的特征进行情感分类。训练模型时，通常需要标记的数据，以便模型了解不同情感类别的特征。针对每个图像或视频，模型会输出一个或多个情感标签，表示图像中存在的情感。

2.3.4　多模态融合

随着时代的发展，对于情感计算的研究也不再局限于单纯的文本、语音或是视觉。虽然面部表情、躯体姿态和语音语调等均能独立地表示一定的情感，但人的相互交流往往是多种信息的综合表达。根据麦格克效应（McGurk Effect），不协调的听觉音节和视觉音节的配对可以唤起新的音节感知，大脑在感知时，不同的感官会联合进行信息处理，互相影响，部分感官信息的缺失可能会导致大脑对外界信息理解产生偏差。因此，在单模态的基础上进行多模态融合，实现多通道的人机界面，是人与计算机最为自然的交互方式。它将集自然语言、语音、手语、人脸、唇读、头势、体势等多种交流通道为一体，并对这些通道信息进行编码、压缩、集成和融合，集中处理图像、音频、视频、文本等多媒体信息。

多模态计算是目前情感计算的主流方向，更符合人类细腻丰富的情感表达，人类常常在同一时刻蕴含多种情感。这就需要研究人员进行更全面的研究，从产生机理到算法分析，融合多个信息源，综合处理，协调优化，以求尽可能精准地识别人类情感。目前，新兴研究方法也大多基于多模态情感特征及融合算法创新。在情感计算中，每个模块所传达的人类情感的信息量大小和维度都不同。在人机交互中，不同的维度还存在缺失、不完善等问题。因此，为提高情感分类的准确性，情感分析应当从多个维度入手，通过多结果拟合来判断情感倾向。例如：可以通过长短期记忆神经网络模型（Long Short-Term Memory，LSTM）来处理具有前后连贯性的语言文字；运用线性统计方法来进行情感语音声学分析；利用隐马尔可夫模型等建立面部情感特征识别模型等，多模态计算集成了这些优点，使计算的结果更全面、更精确。

尽管面向多模态信息处理的人工智能技术已经取得了一些进步，多模态决策分析领域的研究还存在以下问题。

从学习范式来看，当前传统多模态学习范式大多忽略了特征之间的关联关系信息和特征的高阶信息。深度多模态学习范式则面临数据缺乏、融合过程语义解释性不强等问题，解决不同模态语义统一表示难、融合效果提升难等问题是未来进一步增强多模态信息处理能力的关键。

从情感数据集的建立来看，记录多模态情感数据的主要挑战之一就是获得自然流露且真实可靠的数据。用于多模态记录的复杂设备往往对实验环境控制有非常严苛的要求，但人类的真实反应往往受到"被观测状态"的影响而产生偏差。另一个主要挑战就是多模态捕获流的同步，多模态情感信号的采集通常采用相互独立的不同硬件设备，甚至在不同的时间段进行采集，这就使保证数据的同步性变得愈发艰巨。当然，多模态情感数据集开发中最耗时也最昂贵的阶段之一就是情感信号的标记和注释。由于标记者很难与每一个被采集者进行充分的信息沟通，并不是所有被采集到的信息都能够得到有效的利用。情感计算的众包技术（Crowdsourcing Techniques for Affective Computing）在一定程度上解决了这一难题，即让大众志愿者通过奖励机制或休闲娱乐的方式来进行标注。比较成功的案例有在线社交游戏 ESP，大众以游戏的形式参与其中，贡献了超过 1 000 万个图像标签。

2.3.5　情感的生成与表达

情感的生成与表达，是让机器人在采集、分析人类情感后，通过面部表情、语音语调或肢体动作等表现出情感状态，给予人类情感回馈和反应。例如，基于埃克曼的基本情感理论模型，在人机对话过程中提取语音信号特征和表情视频流，采用遗传算法开展特征融合并利用分类器构建预测模型，可以对不同基本情感类型进行分类识别，这样对话机器人就能够了解交谈者的情感状态，进而生成针对性的回复表达。目前，这类具备自然语言处理能力的对话机器系统已经渗透进我们的日常生活，最常见的是智能手机所配备的虚拟助理，以及在与销售或客服等的多种通话场景下遇到的自动响应单元。

除了单调的语音合成外，目前的研究热点逐渐倾向关注生成情感并通过非语言行为表达情感的具身对话智能体（Embodied Conversation Agents，ECA）。这一领域的关键挑战之一是数据集的开发，将人体形态和面部动态特征与需要表达的情感联系起来。ECA 既包含仅在软件层实现的虚拟角色，也包含实体化的情感机器人。ECA 就像人类一样，可以被赋予一个完整的身体，通过手势等肢体语言动作来表达情感。葡萄牙计算机科学家安娜·帕维亚（Ana Paiva）、瑞典计算机科学家伊奥兰达·莱特（Iolanda Leite）和葡萄牙计算机科学家蒂亚戈·鲁贝罗（Tiago Ribeiro）通过实验进一步证明了情感回路的有效性，即便是简单的肢体互动交流也能有效增强人机交互的参与度和体验感。因此，尽管具身化的道路上出现了很多全新的挑战，该领域依然是未来攻克的主要方向。

2.4　情感计算的研究方法

情感计算是一个多学科交叉的崭新的研究领域，广泛涉及计算机科学、心理学、行为学等多个领域，在情感计算不断发展的今天，针对情感计算的研究方法也在不断地更新迭代。

情感计算的研究方法主要分为传统机器学习方法和深度学习方法。传统机器学习平衡了学习结果的有效性与学习模型的可解释性，为解决有限样本的学习问题提供了一种框架，在自然语言处理、语音识别、图像识别等方面得到了诸多应用。深度学习作为机器学习研究中的一个新兴领域，是目前最先进的技术，在图像、音频和文本数据上性能表现优异。相较于传统的机器学习方法，深度学习的方法牺牲了可解释性，更追求学习的有效性。

2.4.1 传统机器学习方法

传统机器学习的通用方法主要有隐马尔可夫模型（Hidden Markov Model，HMM）、高斯混合模型（Gaussian Mixed Model，GMM）、人工神经网络（Artificial Neural Network，ANN）、K 最近邻算法（K-Nearest Neighbors，KNN）、支持向量机（Support Vector Machine，SVM）、决策树模型（Decision Tree，DT）、随机森林算法（Random Forest，RF）等。

（1）隐马尔可夫模型

隐马尔可夫模型是一种典型的统计模型，它广泛应用于各类模式识别领域。在隐马尔可夫模型中具有两个状态序列，一个是观测状态序列 X_n，另一个是隐藏状态序列 Z_n。隐藏序列是不能被直接观察到的；能够被肉眼观察到的、与现在的状态相关的序列被称为观测状态序列。其中，描述隐藏状态和观测状态之间关系的概率称为观测概率，描述模型在各个隐状态之间转移的概率称为状态转移概率。隐马尔可夫模型具有两个基本假设，第一个为齐次马尔可夫假设，即隐马尔可夫链在任何时刻的状态只依赖于前一个时刻的状态，与其他时刻的状态无关；第二个为观测独立性假设，即任何时刻的观测仅依赖于该时刻的马尔可夫链的状态，与其他时刻的观测和状态无关。流程如图 2-8 所示。

隐马尔可夫模型主要用于解决 3 个典型问题，即概率计算问题、学习问题和预测问题。其中，学习问题是通过给定的观测序列，估计模型的参

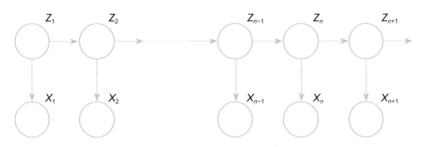

图2-8 隐马尔可夫模型流程图

数，使得在该参数下观测序列出现的概率最大，求解最优参数。预测问题则是在已知隐马尔可夫模型参数和观测序列的前提之下，求解出观测序列出现概率最大时所对应的状态序列，即通过挖掘时间序列中的信息，选择出具有最大概率的隐藏状态序列。但是，隐马尔可夫模型对样本的状态和样本值的依赖程度较大，算法的复杂度和时间成本较高。

（2）高斯混合模型

高斯混合模型由 k 个单高斯模型按照组份数混合而成，其中单个高斯模型的概率密度函数和高斯混合模型的概率密度函数如下所示：

$$P(x|\ \mu,\Sigma) = \frac{1}{(2\pi)^{D/2}|\Sigma|^{1/2}}\exp\left(-\frac{1}{2}(x-\mu)^T\Sigma^{-1}(x-\mu)\right) \quad （式2-1）$$

$$P(x\ |\ \theta) = \sum_{k=1}^{K}\pi_k N\left(x|\ \mu_k,\Sigma_k\right)$$

在式2-1中，π_k 满足 $\sum\limits_{k=1}^{K}\pi_k = 1$，代表单个高斯分布 $N\left(x\ |\ \mu_k,\Sigma_k\right)$ 在混合高斯模型中所占的组分。运用高斯混合模型识别语音情感类型主要包含3个步骤。首先，进行参数的初始化，这是建立一个高斯混合模型之前的重要步骤，主要参数包括初始权值系数 π、期望 μ 和协方差矩阵 Σ。其中，初始权值的设置一般取 $1/k$，k 为需要进行识别的 k 种感情。由于模型中的参数设置直接关系到最终的识别效果，接下来要通过极大似然估计对高斯混合模型中的参数进行训练。最后，用训练得到的最优参数进行语音情感识别，而利用高斯混合模型进行语音识别的过程实际上就是求概率最

大化的过程，最终选择概率最大的情感类别。高斯情感模型可以刻画出样本数据的规律，对情感特征数据的拟合能力较强，但模型对训练数据的依赖性较强。很多学者提出相应的改进算法，以减少高斯混合模型对数据的依赖性，提高模型的识别速度。

（3）人工神经网络

人工神经网络是解决多种分类问题的常用方法，它的组织过程能够模拟生物神经系统对物体做出的交互反应。它基本上由一个输入层、一个或多个隐藏层和一个输出层构成。每一层都包含有很多的神经元，虽然输入层、输出层神经元的数量由样本的数量和标记类别的数量决定，但是隐藏层可以根据需要具有任意多的神经元。人工神经网络首先为神经元之间的连接分配随机权重，当训练数据加载到输入层后，通过隐藏层进入输出层，进一步通过反馈连接，不断更新权重，从而使训练好的模型可以对新的数据进行分类。

神经网络的基本组成结构如图 2-9 所示，其核心成分是神经元。每个神经元接收来自其他几个神经元的输入，将它们乘以分配的权重然后相加，将总和传递给一个或多个神经元。一些神经元可能在把输出传递给下一个神经元之前将激活函数应用于输出。神经网络因其拟合非线性数据的能力在机器学习领域表现出了强大的潜力，与其他模型相比具有更高的训练速度和较高的分类精度。

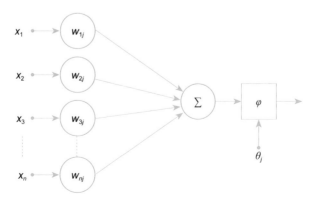

图 2-9　人工神经网络简单组成图

（4）K最近邻算法

K最近邻算法是一种应用广泛的分类方法，同时也是最经典的机器学习算法之一。它的核心思想是对于一个待识别的样本，考察与其距离最近的K个样本，观察这K个最近邻样本中所包含的哪一个类别的样本最多，就将待识别样本归为那一类。常见的距离度量函数包括欧氏距离（通过距离平方值进行计算）、曼哈顿距离（通过距离绝对值进行计算）等。在情感识别中，需要首先对样本数据的数据特征进行提取，并进行特征选择与降维。K最近邻算法可以通过对情感数据的特征进行分类，根据距离度量函数识别特征相近的样本数据。

（5）支持向量机

支持向量机的核心思想是运用核函数将低维空间中的线性不可分样本映射到更高维的空间中，从而构造出最优超平面，最终实现非线性样本在高维空间的线性可分。对于一般的线性样本，最优超平面应该满足分类间隔最大，问题转变成为一个有约束的非线性规划问题，一般通过引入拉格朗日乘子来进行求解。在支持向量机模型中选择一个合适的核函数是非常重要的，常用的核函数包括线性核函数、多项式核函数、径向核函数等。

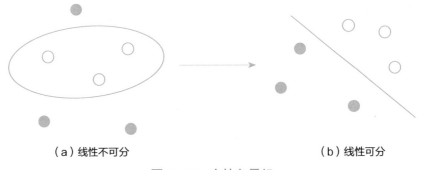

（a）线性不可分　　　　　　　　　　　　　　　　（b）线性可分

图2-10　支持向量机

实际上支持向量机是一种二分类的模型，当支持向量机应用到情感识别问题时，就是一个多分类问题。针对多分类的问题，支持向量机主要有以下两种解决方式。一种是一对一分类法，主要思想是每次分类只考虑其中的两个类别，如果一共有 k 个类别，则需要构建 $k(k-1)/2$ 个分类器，对于每一个分类器规定某一类别 i 为正类，而另一类别 j 为负类，最终根据决策函数的正负性来决定其属于哪一类，最终结果取决于投票数量最多的类别。其优点为每次训练都只针对两种类别，缺点为当类别较多时，需要构建的分类器较多，计算量较大。另一种是一对多分类法，如果一共有 k 个类别，则只需要构建 k 个分类器，规定其中某一个类别为正类，其他所有类别为负类，直到某一个分类器出现正类的结果时，则可以确定所属类别。其优点在于需要构建的模型数量较少，但由于正负样本的数量差距较大，可能会影响识别的结果。

（6）决策树模型

决策树模型是一种基于树结构进行决策判断的模型，它通过多个条件判别过程将数据集分类，最终获取需要的结果。通常，决策树模型的训练要经过以下流程：首先要进行特征的选择，特征选择过程可以提高决策树训练的效率，一般使用信息增益来选择特征；接着生成决策树，目前决策树的生成主要有 3 种算法，即 ID3 算法、C4.5 算法和 CART 算法；最后需要对决策树进行剪枝，主要目的在于避免过拟合。决策树的训练实质上就是通过训练集的数据得到相应的分类规则，从而使损失函数值达到最小。在应用于情感识别的过程中，决策树根据从样本数据中提取到的特征和标签进行模型的训练，从而生成一个决策树模型。该模型可以实现由树的顶

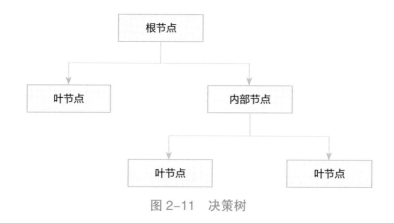

图 2-11　决策树

端开始，根据输入的数据特征的取值决定情感的状态。在整个识别的流程中，决策树用于情感识别，是根据样本数据的特征得到的结果。

（7）随机森林算法

随机森林算法是将多个决策树结合在一起的集成算法（Bagging），集成学习通过训练学习出多个估计器，当需要预测时，通过结合器将多个估计器的结果整合起来当作最后的结果输出。算法的具体步骤为：假设有一个大小为 N 的训练数据集，每次从该数据集中有放回地选出大小为 M 的子数据集，一共选 K 个，根据这 K 个子数据集，训练学习出 K 个模型。当要预测的时候，使用这 K 个模型进行预测，再通过取平均值或者多数分类的方式，得到最后的预测结果。使用集成算法能降低过拟合的情况，从而带来更好的性能。单个决策树对训练集的噪声非常敏感，但通过集成算法降低了训练出的多颗决策树之间关联性，有效缓解了上述问题。在应用于情感识别的过程中，用取平均值或者多数分类的方式处理通过集成多个决策树得到的情感计算结果，可以使结果更具稳定性和准确性。

传统的机器学习方法已经为情感计算提供了许多思路，但随着人工智能技术的不断更新迭代，传统的机器学习方法的计算精度已经不能满足现阶段的要求。

2.4.2 深度学习方法

深度学习的方法主要有深度玻尔兹曼机（Deep Boltzmann Machine，DBM）、深度神经网络（Deep Neural Network，DNN）、循环神经网络（Recurrent Neural Network，RNN）、卷积神经网络（Convolution Neural Networks，CNN）、长短期记忆神经网络（Long Short-Term Memory，LSTM）、门控循环单元（Gated Recurrent Unit，GRU）、引入注意力（Attention）机制的神经网络模型、引入预训练的神经网络模型等。

（1）深度玻尔兹曼机

深度玻尔兹曼机是一种以受限玻尔兹曼机为基础的深度学习模型，其本质是一种特殊构造的神经网络。深度玻尔兹曼机由多层受限玻尔兹曼机叠加而成，不同于深度置信网络（Deep Belief Network），深度玻尔兹曼机的中间层与相邻层是双向连接的，同时每一层的神经元之间也是相互独立的，这一点与深度神经网络相似。与深度神经网络不同的是，深度玻尔兹曼机并不区分前向和后向，可见层的状态可以作用于隐藏层，隐藏层的状态也可以作用于可见层。深度玻尔兹曼机的主要优点是它通过层层的预训练来实现快速学习和高效表示，这就是为什么当语音作为输入时，深度玻尔兹曼机可以为情感识别提供更好的结果。

图 2-12 是一个包含两层隐藏层的深度玻尔兹曼机模型，其中 h_1 和 h_2 是隐藏层，v 是可见层，w_1 和 w_2 是连接权重，这里没有显示各单元的偏置。一般来说，深度玻尔兹曼机每个神经元的取值只能为 0 或者 1。整个过程其实就是一个编码和解码的过程，从可见层到隐藏层就是编码，从隐藏层到可见层就是解码，通过不停地迭代确定最优的参数，而从受限玻尔兹曼机（RBM）到 DBM 可以看作是增加了更多的隐藏层。

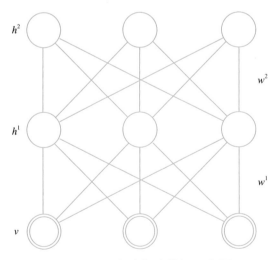

图 2-12　深度玻尔兹曼机示意图

（2）深度神经网络

深度神经网络由多层非线性模块组成，这种设计的灵感来自灵长类视觉系统中观察到的分层信息处理。这种层次结构安排使深层模型能够在不同的抽象层次上学习有意义的特性。德国柏林自由大学拉多斯拉夫·齐希（Radoslaw Cichy）等利用深度神经网络模型模拟了生物大脑功能，他们的物体识别实验结果表明，深度神经网络中的处理阶段与人脑中观察到的处理方案之间存在密切关系。

　　图 2-13 是深度神经网络的一个基本组成结构，深度神经网络可以分为 3 层，包括输入层、隐藏层和输出层，层与层之间是全连接的，也就是前一层任意一个神经元一定与后一层的任意一个神经元相连接。深度神经网络可以有多个隐藏层，层的节点数很多，虽然每个节点只有简单的非线性变换，但是多个隐藏层组合起来就能产生非常复杂的非线性变换。因此，深度神经网络能将原始输入特征转换为更加具有不变性和鉴别性的特征，这些特征便于用分类器分类。

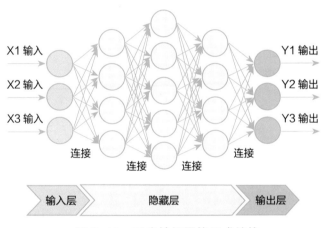

图 2-13　深度神经网络组成结构

（3）卷积神经网络

　　在全连接深度神经网络的结构里，下层神经元和所有上层神经元都能够形成连接，这带来的潜在问题是参数数量的膨胀，因此引入了卷积运算。卷积神经网络是一种包含卷积运算并且具有深度结构的前馈神经网络，由于具有平移不变分类的特点，也被称为平移不变人工神经网络。其结构可分为 3 层：卷积层，主要作用是提取特征；池化层，主要用于下采样；全连接层，用于分类。

在情感计算的过程中，卷积神经网络使用 3 种基本思想来处理输入数据：本地连接、共享权重和按一系列连接层排列的池。简化的卷积神经网络架构如图 2-14 所示，前几层是卷积层和池化层。卷积运算在较小的位置处理部分输入数据，通过运用多个卷积核进行点积运算的方式来完成特征提取任务。卷积神经网络中的卷积运算可以重复，最大限度地利用输入数据中的模式。虽然卷积层检测前一层特征的局部连接，但池化层的作用是将局部特征聚合为更全局的表示，通过在卷积层的输出上滑动非重叠窗口来执行池化，以获得每个窗口的"池化值"。合并值通常是每个窗口上的最大值或平均值，最大值池有助于使网络对输入数据的微小变化和扭曲变得稳健。全连接层则负责线性运算及激活函数运算，最后一层将先经过 Softmax 等分类器再生成模型输出结果，根据模型输出结果即可完成对情感状态的预测。卷积神经网络体系结构中所有权重的训练，包括图像滤波器和完全连接的网络权重，都是通过应用常规反向传播算法（通常称为梯度下降优化）来执行的。

输入　　　　卷积　　　最大池化　　　　　　全联结

图 2-14　卷积神经网络示意图

其中，Softmax 分类器可将模型输出的一组数值转化成一组在 0 与 1 之间的概率值，同时可让所有值的和为 1。Softmax 的具体公式定义如下：

$$soft\max(s_i) = \frac{e^{s_i}}{\sum_{j=1}^{N} e^{s_j}} \quad (i = 1, \cdots, N) \qquad （式 2\text{-}2）$$

其中 s_i 表示模型对输入 x 在第 i 个类别上的输出数值，指数可在不影响模型输出数值相对大小关系的前提下将数值转换成大于 0 的正数，分母指数求和部分保证了数值的归一化。以上这些部分结合起来便可在保留模型输出的相对大小关系下将一组输出数值转换为一组概率值。

（4）循环神经网络

循环神经网络捕获序列数据（如语音）中有用的时间模式，以增强识别性能。前馈深度神经网络是一个针对非序列数据进行学习的模型，也可以使用上下文特征从而将其扩展到序列数据中。上下文特征就是将邻近几帧堆叠到当前的帧中，即假设这种上下文的语境效应可以被一个固定的长窗口覆盖。但是，对于情感识别，显然固定的长窗口无法模拟长度可变的语境效应。这个问题可以使用循环神经网络进行解决，标准循环神经网络与深度神经网络模型的区别在于，循环神经网络中存在递归连接 W_{hh}，表现在方程中就是：

$$h_t = f(W_{xh}x_t + W_{hh}h_{t-1})$$
$$y_t = \mathrm{softmax}(W_{hy}h_t) \qquad\qquad （式 2\text{-}3）$$

其中，x_t 是输入层，h_t 是隐藏层，y_t 是输出层，W_{ij} 表示从 i 层到 j 层的权重矩阵，简单起见见式 2-3 中没有表现出偏差项。递归连接 W_{hh} 即在隐藏层内部的神经元之间建立联系，之前时刻的信息可以循环使用，当然还包括

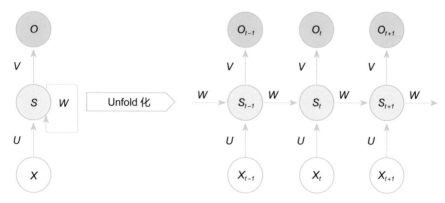

图 2-15　递归神经网络示意图

输入层传来的信息。循环神经网络学习算法还可以自动计算每一帧的重要性，从而可以充分利用语音信息判断当前的情感状态。

（5）长短期记忆神经网络

长短期记忆神经网络是一种特殊的循环神经网络，在普通的全连接网络中，每层神经元的信号只能向上一层传播，样本的处理在各个时刻独立，因此又被称为前向神经网络。在循环神经网络中，神经元的输出可以在下一个时间段直接作用到自身，长短期记忆神经网络是特殊的循环神经网络，解决了梯度爆炸等问题。长短期记忆神经网络通过"门"（gate）来控制丢弃或者增加信息，从而实现遗忘或记忆的功能。"门"是一种使信息选择性通过的结构，由一个 Sigmoid 函数和一个点乘操作组成。Sigmoid 函数的输出值在［0，1］区间，0 代表完全丢弃，1 代表完全通过。一个长短期记忆神经网络单元有 3 个这样的门，分别是遗忘门（forget gate）、输入门（input gate）、输出门（output gate），分别用于过滤旧信息、加入新信息以及选择当前状态的全部信息。不管是文本还是语音，在序列中都存在一定的前后关系，LSTM 通过不断地过滤掉数据样本中旧的信息，增加新的信息，返回当前的状态。

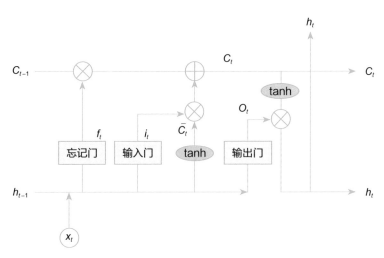

图 2-16　长短期记忆神经网络示意图

（6）门控循环单元

门控循环单元是循环神经网络的一种，与长短期记忆神经网络一样，也是为了解决长期记忆和反向传播中的梯度等问题提出来的。从结构上来看，门控循环单元模型是长短期记忆神经网络的一种效果很好的变体，长短期记忆神经网络中引入了 3 个门函数：输入门、遗忘门、输出门，分别控制输入值、记忆值、输出值。在门控循环单元模型中，只有两个门：更新门和重置门。

（7）引入注意力机制的长短期记忆神经网络

注意力机制最早在视觉图像领域被提出。2014 年，Google Mind 团队首先将注意力机制引入循环神经网络模型中进行图像的分类，取得了令人满意的识别结果，随后各个领域开始广泛使用注意力机制解决各种问题。注意力机制的本质是从人类的视觉注意力机制中获得的灵感，人类用视觉感知事物时，一般不会观察场景中的每一个细节，而是根据主观上的需求来注意特定的某一个部分。进一步地，当场景中经常出现人类想要观察的东西时，人类就学会了在发生类似的场景时应该注意哪一部分。注意力机制其实就是一系列注意力分配系数，也就是一系列权重参数，其原理并不复杂，即相关性高的给予更高权重，低相关性的给予低权重。这样就可以在文本中关注确切的单词，在图像中关注重要位置的像素点。引入注意力机制的神经网络可以灵活地捕捉全局和局部的联系，而且是一步到位的。此外，注意力机制函数先是进行序列的每一个元素与其他元素的对比，在这个过程中每一个元素间的距离都是 1，因此它比时间序列循环神经网络的一步步递推得到长期依赖关系好得多，序列越长，循环神经网络捕捉的长期依赖关系就越弱。

图 2-17 将语音样本中每一帧的特征数据依次输入长短期记忆神经网络中，将得到在每一个时刻的一个输出结果 y。相对于直接使用在长短期记忆神经网络中最后一个时刻的输出作为全连接层的输入，注意力机制则使用参数向量 u 和长短期记忆神经网络中每个时刻的输出 y 做内积，可以求得每一帧语音样本在所有语音样本中所占的比重。然后通过一个 Softmax 函数得到一系列的权重系数 α，这个权重系数可以衡量每一帧的特征对于

整个语音情感分类的贡献度。最终根据权重系数对长短期记忆神经网络每个时刻的输出进行加权，从而得到最终的向量 z。然后将得到的最终向量 z 作为全连接层的输入数据，进行下一步的分类过程。

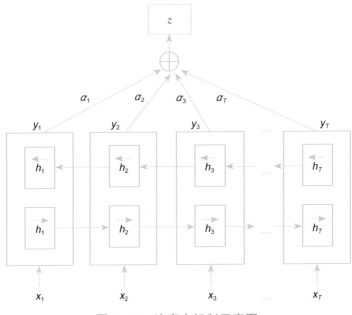

图 2-17　注意力机制示意图

（8）预训练神经网络模型

深度学习成功的一个关键性因素就是大量带标签数据组成的训练集。在具体的工程中，如果数据量不足，即使利用非常好的网络结构，也达不到很好的效果。预训练过程的关键优势在于它能够通过利用大规模数据来学习通用的特征表示，使模型在特定任务上更容易收敛和表现出色。这种方法已经取得了重大成功，并在深度学习研究和应用中广泛使用。

传统的机器学习算法与深度学习算法没有优劣之分，一般来说，前者具有更强的解释性，后者具有更高的性能。两者都是帮助数据科学家做出预测或制定决策的数据科学方法，区别在于数据分析方法：一种依赖于算法；另一种则使用以人脑为模型的神经网络。不存在某种算法在所有的数据集上都具有最好的性能。因此，机器学习与深度学习的相关算法仍将不断发展、更新。

2.5 情感计算的研究现状

情感计算的核心是情感识别，最初的概念提出后，经过不断发展，已经初步形成了一个体系。其中，情感识别过程可分为单模态情感识别和多模态情感识别。

通过分析独立的载体，如基于语言的文字与声调、基于视觉的面部表情与肢体行为或基于生理的特征信号与应激反应等，识别情感的过程称为单模态情感识别。然而，由于人类情感的表达方式的多样性，基于单个模态的信息分析是不完善的，对情感的判别可能存在偏差，为了提高分析的准确性，发展出了多模态情感识别。

多模态情感识别通过提取图像、视频、音频、文本和生理信号等多种模态数据中的情感信号，综合完成情感的分类和判别。多模态情感识别发展的早期，主要通过进行引导参与者产生目标情感的实验，记录参与者的生理信号、声音和面部表情的方式收集数据，支持多模态情感识别的研究。近几年，随着多媒体技术的快速发展，用户在社交平台上发表关于电影、餐厅和电子商品的评价内容也日益增加。研究人员开始搜集这些有情感倾向的图像、视频、音频和文本评价内容来构造多模态情感研究的数据集。随着数据量的增长和计算能力的突破，研究人员开始使用深度神经网络来分析多模态情感。很多研究使用基于 Transformer 的网络进行识别。与之前的深度模型相比，基于 Transformer 的网络具有更好的并行计算效率和更好的建模远距离特征优势。

目前，单模态情感计算，尤其是基于面部表情、文本信息和语音信息的情感计算已经建立起一定规模的数据集和计算方法。就多模态情感计算而言，研究主要集中在识别和理解情感的方法上，通过完善多模态融合和情感识别的方法和技术，多模态情感计算将在未来展现广阔的前景。

2.5.1 单模态情感计算

主流的单模态情感计算主要包括基于面部表情信息、基于文本信息和基于语音信息的情感计算（图 2-18）。

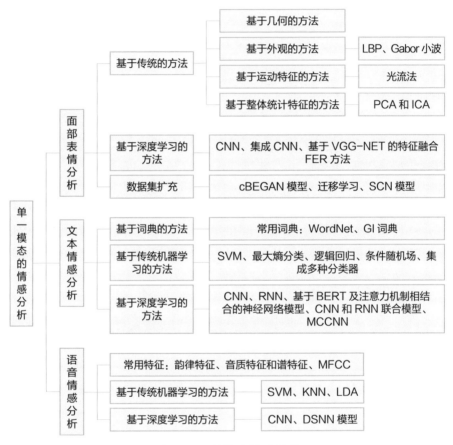

图 2-18　单模态情感计算

（1）面部表情分析

从数据集来看，国际上有很多广泛用于算法评估的真实世界人脸表情数据集和相应评估准则。数据集基本上是由百万级张数的面部表情图像组成，包含由人工手动标注的 8 类基本表情和复合表情标签。其中的差别在于，部分数据集如 Emoti Net，是由面部动作单元（Action Unit，AU）组合推断而来，因此存在较大误差。有的数据集如 Affect Net 进行了维度空间的标注。较为特别的数据集如 AFEW 7.0 包含由电影片段剪辑而来的 1 809 个视频数据，其中分别用于训练、验证和测试的视频数为 773、383 和 653，每一个视频也进行了 7 类基本表情的标签标注。Affwild2 是第一个同时针对效价-唤醒二维连续情感估计、7 类基本表情识别和面部动作单元检测这 3 种任务进行标注的真实世界数据集。其中有 558 个视频包含了效价-唤醒度标注，63 个视频包含了 8 类面部动作单元标签，84 个视频包含了 7 类基本表情标签。

根据所采用的特征表示，面部表情识别（Facial Expression Recognition，FER）方法可分为传统方法和基于深度学习的方法。传统的方法主要有基于几何、局部二值模式（Local Binary Pattern，LBP）、Gabor 变换、主成分分析（Principal Components analysis，PCA）及光流法等 5 种方法。其中，基于几何的方法易于执行，但由于保留的是单一特征矢量，局部细节信息容易被忽略。基于外观的方法，主要是根据面部的纹理变化来判断情绪的变化，具有良好的光照不变性。其中，局部二值模式和 Gabor 变换最具代表性，因具有较好的性能而被广泛应用。基于整体统计特征的方法的优势在于能尽可能多地保留图像中的主要信息，目前主要有主成分分析和独立成分分析（Independent Component Algorithm，ICA）。主成分分析具有较好的可重建性，但可分性较差，受光照等外来因素影响较大；基于运动特征的方法对动态图像序列中的运动特征进行提取，常用的是光流法，对光照变化不敏感，但识别模型和算法较复杂，计算量大。

随着数据量的增加，传统特征已经不足以表示与面部表情无关的多样化因素。随着各种优秀神经网络结构的设计涌现和计算能力的大幅提升，深度学习技术被越来越多地用于应对表情识别所带来的挑战。在基于深度学习的方法中，面部表情信息主要用卷积神经网络、深度神经网络以及与传统方法相结合进行情感分析。例如，重庆邮电大学李校林和钮海涛提出基于 VGG-NET 的特征融合 FER 方法，该方法通过加权的方式，将 LBP 特征和 CNN 卷积层提取的特征与改进的 VGG-16 网络连接层结合，然后用

Softmax 分类器获取各类融合特征的概率，完成基本的 6 种表情分类。这个方法可以有效地将表情识别准确率提高至 97.5%，且对光照变化更加鲁棒。

近年来，国内建立了广泛用于算法评估的真实表情数据集和相应评估准则，在人脸表情识别领域有了很大的进展。例如，RAF-DB 数据集包含了来源于网络的近 3 万幅高度多样化的面部图像。通过手动的众包标注和标签可靠性估计，该数据库为样本提供了精确的 7 类基本表情标签和 12 类复合表情标签。RAF-ML（Real-world Affective Faces Multi Label）是第一个真实世界混合表情数据集，包含了类别更为丰富的 4 908 幅多标签表情图像样本。RAF-AU（Real-world Affective Faces Action Unit）则在 RAF-ML 数据集的基础之上对样本进行了 26 类 AU 标签的手动标注。

表情标注具有主观性和差异性，数据集中总会存在标签噪声。针对该问题，相关研究提出了样本的不确定性学习算法，即通过自动纠正不确定性大的样本标签，提高模型的泛化能力。例如，中国科学院神经科学研究所神经光学成像研究组组长王凯等通过全连接层学习计算出每个样本对应的权重，并将该权重作用到 Softmax 指数部分，从而降低不确定性高的样本对应的重要性权重，进而降低噪声样本带来的负面影响。最后，研究人员通过对不确定性高的样本进行重标注，实现噪声清洗。

各种情感类别与情感特征之间存在着关联，利用这种内在关联知识，可以在小样本条件下获得更加稳定的情感识别性能。标签分布学习是一种典型的类别间的关系学习方法。东南大学计算机科学与工程学院副教授王靖和东南大学首席教授耿新提出了标签分布流形学习算法，通过挖掘标签分布中隐藏的流形结构同时编码标签之间的全局和局部关系，发掘不同情感类别之间存在的潜在相关关系。

在情感识别中，存在人物（身份、年龄、性别和种族等）、采集噪声（遮挡、低分辨率等）和姿态变化等与情感无关的干扰因素，英国剑桥大学计算机科学与技术系研究人员利用对抗学习分别获得了表情和各个人脸属性（种族、年龄和性别）的独有特征，通过人为去除人脸属性特征，获得了对各个属性公平的表情识别性能，在情感特征中解耦出这些干扰噪声，有效建模了情感的判别性特征。

（2）文本情感分析

基于文本的情感计算主要有两种方式。第一种方式是基于情感字典、词典、关系表等情感词袋进行规则匹配策略。例如，美国哥伦比亚大学瓦西里厄斯·哈齐瓦西洛卢（Vasileios Hatzivassiloglou）等根据连词所连接的两个形容词的情感倾向之间存在的关联性挖掘出一个基于形容词的情感评价词库，并基于词库实现情感极性的匹配与度量。然而，该方法过于依赖情感词的个数，且当出现一词多义时容易造成误判。第二种方法是基于海量语料库，采用基于统计的机器学习方法。深度学习的方法主要采用循环神经网络和长短期记忆网络来进行情感分析。例如，美国计算机科学家理查德·索赫尔（Richard Socher）等采用了递归神经张量网络（RNTN），该方法可以在相同数据集下，将情感分类的精确率提高到85%。

自然语言的语义存在模糊性、歧义性、文本内容的多尺度特征，特别是讽刺、暗喻、礼貌、语言文化特征与风格等不同特征之间的互相影响，导致了识别细分情感仍然存在一些关键挑战。因此，基于文本的情感计算的关键，是在针对文本句子语法与语义结构分析的基础上准确实现对自然语言的理解。

在算法方面，中国在语言学、认知学、情感词向量、自动标注角度有所突破。

清华大学智能技术与系统国家重点实验室教授黄民烈等考虑到语言学特征在文本情感计算中的应用，在现有的句子级 LSTM 情感分类模型中融入了语言学规则（情感词典、否定词和程度副词），使基于语言学规则的双向 LSTM 方法具备最佳的情感分类准确率。

考虑到上下文情感的影响和作用，深圳技术大学教授傅向华等以动态的滑动窗口为处理单位，采用将线性判别分析（LDA）模型与情感词典相结合的话题情感分析方法实现了话题识别与情感倾向分类。大连外国语大学的徐琳宏等从认知学角度，通过结合上下文的情感内容，提出了一个文本情感认知模型。

考虑到词汇在文本情感分析过程中的重要性，中国人民大学教授金琴等基于生气、开心、悲伤和中立四维情感模型，为每个情感维度构建了一个可以表达特定情感倾向和权重的特征词向量。实验结果表明，采用情感词向量的性能远优于采用词袋模型所获取的 200 个维度所对应的性能。在考虑消除噪声方面，哈尔滨工业大学（深圳）智能计算研究中心教授徐睿峰等提出了一个分离情感表达和情感认知的构建情感词典的方法，区分标注知网情感词典 Hownet 中所挑选出来的 1 259 个正负情感词条的情感状态、认知结果及强度，提高了情感词典的适用性程度以及情感计算精确程度。

为了降低传统算法中人工标注的工作量，中国的郑州大学电气工程学院博士生导师梁军等采用 RNN 来发现特征，同时，为了加强对文本关联性的捕获，引入情感极性转移模型。

（3）语音情感分析

语音情感分析的研究集中在情感语音数据库的构建、语音特征提取、语音情感识别算法等方面。根据激发方式，语音情感分析将数据库分为自然型、表演型和引导型数据库。自然型数据库采集方式最接近自然交流，但是制作难度高，因此目前数量较少，常用的数据库有 FAU AIBO 数据库和 VAM 数据库。表演型数据库的采集是将专业演员置于安静环境中，根据指定语料进行表演并采集语音样本。引导型数据库的数量最多，常见的方式是通过视频或对话诱导参与者表达情感以获取样本。传统语音情感特征包括时间构造、振幅构造、基频构造、共振峰构造、梅尔频率倒谱系数（Mel Frequency Cepstrum Coefficient，MFCC）和梅尔频谱能量动态系数等共 101 维特征，共同表征语音的情感。

语音情感识别算法现有成果中，主要分为基于传统机器学习的方法和基于深度学习的方法。传统的情感识别的主要方法有支持向量机、K 最近邻算法、隐马尔可夫模型、高斯混合模型等；而深度学习方法主要有各类神经网络模型。在传统识别方法的基础上，新的改进方向是通过特征工程优化识别效果。例如，印度巴巴原子能研究中心科学家南希·休厄尔（Nancy Semwal）等结合韵律特征和质量特征导出，利用梅尔倒谱系数、线性预测倒谱系数（Linear Predictive Cepstral Coefficient，LPCC）和梅尔能谱动态系数（Mel-energy Spectrum Dynamic Coefficient，MEDC）等 3 种特征来训练支持向量机进行情感分析，该方法具有较好的鲁棒性。

近年来，国内研究人员将深度学习技术引入情感回归中，取得良好

效果。北京航空航天大学电气与信息工程学院的赵建峰等采用二维 CNN–
LSTM 网络学习局部特征学习块和 LSTM 提取的局部特征和全局特征，并
在全连接层实现效价–唤醒度模型情感预测，改变深度信念网络（DBN）、
CNN 等算法模型只能学习一种深度特征的现状。在 IEMOCAP 数据库
中，该方法在说话者相关和说话者无关中的识别正确率分别为 89.16% 和
52.14%，远高于分别采用 DBN 和 CNN 获得的 73.78% 和 40.02% 的正确率。
清华大学计算机科学与技术系贾珈等提出了一个深度稀疏神经网络（Deep
Sparse Neural Network，DSNN）模型用于分析大规模的网络语音数据。通
过提取话语中的声学特征（如音调、能量）、内容信息（如描述性相关和
时间相关性）和地理信息（如地理–社会相关性），并对其进行融合处理后
可实现自动预测情感信息。

2.5.2　多模态情感计算

从数据集来看，第一类数据集如英国帝国理工学院的桑德·科尔斯
特拉（Sander Koelstra）团队构建的 DEAP（Database for Emotion Analysis
using Physiological signals），数据来源是记录参与者观看音乐剧时的人脸
视频、脑电图等信号。第二类数据集如美国卡内基·梅隆大学路易斯–菲
利普·莫伦西（Louis–Philippe Morency）团队的 CMU–MOSEI（Carnegie
Mellon University–Multimodal Opinion Sentiment and Emotion Intensity），数据
来源是视频网站 You Tube 上用户上传的独白视频。

从计算方法来看，多模态情感识别的计算方法包括情感模态的表示
方法和情感模态的融合方法。情感模态的表示是存储和利用模态信息的基
础。目前，情感模态的表示方法按照模态种类的不同分为以下 4 种：文本、
音频、图像和视频。文本信息的表示向量目前主要通过词到向量（word to
vector，word2vec）、全局向量（global vectors，GLOVE）和基于变换器的双
向编码器表示技术（Bidirectional Encoder Representations from Transformers，
BERT）等获取。音频信息则是先转换成频谱图等图形化的表示，再用
CNN 提取特征。关注图像情感区域的表示方法有很好的竞争力。例如，如
果图像中包含人脸信息，那么人脸表情会被纳入为有用线索。视频信息的
表示会在使用中加入时序的三维卷积提取特征。对生理信号则采取脑电图

并加入通道注意力的卷积神经网络来有效地提取表示信号的特征。在针对多模态情感识别的计算方法中，基于 Transformer 的深度网络明显具有更好的性能，这是目前最有代表性的方法。

从情感模态的融合来看，国际上情感模态融合包含模型无关融合、基于模型融合两类方法。模型无关的融合方法分为早期融合，晚期融合和混合融合 3 类。早期融合（基于特征）将不同情感模态连接为单个特征表示；晚期融合（基于决策）是对每个情感模态的识别结果进行集成。晚期融合比早期融合具有更好的灵活性和鲁棒性。混合融合结合了二者的优势，但计算的成本较高。目前，由于与模型无关的融合方法难以表示多模态数据的复杂情况，基于模型的融合方法获得了更多的关注。针对浅层模型，基于支持向量机等核函数和基于图的融合方法最具有代表性；针对深层模型，通常使用基于张量计算、注意力机制和神经网络的方法进行融合。

国际上比较有代表性的研究团队包括：莫伦西教授团队，关注多模态情感识别的计算方法；英国帝国理工学院比约恩·舒勒（Björn Schuller）教授团队，关注在开放环境的情感分析；美国罗彻斯特大学伊赫桑·霍凯（Ehsan Hoque）教授团队和新加坡南洋理工大学埃里克·坎布里亚（Erik Cambria）教授团队，关注对话中的情感识别；新加坡科技设计大学苏杰涅亚·波里亚（Soujanya Poria）教授团队，关注情感模态的融合方法。

国内多模态情感识别的数据集分为两种：第一种在特定的场景下记录实验信息作为多模态情感数据；第二种直接从多媒体平台获取用户上传的图像、视频、音频和文本模态的数据。国内具有代表性的数据集多为第二种。其中，中国科学院自动化研究所毛文吉研究员团队从中关村在线网站收集了 28 469 条评论，构建基于汉语的 Multi-ZOL 图文情感数据集；清华大学徐华教授团队从影视剧和综艺节目中搜集 2 281 个视频片段，构建基于汉语的 CH-SIMS 视频情感数据集。这些数据集为基于汉语文本的多模态情感识别发展奠定了基础。

在计算方法方面，国内的研究侧重于毛文吉研究员团队结合情感倾向提出的基于深度网络的特征融合方法。该方法分别提取各模态的特征，送入多层交互记忆网络。在网络的每一层中都对不同模态的特征进行交互，实现跨模态的融合。中山大学胡海峰教授团队将多模态情感数据按照时间划分为多个部分，并对每一个时间块的多模态数据进行显式融合，成功解决了长时间序列多模态融合的遗忘问题。哈尔滨工业大学秦兵教授团队提出以文本为主的多模态信息融合新思路，利用非文本信息在共享语义、独享语义两个方面的特点提高识别能力。厦门大学纪荣嵘教授团队提出的双层多模态超图情感识别方法显式地对不同模态之间的相关性建模。清华大学徐华教授团队在研究中证明单模态的标签可以为多模态情感识别提供帮助，提出了自监督训练单模态情感预测的方法。之江实验室李太豪教授团队关注包含文本、语音、图像或视频、生理信号等多模态情感识别方法。

国内比较有代表性的研究团队包括：清华大学徐华教授团队，关注多模态情感识别的分类方法；中国科学院自动化研究所毛文吉研究员团队，关注多模态情感倾向分析；哈尔滨工业大学秦兵教授团队，关注文本为主的多模态情感分析方法；厦门大学纪荣嵘教授团队，关注社交平台的多模态情感识别；中山大学胡海峰教授团队，关注多种情感模态的融合方法；南开大学杨巨峰教授团队，关注包含图文信息的多模态情感识别方法。

2.6　情感计算的功能特点

近年来情感计算技术日益发展，基于情感计算技术特有的功能特点，其在教育、健康、商业、工业、传媒、社会治理等大众日常生活中存在广泛的应用场景。

情感计算技术具备以下三大功能特点。

第一，具备识别和分析人类情感的能力，赋能人类更好地理解他人情感以做出客观理性的决策。在教育培训方面，受新冠疫情冲击，线下教育纷纷转战线上，但教师难以及时关注学生的课堂反应成了线上教育的一大难题。面对巨大的市场需求，情感计算技术可以帮助教育培训人员有效地识别情感并根据使用者的情感状态调节课程内容与课程节奏，提高学习效率，优化学习体验。在科技传媒方面，社交媒体平台作为民众表达自身观点的重要渠道，汇聚着各类公共事件引发的舆情。情感计算技术可以结合心理学、社会学等研究方法，把握舆情动向，开展社交媒体用户日常情感监测，帮助公共管理机构获取民众的真实想法，进而做出合理的决策。在社会治安领域，情感计算技术可以通过获取目标对象的情感变化，帮助治安人员对异常危险行为做出预警和防范。同时，可以帮助执法人员判断受审人员供述的可信度，借此调整审讯策略以快速获得可靠的证据和线索。

第二，具备强大分析记录能力和多样化的数据源，解决复杂领域的情感问题。在生命健康方面，很多心理及生理状况可以通过对情感的识别及疏导缓解。情感人工智能（EAI）在医疗保健领域应用尚不是很广，但在孤独症、双向情感障碍、抑郁症以及多种其他疾病的评估治疗方面已经有许多研究积累和尝试。将情感分析方法运用到生物医学领域中是一个新趋势，情感分析有望应用于心理疾病早期识别，并在维护病患隐私、降低病耻感的前提下辅助疾病的干预与康复工作。

第三，以机器为载体，直接服务于人类社会。在商业服务方面，数字经济的发展带动了消费者习惯线上消费和接受线上服务的热潮。利用情感计算技术在顾客感知层面上进一步获取商业价值或者提高服务效率及品质也成了学术界和商界研究和探索的方向。情感计算技术可以使机器人实现与人类的情感互动，提升用户体验，更好地服务用户。在工业设计方面，情感元素已经成为工业设计中重要且独特的元素。产品设计中的情感交流是设计师传递到产品再传递给大众群体的高层次信息传达过程。情感计算技术与工业设计的融合使通过识别、分析情感提高产品的功能性成为可能。

基于上述功能特点，情感计算技术在多领域都有广阔的应用前景。当然，应用推广离不开众多企业的发力。企业根据其拥有的技术基础和企业发展规划在不同领域开始进行战略布局，如教育培训领域的独角兽企业 BrainCo、海康威视，代表性创业企业 SensorStar、Robokind 等，通过研发推广智能系统或软件，助力提升教学效率和个性化教育的实施。Expper Technologies、软银机器人、优必选等公司致力于智能机器人的研发与多场景应用。竹间智能作为代表性创业企业，凭借多款搭载情感计算技术的代表性产品在商业服务、智慧金融、智慧医疗等领域全面开花。Behavioral Signals、audEERING、科思创动、Talkwalker、Converus、Discern Science 等代表性创业企业则凭借领域前沿的技术专利与企业、政府等机构进行合作，实现技术推广和产品优势的双赢。Emotiv、Smart Eye、NVISO、Affectiva 等独角兽企业不断通过技术的研发提升产品的市场竞争力,推动企业发展。英特尔、高合 HiPhiGo、新东方、脸书、淘宝、度小满金融、新浪等知名企业也纷纷入局,以美国麻省理工学院情感实验室为首的高校实验室也通过产学合作将技术应用到了教育、健康、商业、工业、传媒、社会治理等多个领域。

无论是在市场需求还是在研发推广方面,情感计算的发展前景都非常广阔。但是,仍不乏存在对情感计算技术应用的质疑,主要集中在情感计算技术应用过程中可能会带来的数据的所属与保护问题、用户的个人隐私权问题、人的自由意志与情感计算应用的潜在冲突问题、平等问题等法律及伦理问题。情感的广泛性、复杂性,与模型训练的刻板性、技术应用的局限性的冲突,使人们对该技术在日常生活中的普及和众多场景的融合问题有所担忧。随着情感计算技术的推广和应用,制定相关法律法规,合理化限制使用规范,以及提高信息安全保障技术等已经刻不容缓。

2.6.1 情感计算的行业应用

近年来,感知智能技术和信息科学技术的快速发展,为情感计算的研发和应用提供了良好的基础。情感计算已经在教育培训、生命健康、商业服务、工业制造、科技传媒以及社会治理等多个领域投入应用。截至目前,我国情感计算领域的发明专利申请数约 3 000 项,其中大多是在 2018 年之后申请的。该技术在我国迅猛的发展态势引来了越来越多的关注,市场前景可观。

(1)教育培训领域

在全球范围内,情感计算技术主要被应用于以下 3 个教育场景:第一,帮助加强线上教学中的情境化因素,增强师生情感交互,提升教学质量;第二,发展并完善智能教育中的学习投入评价,科学衡量学生的能力,自动调整合适的学习内容和环境;第三,促进特殊群体的情感感知提升。

我国高度重视教育信息化及智慧教育的建设,接连颁布教育信息化、现代化发展规划。互联网环境下的教育模式多为混合型,即线上和线下相结合。人工智能技术在线下课堂的应用具有重要价值，如提高学校教学评估的精细化，辅助教师进行教学设计，为学生提供个性化的学习指导等。同样，在日益普及的线上课堂中，情感计算技术可以用于了解学生的情感变化，甚至专注度、理解程度等。文本情感计算技术逐步成熟实现了大规模开放式在线课程（MOOC）等在线教育的多种文本交互区域（如讨论区、调查反馈、聊天室、BBS 等）的情感分析，可以用于事后分析学生在学习活动过程中的情感变化，实施个性化教学。由于教育情境的多样化与疫情常态化背景下教育环境的复杂化，情感计算技术应用的形式呈现出了多样化的态势。

（2）生命健康领域

情感计算在生命健康领域得到了越来越多的关注，医疗服务机构通过分析和评估各种类型的数据源，辨别接受医疗服务的用户或患者的情感类别，并进行相应的干预，用以提高医疗卫生服务的质量。由于生命健康领域的特殊性，涉及情感计算的数据源更加多样化，包括临床数据、药物评论、各种生理信号、问卷调查等。随着情感计算技术和生命健康领域的融合，相关的学术研究与实践应用均在不断发展。

情感计算早期主要应用于情感障碍的治疗方面，特别是针对孤独症的治疗和干预、情感安抚、老年人情感陪护等。现阶段，情感计算多用于对情感和认知障碍的治疗和护理，通过声音、面部表情、肢体动作、眼动情况、生理信号以及输出的文本信息等方面监测评估敏感人群的情感和认知状态，如孤独、焦虑和抑郁的程度。

国内情感计算在生命健康领域的实践应用也在不断发展，多体现在健康监测、精神障碍疾病的治疗和康复保健方面。就目前情况而言，情感计算在生命健康领域聚焦的范围还较为局限。随着计算机科学、人工智能、认知神经科学、人体工学等领域的发展，可以预见情感计算和生命健康领域会有越来越多交叉融合，逐步向更广泛的群体拓展。

（3）商业服务领域

情感计算在商业服务领域的应用十分丰富，涉及智能导览机器人精准营销、智能客服、金融预测等众多领域，越来越多的商家愿意尝试通过该类技术来推动商业活动的发展。

现阶段，情感计算在全球商业服务领域最为广泛的应用体现在智能客服方面。使用传统人工客服的企业终将面临人力成本上升的困境，而传统机器客服因标准格式化、无法变通等缺点备受诟病。智能客服结合了二者的优势，通过对呼叫中的语音进行分析，识别出行为和感知特征，指导客服人员以更好的同理心和专业精神来进行对话。

金融服务业也是商业服务领域中一个不可或缺的部分。利用深度学习和大数据的优势可以更有效地进行风险识别，防范化解金融风险。例如，通过采集、分析媒体报道、公司新闻等非结构化文本数据，基于金融文本情感分析的指数预测模型，对股市指数的涨跌进行预测。研究发现，情感分析特征能够有效提高模型预测的准确率，这表明了文本情感计算和深度学习模型在金融领域的有效性。

（4）工业设计领域

现阶段，情感计算在工业设计领域的应用案例主要围绕汽车行业和仿人机器人行业。作为驾驶者，人类具备的社会属性导致自身情感会影响行驶阶段中的认知过程，包括道路评估、路径规划、驾驶决策等。情感计算可以测量驾驶员的生理信号，观察其面部表情或听取驾驶员讲话，通过分析确定驾驶员的情感状态。若发现驾驶员情感将对其行车造成不利影响，立即发出示警或通过调节车内环境加以干预。这可以提高行车的安全性，甚至有助于纠正部分不良行车习惯。

随着现代科学技术的蓬勃发展，机器人的存在形式不再单一，各种各样的机器人在市场上层出不穷。其中，仿人机器人是模仿人的形态和行为而设计制造的机器人，集成了机械、电子、计算机、材料、传感器、控制技术等多门科学技术。仿人机器人可以模仿人的一些行为和技能，甚至能两脚直立行走，通过观察外界事物进行独立判断和决策，情感交互控制等由单纯的非条件反射发展为高级智能行为。中国仿人机器人行业本身的发展还处于萌芽期，但是已经有越来越多的仿人机器人设计者关注到了情感因素。情感计算技术在仿人机器人行业中的应用前景十分乐观。

（5）文娱传媒领域

随着网络的普及，社交媒体平台已经成为民众表达自身观点的主要渠道之一。利用内容分析、情感分析的方法，结合矛盾心理测量、社会网络分析法等心理学、社会学研究方法，把握舆情动向，开展社交媒体用户日常情感监测、特定事件网络舆论情感分析、企业品牌舆情管理、广告/视频情感计算等已经成为学术界、公共管理机构、企业等获取民众真实想法的可靠途径。另外，随着人工智能的应用，情感计算技术也逐渐渗透于交互视频、交互广告，甚至游戏、影视等传媒领域。

情感分析能够通过计算机程序自动检测出文本形式（如推特、脸书、电子邮件等）所反映的情感。情感分析可以在文档级（document level）、句子级（sentence level）和方面级（aspect level）三个不同层次上进行。社交媒体中信息传播是一个用户高度参与和交互的过程，情感对其有着重要的影响。作为沟通和交流的主要媒介之一，社交媒体平台上用户表达情感的方式十分多样。崛起的社交网络平台每秒钟都在创造大量的数据，每个帖子、评论、"点赞"的背后都是人类情感的实时表达。

近年来，情感计算技术在文娱传媒领域的应用逐渐增多。但是，从整体看来，情感计算技术在文娱传媒领域的应用尚处于探索发展阶段，应用面尚不广泛，多集中在舆情监测方面，而在舆情监测中应用的情感计算技术又多以文本情感计算方法为主。

（6）社会治理领域

在执法领域，使用情感计算技术判断特定公众的危险程度或供述的可信度，在执法人员的经验判断的基础上增加了情感分析作为辅证。在刑侦、审讯等安防工作中，判断被问询者语言的真实性是一项至关重要的工作。穿戴式设备、眼球扫描追踪仪和网络摄像头等多种新型工具正被用来收集面部微表情、身体语言和语音数据，利用生理数据和面部微表情等的非自主性和不可伪造性，分析情感变化和语言线索，可以辅助判断所述信息的可信度。

情感计算在智能安防领域也具有广阔的应用前景。计算机通过人类面部表情、语音表情、姿态表情、生理表情等的获取、分类和识别，可以及时获取目标对象的情感变化，并对异常行为和危险行为提出预警，实施相应的应对措施，帮助智能安防的建设。例如，通过专用摄像机采集的视频，分析表情及身体动作的振动频率和振幅，计算出攻击性、压力和紧张程度等参数，分析人员的精神状态，事先筛选出可疑人员并提供预警等措施，可以助力构建全方位的数字化和智能化的校园安防监控系统。

2.6.2 情感计算的未来趋势

当前，各类智能交互技术的研发均在追求使机器"更具有智慧"，而拥有对情感的识别、分析、理解、表达的能力也应成为智能机器必不可少的一种功能。情感计算技术除了在日常的教育培训、生命健康、商业服务、工业制造、科技传媒以及社会治理等领域的影响不断增加，未来还将渗透到智慧服务、虚拟现实、科艺融合等前沿领域中。越来越多的机构、企业及媒体将利用此技术解决现实问题，更好地服务大众。

（1）智慧服务领域

为了应对日益凸显的人口老龄化问题，基于人工智能的老年智能陪护系统应运而生。在老年健康管理领域，越来越多的研发者开始关注如信号传感器、可穿戴检测设备、智能护理床、健康服务机器人等为老年人提供互动式居家健康检测、身体状况评估、紧急救助服务的智能服务设备。情感计算技术还可以综合检测老年人的情绪状态，进行情感陪伴，以减少老年人的孤独感，并对抑郁症等症状进行早期监测和预警。

在不久的将来，机器在更加智慧的同时将更有温度，更加人性化。通过富有情感感知的人机对话系统、智能陪护系统、情感安抚系统等，智能机器人将担负起管理、家政、陪护等服务性质的任务，在满足人们情感需求的同时，还可以缓解越来越大的人力资源短缺压力。

（2）虚拟现实领域

在虚拟网络空间，基于情感计算的智能交互技术也扮演着越来越重要的角色。通过在现实世界上叠加数字虚拟图像并与我们进行交互，增强现实（Augmented Reality，AR）技术可以使我们周围的环境变得更加"智慧"，使我们产生指尖似乎可以碰触到那些画面的错觉，用户和产品之间建立了深层的连接。情感计算可以使 AR 界面的设计更智能，更懂人的情感。虽然技术允许我们同时展现很多元素，但是如果错误使用，会造成严重的超载。因此，借助情感计算技术，未来我们可以使 AR 工具具备更先进的个性化功能。当系统精确计算出用户情感、需求和期望后，数字体验中的个性化体验应运而生。在不久的将来，用户戴上 AR 眼镜，传送到他们视网膜上的内容将完全根据他们的情感和需求量身定制，那必将是一种全新的体验。

（3）社会安全领域

随着科技的发展，基于情感识别系统和深度学习算法等技术的人工智能、人机交互在未来的智能监控、犯罪风险评估、刑侦审讯甚至国防安全等社会安全方面将发挥重要作用。

在国防安全方面，通过表情捕捉头盔、生理感应贴片及手环等，可提供更为精准、客观、便捷、实时的士气测评与心理诊断。美陆军研制的一种可嵌入未来"武士"军服内的传感器系统，能监测单兵心跳、行进中代谢能量消耗、内层皮肤温度以及反应灵敏或迟钝等情况。英国国防部也在研制可随身携带的生理监测子系统以及能提供人体心理紧张程度、热量状态和睡眠水平相关数据的微型传感器的"新生代武士"单兵作战系统，有望通过客观生理数据满足对兵员进行心理服务预警、战场心理危机干预等多场景需求。

（4）金融决策领域

在金融领域，随着信贷从线下转移到线上，信贷审核、客户服务等都可以通过智能机器人完成。情感计算技术可以基于用户语音提炼出的语速、语气、能量的变化分析说话者的情感，通过这些因子综合判断说话者说谎的概率。从客户陈述过程中的语音语调等数据分析客户的情感状态和道德水平，可以为借贷决策提供参考。

近年来，基于情感计算技术的股市投资者情感被学术领域广泛研究，股市情感的理论基础来源于金融学、心理学、人类行为学等学科交叉结合而成的行为金融学，其基本观念为股票的价格趋势并非完全由公司基本面所决定，而是在很大程度上被投资者的情感波动左右。通过有效快速的情感分析，情感计算技术可以帮助预测股票市场的走向。

（5）科艺融合领域

在当前的数字化时代，音频、视频等多媒体数据已经成为数据的主要部分，如何从图像和音频中提取有用信息，进行有效检索和挖掘显得尤为重要。在音乐的高层语义特征中，情感是一种较为高级的特征。因此，在检索技术中可以考虑音乐的情感特征，提高用户和音乐的匹配度。这也是计算机音乐情感分析的主要任务，利用计算机技术自动识别音乐中的情感特点，基于数据模型，运用统计或者机器学习的方法对音乐情感进行拟合建模，定量统计音乐中的情感部分。

现在的人工智能生成文本不仅可以满足简单写作的需求，还可以利用机器学习算法写出富含情感、语句优美的诗词歌赋。研究人员致力于赋予机器智商的同时，尝试提高机器的情商。人工智能生成文本的本质还是通过机器对数据的学习能力，计算出大量文本张量表示背后的优化参数，结合自然语言处理、知识图谱、凸优化等技术，学习诗歌背后隐含的写作手法，从而使写出的诗作质量甚至远远超过普通人的创作。

此外，为了迎合市场需求，情感计算技术已经开始渗透到影视剧剧本和小说创作、广告策划等科艺领域。

从电影里走出来的情感机器人

2014年，美国动画电影《超能陆战队》风靡全球，一时间世界各地的大小朋友都爱上了里面那个胖乎乎的可以给人一个"熊抱"的大白。实际上，人们对情感机器人的设想由来已久，早在1886年，法国作家利尔·亚当（L'Isle-Adam）撰写了一部名为《未来的夏娃》的小说，里面描述了一个像人一样拥有生命系统、人造肌肉和皮肤的女性形象机器人，取名安德罗丁（Android），这可能是首个在文学影视创作中出现的情感机器人。这部科幻小说影响巨大，100多年后，谷歌移动平台副总裁、安卓平台创始人安迪·鲁宾（Andy Rubin）选用书中机器人的名字为安卓（Android）系统命名。

在现实生活中，人们对机器人的研发也由来已久。首先出现的是工业机器人，或称为控制机器人，这一类机器人功能比较单一，只能按照人类的设定完成一些重复性的工作，如仓库里的搬运机器人、汽车制造工厂中的喷漆机器人以及现在家庭中常见的扫地机器人。它们可以做一个勤勤恳恳、任劳任怨的"工具人"，但不具备互动和决策的能力。

2016年，阿尔法围棋（AlphaGo）作为第一个击败围棋世界冠军的人工智能机器人而广受关注。它的开发运用到了多种技术，如神经网络、深度学习、蒙特卡洛树搜索法等，系统结合数百万份棋谱，通过强化学习，实现了自学成才。同样"火出圈"的网红机器人还有2021年前后在各类媒体网站上刷屏的波士顿动力公司的机器人阿特拉斯（Boston Dynamics Atlas），一段跑酷和跳舞的视频让它瞬间成了"顶流"。这一类智能机器人在计算性能和技术细节上都让人赞叹不已，但它们并不能算作情感机器人，因其并没有感知和生成情感的能力。也许这一类智能机器人可以变成像《终结者》中施瓦辛格所扮演的机器角色，外表与人类别无二致，身手矫健，能力超群，但其始终不具备"爱"的能力。

　　2014 年，由软银集团首次对外展示的人形机器人派博（Pepper）被视为首个具有人类情感的机器人，它可以通过表情、肢体语言、对话等多种形式与人类沟通交流。它不像波士顿动力公司推出的一系列机器人那样可以旋转跳跃、奔跑翻滚，它更专注于陪伴和关怀，关注人的情感和心理状态。派博更像是电影里走出来的苗条版大白，你生气了可以冲它吐槽，悲伤了可以跟它倾诉，快乐了可以与它分享。就像人与人之间相处需要彼此磨合，派博也会在与具体用户的相处中，通过双向互动不断调整自己的认知以适应用户。

　　情感机器人并不是未来智能机器人发展的唯一突破口，将来，机器人行业的发展方向会像所有成熟的行业一样形成多个细分领域。未来将有帮助人类完成艰苦工作的功能型机器人，它们不再局限于人的形态。波士顿动力公司现推出的产品线中就包含了形态类似于狗或坦克的智能机器人，以更好地适应工作需求。未来也会有拟人化的，甚至具备真实皮肤触感的类人情感机器人，在养老、康复医疗或其他领域发挥独有的特长。我们无法得知 1886 年亚当落笔成书的时候是否相信一个真正如同人一般的机器人可以被实现，但生活在当今时代的我们，似乎已经可以看到梦想成真的那一刻。

第三章　文本情感计算

3.1　背景概述

　　文字是人类区别于其他物种最显著的特征，是人类最主要的交际方式，是文明能够传承下来的最重要的载体。在人们的日常生活以及社会的方方面面，文字也是表达人类情感与情绪最重要的工具。

　　随着互联网和移动通信技术的快速发展，社交网络和电子商务平台已经成为公共信息的巨大枢纽。人们在微信、微博和豆瓣等应用程序上获取日常信息，并随心所欲地通过其表达自己对各种事物的看法、情感和态度，这已经成为参与社会生活最普遍的方式。而且，线上购物也已成为人们的生活日常，越来越多的人乐于在电子商务平台分享对购买商品或服务的体验和喜好。各大社交媒体和电商平台积累了大规模、高质量的情感文本语料，作为观察人类情感的有效窗口，这些文本中所蕴含的信息可以更好地为政府和企业在舆情分析、心理健康监测、评论分析与生成、商业决策等方面提供帮助。

　　然而，人类产生的文本具有模糊、离散、动态、组合、非规范等特点，理解其所包含的情感需要丰富的知识，涉及语言学、脑科学、社会学、心理学等诸多学科，还需要一定的推理能力。巨大的潜在应用价值与实践的复杂性自然而然地催生了文本情感计算这一新兴领域。文本情感计算，是指依靠人工智能技术，提取、分析和理解一些未判断情感的文字，包括句子、对话、评价或文章等文字形式，判定这些文字中所传递的情感信息是正面的、中性的还是负面的，进而判断人们对商业产品、社会机构、政治事件、公共话题等的看法、态度、观点和情感。

近 20 年来，学术界与工业界都对文本情感分析表现出了极大的兴趣与极高的关注度。众多研究人员构建的大量文本情感计算算法以及互联网发展带来的大量情感文本资源，促使这一领域获得了飞速增长。从研究方法的时间演化来看可分为 3 个阶段，包括基于情感词典和规则库的文本情感计算、基于机器学习的文本情感计算和基于深度学习的文本情感计算。

3.1.1 基于情感词典和规则库的文本情感计算

在早期的文本情感计算研究中，有一部分学者主要依靠设计者的先验知识，通过对比在特定领域下有效的语言学和数据领域特征，然后依据情感词与文本的映射关系实现快速自动情感分析。另一部分学者则选择构建情感词典和规则库，例如：由美国普林斯顿大学多位心理学家、语言学家和计算机工程师共同构建的英文词汇语义库 WordNet；在此基础上，通过对 WordNet 数据集进行三元情感标注，以表示积极、消极和客观而构建的 SentiWordNet 数据库；主要用于分析非结构化文本情感信息的词典 SenticNet；等等。根据这些词典和规则库，可以在确定大部分词袋情感的基础上，进一步分析文本整体的情感倾向。尽管在早期这类方法简单有效，但不可否认的是，其已无力应对层出不穷的网络新词和隐式的情感表达（典型代表为阴阳怪气、正话反说等），而且其判断文本情感的准确率过度依赖词典和规则库质量，已经无法满足当下文本数据信息爆炸时代的情感计算任务。

3.1.2 基于机器学习的文本情感计算

随着时间的推移，研究人员将关注的焦点更多地放到了基于机器学习的文本情感计算上。机器学习可以更好地应对多语义特征的情况，且建模后的准确率更高。基于机器学习的方法大致流程如下：首先对主观情感数据集中的文本采用人工的方式附加极性标签，接着从中选择显式的情感语义特征，再利用机器学习的相关算法完成情感分类模型的设计，利用提取的特征和训练集对模型进行训练，最后在测试集上评估模型的分类效果，验证分类器的性能及有效性。情感分类任务中常用的特征包括情感词、n-gram、词性、句法结构、信息熵、词频、TF-IDF、卡方统计、互信息等。构建情感分类器常见的机器学习方法有：SVM、朴素贝叶斯（Native Bayes，NB）、KNN、HMM、条件随机场（Conditional Random Fields，CRF）及多层感知机（Multi-Layer Perceptron，MLP）等。现有的机器学习文本情感计算可以划分为有监督的与半监督（弱监督）的机器学习两大类。

有监督的机器学习分类方法是将文本的情感计算看作一个有监督的分类问题，依靠已标注情感信息的文本数据训练集来进行分类。美国密歇根州立大学教授陈封能（Pang-Ning Tan）等在 2002 年分别使用了朴素贝叶斯、支持向量机和最大熵这 3 种有监督的机器学习模型对电影评论文本进行正负情感分类，从结果来看支持向量机的结果最优。他们的研究极大地启发了其他学者，后者在后续研究工作中把优化特征作为情感分类的关键。

美国威斯康星大学密尔沃基分校艾哈迈德·阿巴西（Ahmed Abbasi）等的研究指出，基于机器学习的分类方法在结合丰富的语义特征和大规模语料后，效能得到了极大的提升。而且，在基于机器学习的情感分类中，将机器学习领域已有的理论和方法应用到文本情感分类中，模型通常可以达到不错的表现，而通过加入特定任务或领域的专家知识，也可以大幅提高情感分类器的性能。但是，基于有监督的机器学习的方法也存在局限性和缺点。一方面，有监督的机器学习对标注文本情感信息的数据库质量有较高的要求，而且需要针对特定任务或领域对文本进行人工标注，花费大，耗时长，要求高。另一方面，有监督的机器学习方法使用的特征表示大多基于词袋，这也限制了分类器性能的提升。

因此，耗费更少、要求更低的半监督机器学习文本情感计算受到越来越多的研究人员的关注。中国科学院计算机研究所刘盛华等在 2013 年的文本情感分析中引入自适应概念，将初始的普通情感分类器转换为主题自适应分类器，有效解决了文本信息稀疏性和适用性问题。与传统的监督文本情感分类器相比，该算法在公共推文方面的平均准确率有较大提升。大多数研究假设无论是在已标记情感还是未标记情感的数据集中都存在正向和负向情感，且两类样本数量大致相等。但是，这在现实中是很难做到的。为了解决类分布的不平衡问题，苏州大学李寿山等参考了传统信号处理领域的研究方法，动态生成各种随机子空间，进而提升半监督文本情感计算模型的整体准确性。当训练数据有限时，迁移学习方法在机器学习中得到了广泛的应用。但是，在学习迭代期间累积的类噪声可能导致负转移，从而在使用更多训练数据时对性能产生不利影响。哈尔滨工业大学（深圳）智能计算研究中心徐睿峰等使用拉德马赫分布构建一种类噪声估计算法，将易被错误标记的传输数据移除，减少了噪声累积，并对跨语言迁移学习中负面样本进行检测和过滤，提高了多领域、多语言的情感计算的性能，有效地解决了大多数迁移学习方法性能下降的问题。

3.1.3　基于深度学习的文本情感分析

2006 年，加拿大计算机科学家和心理学家杰弗里·辛顿（Geoffrey Hinton）在《科学》（*Science*）上发表了关于如何使用深度神经网络对高维原始数据进行降维的文章，引发了基于神经网络的深度学习方法的研究浪潮。通常，深度学习算法是一种神经网络，它包括多层非线性转换，可将原始空间中样本的特征表示转换为新的特征空间，从而更有效地表征原始数据并更有效地预测结果。基于深度学习的文本情感计算与传统模式的文本情感计算的最大不同在于，前者能从文本信息中自动学习出描述文本信息本质的特征，无须依靠外部标注的文本数据库或专家进行文本分类，而且文本训练数据集越大，情感分析模型的准确性越高，性能越好。因此，基于深度学习的文本情感计算可以更好地发挥大数据时代的优势，通过自动学习得到更高的可区分度的特征表示，而不用选择成本高昂且费时费力的传统方法。随着该方法在文本情感计算领域的快速发展，基于深度学习的方法已逐渐取代基于情感词典、规则库和基于传统机器学习的文本情感计算方法，成为文本情感计算的研究热点。

捷克计算机科学家托马斯·米科洛夫（Tomas Mikolov）等提出的word2vec 分布式词向量技术，有效地使用大量混乱的无标签数据，训练每个单词的实向量，无须监督，并通过比较单词向量之间的距离来测量单词之间的语义相似性，进而减轻了"语义鸿沟"，避免了"维数灾难"的问题。希腊塞萨洛尼基亚里士多德大学马里亚·贾索格鲁（Maria Giatsoglou）等将 word2vec 技术与词典中的情感信息结合构建情感分析模型，为基于深度学习的文本情感计算在各种应用场景的使用扫清了障碍。

早期深度学习的文本情感计算的文本对象基本是句子，且其研究方法主要借鉴图像识别和语音处理等领域的方法。例如，2011 年，索赫尔等学者提出了用于解析自然场景图片和自然语言的递归神经网络模型，在此基础上进一步提出用于探索在情感语料库中的语义向量空间的组合性的递归神经张量网络模型，并依据此模型构建了 Sentiment Treebank 文本数据库。卷积神经网络在图像识别领域的广泛应用使部分学者开始尝试将其应用于文本情感分析领域。2014 年，计算机科学家纳尔·卡尔奇布伦纳（Nal Kalchbrenner）等率先提出动态卷积神经网络模型（Dynamic Convolutional Neural Network，DCNN），DCNN 应用于文本情感计算领域，取得了不错的成果。美国纽约大学金允（Yoon Kim）在同年提出了另一种基于迁移学习方法的 CNN 模型，也取得了不错的结果。基于 RNN 的文本情感分析模型也得到了广泛的应用，尤其是 LSTM。因为人类的情感在文本中具有相互联系的特点，所以使用模仿人类的记忆行为的 LSTM 模型，以序列化数据作为输入，不仅能够对任意长度的上下文进行处理，还能保持对上下文的记忆，从而有能力捕捉到词语之间的长距离依赖。在此基础上，金允又将短语句法树和依存句法树有机地融入 LSTM 模型的计算单元中，研究出了两种 Tree-LSTM，可以有效地降低句法依存关系和短语构成等问题对文本分析准确率的影响，使对句子整体的表征描述更加精准。但是，由于在语义组合计算时所有树结点的参数是一致的，导致模型的拟合效果欠佳。有学者将动态组合神经网络引入其中，以解决上述问题。综上所述，现有研究的主要思路是将已有的神经网络模型进行调整后应用于文本情感分析。

随着对句子级别文本情感分析的研究愈发成熟，越来越多的学者开始尝试分析更高难度的篇章级别文本。从现有的研究成果来看，基本上可以分为两种思路。第一种是将篇章级别的文本看作长句子，使用如自注意力机制（self-attention）分析。徐睿峰等模拟计算机系统中缓存的功能，创新地提出了 CLSTM 模型，有效地降低了处理超长文本过程中信息流失的可能。第二种思路是将文本结构分解为"词语-句子-篇章"的层次结构，这种思路是现在研究的主流。2016 年，一个全新的概念——多层注意力网络（Hierarchical Attention Network，HAN）被提出，即在"词语"和"句子"的层面使用注意力机制，进而可以从长文本中提取关联度更高的词语和句子用于代表长文本的情感特征。但是，由于实际的应用场景中存在"冷启动问题"，即有些用户发表评论很少或者有些产品被评论次数很少，使文本分析模型在分析此类用户和产品的表征时准确性下降。为了解决此问题，韩国延世大学雷纳德·金·安普拉约（Reinald Kim Amplayo）等创新性地构建了一种冷启动感知型注意力机制，用其他非冷启动用户或产品的信息来辅助表征冷启动用户或产品。

除上述两种文本的情感计算，还存在一种属性级文本。属性级文本情感计算是给定一段评论文本及多个评价对象，要求针对具体评价对象识别出这段评论中蕴含的情感倾向。若研究文本中的评价对象无法确定会导致情感计算错误，因此，根据属性级文本内容确定特定评价对象是进行此类文本情感计算的基础。波里亚等使用 7 层深度卷积神经网络对特定评价对象进行识别。印度理工学院穆罕默德·沙德·阿赫塔尔（Mohammad Shad Akhtar）等使用集成方法从文本中抽取出被评价对象的属性，然后再进行文本情感计算。北京航空航天大学李东针对推特中特定目标对象确定的问题，提出了自适应递归神经网络模型（Adaptive Recursive Neural Network，AdaRNN）。针对属性级文本的情感计算，美国赛富时公司熊蔡明等使用有强大推理能力的记忆网络（Memory Network）进行建模。但是，词汇的隐含情感只有在和特定评价对象关联时才能确定。美国伊利诺伊大学芝加哥分校王帅等针对目标敏感性情感词汇提出了目标敏感内存网络（Targeted-Sensitive Memory Network，TMN）。在计算机视觉领域应用极为广泛的注意力机制自此被引入文本情感计算领域，并取得了极大的进展。例如，清华大学王业全等提出了基于注意力机制的长短期记忆模型用于文本情感计算，并在 SemEval-2014 数据集上进行了测试，其效果优于其他模型。北京大学马德宏等认为，有必要使用注意力机制辅助生成与上下文相关的评价对象的表征，因此提出了使用两个基于注意力机制的 LSTM 模型交互式地生成评价对象的表征和上下文的表征，然后将二者拼接起来送入 Softmax 多分类器的方法。在属性级文本情感计算中还存在评价对象与情感词在文本中的距离很远的情况。为了解决这个问题，腾讯公司陈鹏等使用多注意力机制进行文本情感计算。香港中文大学李鑫等从源自双向 RNN 层的转换词表示中提取显著特征。

3.2 代表数据集

文本情感数据集对开展文本情感分析来说是必不可少的，因此本节介绍了一些情感分析中常用的中文和英文文本数据集。

3.2.1 中文文本情感分析数据集介绍

中文文本数据集主要可以分为新闻文本、评论文本、内容文本和综合型自然语言处理数据集。

（1）新闻文本数据集

典型的新闻文本数据集包括 THUCNews 数据集、今日头条新闻文本数据集、全网新闻数据（SogouCA）、搜狐新闻数据（SogouCS）。

① THUCNews 数据集

THUCNews 数据集是由清华大学自然语言处理实验室推出的中文文本数据集，能够自动高效地实现用户自定义的文本分类语料的训练、评测、分类功能。数据集包含 14 个主题类别的新闻文本内容，如财经、股票、科技、教育等。每个类别以文件夹的形式区分，文件夹中有若干文本文件，每个文本文件中的内容表示 1 篇新闻。THUCTC（THU Chinese Text Classification）是清华大学自然语言处理实验室推出的相对应的中文文本分类工具包，用于实现自定义文本分类语料库的训练、评估、分类功能的自动化。THUCTC 面向国内外大学、研究所、企业以及个人研究人员免费开源。该数据集自公开以来在情感计算与文本分类领域中得到了广泛的应用。

南京航空航天大学陈杰等在融合预训练模型文本特征的短文本分类方法中使用 THUCNews 数据集和今日头条新闻文本数据集作为实验对象，生成了高阶文本特征向量并进行特征融合，实现了语义增强，最终提升了实验模型的短文本分类效果。哈尔滨工业大学崔一鸣等选择了 ChnSentiCorp、THUCNews 和 TNEWS 数据集，以评估创建的中文预训练语言模型以及提出的 MacBERT 模型。ChnSentiCorp 数据集用来评估情感分类，其中文本被分类为正面或负面标签；THUCNews 中包含 10 个领域（均匀分布）的新闻版本，用来评估模型的分类效果。由于该新闻类文本数据集以行业 / 话题领域为主要分类依据，常用来训练或测试文本分类模型，并与多个数据集配合使用来进行情感分析。

② 今日头条新闻文本数据集

今日头条新闻文本数据集来源于今日头条客户端。该数据集中每一行为一条数据，字段包括新闻 ID、分类代码、分类名称、仅含标题的新闻字符串与新闻关键词。该数据集包含 382 688 条新闻，分为 15 个类别，包括：民生故事、文化、娱乐、体育、财经、房产、汽车、教育、科技、军事、旅游、国际、证券股票、农业与电竞游戏。在此基础上，利用典型的层次化分类算法，即元分类器支持向量机、卷积神经网络及循环神经网络，生成了今日头条中文新闻文本多层数据集。其中每一行为一条数据，字段从前往后分别是新闻 ID、分类代码、仅含标题的新闻字符串与新闻关键词。该数据集包含 2 914 000 条新闻，有 1 000 多个层次化分类。

上海社会科学院顾洁等研究人员将今日头条新闻数据集中的新闻题目分为积极和消极两种情感极性，并使用相对测量（即消极情感表达的数量减去积极情感表达的数量），使用了共计 450 514 条新闻，通过构建理论模型和验证假设用户生成内容和组织生成内容在语言特征和时间模式上的差异进行了研究，最终验证了用户生成内容带来的实质性变化，为规范新媒体市场提供了重要见解。

③ 全网新闻数据（SogouCA）

搜狗实验室在 2012 年发布了搜狗全网新闻数据（SogouCA）。该文本数据集包含了若干新闻站点在 2012 年 6 月至 7 月的国内、国际、体育、社会与娱乐等 18 个频道的 1 245 835 条新闻文本。该数据集提供了新闻页面 URL、新闻页面 ID、新闻标题与新闻正文信息。

大连海洋大学冯艳红等使用 SogouCA 对不同维度的语义向量的不同度量方法，验证了在语义性没有明显下降的情况下，基于非对称多值特征杰卡德系数的高维语义向量差异性度量的方法，对语义向量间的距离的多样性指标有大幅提高。不同于评论文本数据集等其他文本数据集，新闻文本数据集不以情感极性为主要标注方式，更倾向于以行业、话题领域为主要分类依据。

④ 搜狐新闻数据（SogouCS）

该数据集同样由搜狗实验室于 2012 年发布，来源于搜狐新闻从 2012 年 6 月至 7 月的国内、国际、体育、社会、娱乐等 18 个频道的新闻数据。该数据集同样包括新闻页面 URL、新闻页面 ID、新闻标题与新闻正文。

海军工程大学信息安全系于游等使用 SogouCS 作为实验数据，通过 word2vec 将文本数据转换为特征向量矩阵形式，实验证明了基于词和事件主题的卷积网络的新闻文本分类方法 WE-CNN 在文本分类上的准确性和优越性。

（2）评论文本数据集

评论文本数据集包括电影评论、餐厅及外卖平台点评、旅游目的地及酒店住宿服务点评、电子商务零售平台点评、微博发布内容评论等。

典型数据集包括：ez_douban、dmsc_v2 等电影评论数据集；yf_dianping、waimai_10k 等餐厅及外卖评论数据集；ChnSentiCorp_htl_all 等酒店及住宿评论数据集；yf_amazon、online_shopping_10_cats 等电商平台评论数据集；weibo_senti_100k 等微博发布内容评论；AI_challenger 等多类型评论整合数据集。

① ez_douban 数据集

该数据集数据由美国新泽西州立罗格斯大学计算机科学系助理教授张永峰收集，数据来源于豆瓣电影，包含 2.8 万名用户对 5 万多部电影的 280 万条评分数据，其中 3 万多部电影有名称，2 万多部电影没有名称。该数据集提供了电影 ID、电影名称、用户 ID、电影评分（1 至 5 的整数）与评分时间戳。

中国农业大学郑丽敏等提出了一种名为 BRCAN 的混合双向循环卷积神经网络注意力模型，以实现多类文本分类和细粒度更高的情感分析。该实验使用用于情感分析的 douban 数据集，将数据集评分转化为极性问题。1 星和 2 星的评级表示为消极极性，4 星和 5 星为推荐的积极极性。每个评分获得 100 条数据。共有 10 万条数据，其中 8 万条数据作为训练集标注实例，1 万条数据作为测试集标注实例，8 000 条数据作为验证集标注实例。最终，实验验证了 BRCAN 优于 LSTM、RCNN、CRAN 等模型。

② dmsc_v2 数据集

该数据集数据同样来源于豆瓣电影，包含 70 多万名用户对 28 部电影的 200 多万条评分数据。该数据集提供了电影 ID、电影中英文名称、用户 ID、电影评分（1 至 5 的整数）、评分时间戳、评论内容以及该评论的点赞量。

电子科技大学杨金朋等使用 dmsc_v2 数据集进行实验验证。相较于 GRU、CNN、BiGRU 等模型，他们结合了 CNN、BiGRU 以及 Attention 机制，形成了在文本处理方面具有优势的 CNN-Bi GRU-Attention 模型，最终在准确率和 F1 值测量参数上获得提升。

③ yf_dianping 数据集

该数据集的数据由张永峰收集，数据来源于大众点评，包含 54 万名用户对 24 万家餐馆的 440 万条评论与评分数据。该数据集提供了餐馆 ID、餐馆名称、用户 ID、餐馆各项评分（包含总体评分、环境评分、口味评分与服务评分，各项评分均为 1 至 5 的整数）、评分时间戳与评论内容。

西北大学（中国）张斌龙和周伟使用 yf_dianping 和 dmsc_v2 数据集对其研究模型 Transformer-Encoder-GRU（TE-GRU）与一系列模型（包括循环模型、具有注意力的循环模型和基于 BERT 的模型）进行比较。该实验使用了 dmsc_v2 数据集中 28 部热门电影的简短用户评论，总计超过 200万条评论。实验将 1 星、2 星评论标记为"负面评论"，将 4 星、5 星评论标记为"正面评论"，3 星评论因情绪含糊不清而被忽略。实验验证了 TE-GRU 相对于循环模型、带注意力的循环模型和基于 BERT 的模型在处理中文情感分析方面具有独特的优势（包括测试速度更快、较好的预测性能等）。实验随机选择了 70 万条评论数据，其中包括 35 万个正样本和 35 万个负样本，正极性样本和副极性样本分别分为 3 部分，48 万个用于训练集，12 万个用于验证集，10 万个用于测试集。该研究使用的 yf_dianping 数据集比 dmsc_v2 的字符更多、更复杂。实验在剔除数据集中的 NaN 数据后，随机选择 8 万条 5 分评论的数据作为正样本，以正性情感为分类标签；8 万条 1 分评论的数据作为负样本，以负性情感为分类标签。同样以 80%用作训练集，20% 用作验证集。测试集则为 3 万条 4 星评论的数据作为正性情感样本和 3 万条 2 星评论的数据作为负性情感样本。

④ waimai_10k 数据集

该数据集的数据来源于某外卖平台，包含 12 000 多条外卖用户的评论数据，其中有 4 000 多条正向评论与 8 000 多条负向评论。该数据集提供了评论标签（1 表示正向评论，0 表示负向评论）以及评论内容。湖北大学的潘列等使用 waimai_10k 数据集、weibo-100k 数据集和 ChnSentiCorp 数据集验证了结合广义自回归预训练语言模型（XLNet）与循环卷积神经网络（RCNN）的文本情感分析方法可以达到 91.8% 的准确率，证明了其方法在情感分析任务中的有效性。

⑤ ChnSentiCorp_htl_all 数据集

该数据集的数据由中国科学院谭松波收集，数据来源于携程网，包含7 000 多条酒店评论数据，其中有 5 000 多条正向评论与 2 000 多条负向评论。该数据集提供了评论标签（1 表示正向评论，0 表示负向评论）以及评论内容。

⑥ yf_amazon 数据集

该数据集的数据由张永峰收集，来源于亚马逊中国，包含 142 万名用户对 52 万件商品的 720 万条评论与评分数据，这些商品可分为 1 100 多种品类。该数据集提供了商品 ID、商品名称、类别 ID、用户 ID、商品评分（1 至 5 的整数）、评分时间戳、评论的标题与内容。英国拉夫堡大学理学院计算机科学系的侯景瑞等在其研究中进行了基于域和基于情感的文本分类，THUCNews 数据集被用作基于领域分类的语料库。研究人员在其 10 个实验域的每个域中选取了 5 000 个样本数据。yf_amazon 包括 3 个情感标签：负面、中性和正面，每种情绪选择 2 000 个样本。实验验证了其提出的具有激进增强双嵌入的中文文本分类的轻量级集成学习方法，在中文文本的域分类和情感分类方面产生了同等甚至更好的结果。

⑦ online_shopping_10_cats 数据集

该数据集的数据来源于多家电子商务平台，包含书籍、平板、手机、水果、洗发水、热水器、蒙牛、衣服、计算机、酒店等 10 个分类共 6 万多条评论数据，同时提供了评论标签（1 表示正向评论，0 表示负向评论）以及评论内容。河南财经政法大学计算机与信息工程学院的何婷婷等使用 online_shopping_10_cats 和 THUCNews 两个数据集验证了其提出的改进 TF-IDF 算法和 word2vec 模型结合的词向量可以提高文本分类效果，在文本表示和特征提取两个方面提出了精度高的文本分类模型。

⑧ weibo_100k 数据集

该数据集的数据来源于新浪微博，包含 10 万多条微博，其中正向和负向评论分别约 5 万条。每条微博均提供评论标签（1 表示正向评论，0 表示负向评论）以及评论内容。

⑨ AI_challenger 细粒度用户评论情感分析数据集

该数据集由创新工场、搜狗、美团点评、美图联合主办的 AI Challenger 2018 比赛提供，包含主题为餐饮领域的 33.5 万条用户评论。数据集来源于大众点评的真实公开用户评论，依据其粒度不同构建双层标注体系，共包含 6 个大类 20 个细粒度要素。其中，训练集为 105 000 条评论，验证集为 15 000 条评论，测试集分为一小一大，测试集 A 为 15 000 条评论，测试集 B 为 200 000 条评论。数据集中的评价对象按照粒度不同划分为两个层次：层次一为粗粒度的评价对象，如评论文本中涉及的服务、位置等要素；层次二为细粒度的情感对象，如"服务"属性中的"服务人员态度""排队等候时间"等细粒度要素。每个细粒度要素的情感倾向有 4 种状态：正向、中性、负向、未提及。使用 1，0，−1，−2 等 4 个值对情感倾向进行描述。

（3）其他数据集

除了新闻和评论型文本数据集外，还有内容文本数据集 simplifyweibo_4_moods，以及综合型文本数据集如百度"千言"情感分析数据集、自然语言处理与中文计算会议数据集（NLP&CC）和 DataFountain 数据集开源平台。

① simplifyweibo_4_moods 数据集

该数据集的数据同样来源于新浪微博，在近期情感分析研究中多次使用。该数据集包含 36 万多条微博，提供了情感标注与微博内容，其中情感分为 4 种，喜悦约 20 万条，愤怒、厌恶与低落各约 5 万条。

② 百度"千言"情感分析数据集

该数据集是百度公司联合中国计算机学会自然语言处理专委会、中国中文信息学会评测工作委员会共同发起，由来自国内多家高校和企业的数据资源研发者共同建设的中文开源数据集及评测项目。其中，"千言数据集：情感分析"的传统情感分析数据集涵盖了句子级情感分类与评价对象级情感分类两大经典任务。句子级情感分类数据集提供了文本的内容，以及情感类别（"积极"或"消极"）或情感得分（表示情感强度的 1 到 5 的连续实数）。评价对象级情感分类数据集提供了文本内容、描述的评价对象以及情感类别（"积极"或"消极"）或情感得分。

③ NLP&CC 数据集

NLP&CC 是由中国计算机学会（CCF）主办的 CCF 中文信息技术专业委员会年度学术会议。NLP&CC 专注于自然语言处理及中文计算领域的研究和应用创新，致力于推动该领域学术界和工业界的交流，成为覆盖全国、具有国际影响力的学术交流平台。该会议每年均会针对自然语言处理的热门领域发布评测问题。在 2013 年、2014 年、2018 年与 2020 年均发布了与情感分析领域相关的评测问题，其中均包含文本数据集。

大连理工大学黄德根等使用 NLP&CC 2013 CLSC 数据集，对研究提出的一种学习英汉的双语情感词嵌入（Bilingual Sentiment-Specific Word Embeddings，BSWE）的方法进行实验。该数据集包含 3 个类别的产品评论：书籍、DVD 和音乐。每个类别包含 4 000 个英文标注数据作为训练数据，划分为正负情感极性（正负样本数量比例为 1∶1），和 4 000 个中文未标注数据作为测试数据。通过 BSWE 将文本的情感信息合并到双语嵌入中。在 NLP&CC 2013 CLSC 数据集上的实验表明，该方法优于最先进的系统。

④ DataFountain 数据集

DataFountain 是一个主要为国内大数据爱好者提供数据竞赛服务与数据智能协同创新服务的开放平台。该平台分享了与情感分析领域相关的比赛，如汽车行业用户观点主题及情感识别、金融信息负面及主体判定、互联网新闻情感分析、基于主题的文本情感分析与基于视角的领域情感分析等比赛，并提供了开源下载的文本数据集。

山东财经大学统计学院张旭东等提出了一种基于 BERT 的多任务情感分析模型，使用 DataFountain 在疫情期间收集的新冠感染数据集，对研究提出的文本情感分析模型进行实验。数据集是从 230 个与新型冠状病毒肺炎（COVID-19）相关的关键词中收集而来的。从 2020 年 1 月 1 日到 2 月 20 日收集了 100 万条评论。每条评论包括 ID、发布时间、发布者 ID、内容、图片、视频、情感倾向。情感标记为三类：积极、中立和消极。研究模型用于提取与 COVID-19 相关的微博评论的情感信息，并判断文本中的实体是否被情感所针对。实验结果表明，其所提出模型的综合性能优于其他对比模型。

3.2.2　英文文本情感分析数据集介绍

英文文本数据集来源与中文文本数据集类似，可以分为新闻文本、评论文本、内容文本（推特、博客文章等）、电子邮件文本、问答式文本，以及综合型文本数据集共享平台。

（1）新闻文本数据集

典型的新闻数据集有 MPQA 英文文本数据集。MPQA 由美国匹兹堡大学创建，提供了一系列用于文本研究的数据集，其中 MPQA 意见语料库（MPQA Opinion Corpus）包含表达级和多属性注释的意见、情感和其他个人状态数据的集合，是一个多视角问答型意见数据集词典。共有 3 个可以使用的版本。

版本 1.2 包含上下文极性，是一个包含使用意见和其他私人状态（信念、情感、推测等）手工注释的新闻文本数据集。该数据集的数据来源于 2001 年 6 月到 2002 年 5 月的 188 个不同国家的 535 篇新闻，共 11 114 句。这些新闻是通过人工搜索和信息检索系统搜集的，主要包含社会政治新闻主题以及一些其他主题。版本 2.0 的主要变化是添加了新的态度和基于跨度的目标注释（span-based target），并添加了新的注释文档，使数据集增加到 692 篇新闻文章。版本 3.0 的主要变化是增加了新的实体或事件目标（entity/event-level target）。

美国军事学院西点军校迈克尔·加勒特（Michael Garrett）等使用通用 MPQA 数据集和常用词极性评分方法来推断每条推文的情感，实验采用了正（positive）、负（negative）和中性（neutral）3 种情感分类，并通过交互信息（Mutual Information）构建特定领域 MPQA 词典提高了推文情感评估的准确性。

（2）评论文本数据集

评论性数据集主要包括电影评论、餐厅及外卖平台点评、旅游目的地及酒店住宿服务点评、电子商务零售平台点评、内容评论等。典型数据集包括：Stanford Large Movie Review Dataset（IMDb Review Dataset）、Stanford Sentiment Treebank（SSTb）、Movie Reviews（MR）、MovieLens 等电影评论数据集；Yelp Dataset 等餐厅及外卖评论数据集；OpinRank Dataset 等旅行目的地、酒店及汽车评论数据集；Amazon review dataset 等电商平台评论数据集。

① Stanford Large Movie Review Dataset（IMDb Review Dataset）

该数据集由美国斯坦福大学安德鲁·马斯（Andrew Maas）等提供，可用于自然语言处理或文本分析。它是一个公开可用的数据集，由 50 000 个二进制标记的电影评论组成，平均划分为负面和正面评论。该数据集还提供电影评论的原始文本和已处理的单词袋格式文本。

西班牙巴伦西亚大学米格尔·阿雷瓦利略 – 艾赖斯（Miguel Arevalillo-Herráez）等使用了 IMDb Review Dataset、MR 和 SSTb 3 个数据集对 Rasa 开源工具包提供的自然语言理解（NLU）算法进行评估。结果显示，即使是最简单的 NLU 配置也能产生与其他最先进架构相当的准确率，当向双意图和实体转换器架构提供预训练的词嵌入时，可以获得最佳结果，超越了情感分析领域的其他架构。

② Stanford sentiment treebank（SSTb）

SSTb 包含来自 rottentomatoes.com 网站的 11 855 条电影评论。索赫尔等使用递归神经网络对一个包括 11 855 个句子的解析树库中的 215 154 个短语进行细粒度情感标签标注（包含从非常消极到非常积极共五项：--、-、0、+、++）以及二项分类（积极和消极）。文本情感分析的结果构成了 SST-5 与 SST-2 两个数据集。RNN+CNN 的混合方法在该数据集上显示出最好的表现。

③ Movie Reviews（MR）

美国康奈尔大学提供了一系列电影评论数据集，用于文本情感分析。

这些电影评论数据集标有其整体情感极性（正面或负面）或主观评级（如两颗半星），以及根据其主观性状态（主观或客观）或极性标记的句子。其中包含情感极性数据集、情感规模数据集与主观性数据集三大类文本数据集。该数据集在英文文本情感分析领域得到了广泛的应用。

④ MovieLens

MovieLens 数据集数据来源于电影推荐服务 MovieLens 的评价与评论，包含了电影名称、电影级别、标签和用户 ID，分为一小一大两个数据集。该数据集由美国明尼苏达大学的研究小组 GroupLens 收集和维护，常被用在推荐系统和在线社区情感分析中。

该数据集包括 5 个版本：25m、latest-small、100k、1m、20m。在所有数据集中，电影数据和收视率数据都连接在 movieID 上。25m 数据集、latest-small 数据集和 20m 数据集仅包含电影数据和评分数据。1m 数据集和 100k 数据集包含人口统计数据以及电影和评级数据。25m 数据集是 MovieLens 数据集的最新稳定版本，建议用于研究目的。latest-small 数据集是最新版本的 MovieLens 数据集的一小部分，GroupLens 会随着时间的推移对其进行更改和更新。100k 数据集是 MovieLens 数据集的最旧版本，是一个包含人口统计数据的小型数据集。1m 数据集是包含人口统计数据的最大 MovieLens 数据集。通过将 20m 数据集与 1m 数据集整合，形成了学术论文中最常用的 MovieLens 数据集的一部分。对于每个版本，用户可以通过添加 "-movies" 后缀（如 "25m-movies"）查看电影数据，也可以通过添加与电影数据（以及 1m 数据集和 100k 数据集中的用户数据）关联映射的收视率数据 "-ratings" 后缀（如 "25m-ratings"）查看评价等级。

意大利巴里大学计算机科学系卡塔尔多·穆斯托（Cataldo Musto）等提出了一种基于分类算法（如随机森林和朴素贝叶斯）的混合推荐框架，使用 MovieLens-1m 等数据集评估了该框架在不同特征组上的有效性。实验将 MovieLens-1m 数据集中等于 4 和 5 的评分被定义为积极的情感极性。实验结果表明，基于关联开放数据和基于图形的特征都对算法的整体性能产生积极影响，尤其是在高度稀疏的推荐场景中。

⑤ Yelp Dataset

该公开数据集由美国最大点评网站 Yelp 提供，涉及美国 10 个大都市地区的 192 609 家企业。Yelp 数据集由 5 个 CSV 文件组成：业务、用户、评论、签到和提示，包含 Yelp 的业务数据（包括位置数据、属性和类别）、用户评论（包括撰写评论 user_id 和撰写评论 business_id）、用户数据（包括用户的好友映射和与用户关联的所有元数据）、企业签到数据、用户撰写的有关商家的提示（比评论短，倾向于传达快速建议）以及各种照片（包括标题和分类，有食物、饮料、菜单、商家内部与商家外部 5 类）。

该数据集中的用户评论数据常被用于文本情感分析研究。评论数据集有两个：Yelp-5 有 5 个评级标签，包含 65 万条训练样本和 5 万条测试样本；Yelp-2 是标注正负情感标签的数据集，包含 56 万条训练样本和 38 000 条测试样本。循环神经网络及其变体（如双向循环神经网络和长短期记忆递归神经网络）广泛应用于该数据集。

沙特阿拉伯塔伊夫大学埃曼·赛义德·阿拉穆迪（Eman Saeed Alamoudi）等使用 Yelp Dataset 和 SemEval-2014 数据集进行了情感分类以方便提取使用准确度、精确度、召回率、F1 分数和对数损失指标，从而对两种情感分类（二元：正面和负面；三元：正面、负面和中性）、3 种不同类型的预测模型（机器学习、深度学习和迁移学习模型）以及该研究提出的基于语义相似性的方面级情感分类的无监督方法进行评估。结果显示，餐饮的服务、氛围和价格是根据其情感背景分类的 3 个方面，ALBERT 模型获得了98.30% 的最高准确率。无监督方法达到了 83.04% 的准确率。

⑥ OpinRank Dataset

该数据库从旅游网站 Tripadvisor 收集了 10 个不同城市（迪拜、北京、伦敦、纽约、新德里、旧金山、上海、蒙特利尔、拉斯维加斯与芝加哥）的 80 ~ 700 家酒店的 25.9 万条评论，包含评论日期、标题与完整评论。该数据集包含从汽车销售和汽车资讯服务网站 Edmunds 中收集的 2007 年、2008 年和 2009 年销售车型的 42 230 条完整评论，每年有 140 ~ 250 种车型，包含日期、作者姓名、收藏夹和全文评论，构建了数据集 OpinRank

Dataset。酒店评论有 5 个方面，包括清洁度、价值、服务、位置和房间，这些评级的等级为 1～5。Edmunds.com 附带 8 个不同方面的评级信息，即燃油经济性、舒适性、性能、可靠性、室内设计、外观设计、构造和驾驶乐趣，这些评级的等级为 1～10。该数据集用于基于偏好的实体搜索，检测嵌入在社交媒体中的情感、意见匹配和意见挖掘，识别社交网络中的意见领袖。

迪拜科技大学库达克瓦什·兹瓦雷瓦什（Kudakwashe Zvarevashe）和奥卢达约·奥卢巴拉（Oludayo Olugbara）使用该数据集针对酒店客户反馈的情况设计了一个带有意见挖掘的情感分析框架，实验将数据集划分为 3 个情感极性，正（positive）、负（negative）和中性（neural），实现了非结构化文本数据处理，并自动准备情感数据集进行训练和测试，以从评论中提取酒店服务的顾客意见。

⑦ **Amazon review dataset**

该数据集的数据由亚马逊公司对 4 种不同类型产品的评论组成：书籍、DVD、电子产品和厨房用具。评分大于 3 的评论被归类为正面，评分小于 3 的评论被归类为负面。"CNN+BiLSTM+Attention" 的情感分析组合方法显示出最高准确率为 87.76%。通过使用 Amazon review dataset 中 60 000 条评论的子集，印度 NMIMS 大学泽尔·德赛（Zeel Desai）等检测了 5 种机器学习算法，即决策树、逻辑回归、随机梯度下降、多项朴素贝叶斯 + 支持向量机和深度学习算法 BERT + LSTM 进行情感分析的效果。结果显示，决策树机器学习算法获得的最高精度为 95.1%，而深度学习算法 BERT 中获得的最高精度是 98.51%。研究人员对评论情感分析结果进行了可视化分析，主要方法为图表和词云。

（3）内容文本数据集
常用的英文内容文本数据集主要包括推文文本数据集和博客文本数据集。

① **Sentiment140**
该数据集由美国斯坦福大学阿尔塞·戈（Alce Go）等从推特中收

集，主要用于情感分析相关的训练。该数据集包含了 160 万条推文，且已被注释，提供了 6 个字段：情感极性（0 表示负，2 表示中性，4 表示正）、作者 ID、发送日期、主题、推文描述对象与推文内容。有学者使用 Sentiment140 数据集对模型进行训练。数据集下载后通过 TweetTokenizer 软件对每条推文进行标记，智能地删除用户名（推特句柄），截断长标点字符串，并正确识别表情符号。然后，标记化的推文通过 word2vec 模型，并将生成结果用作研究模型的输入。Amazon Fine Food Reviews 和 IMDB Movie Reviews 数据集用于对模型的情感分析效果进行评估。结论显示，该研究提出的模型的准确性为 30% ~ 50%，情感分析需要大量的训练数据和更轻量级的模型设计才能产生良好的结果。

② Blog Authorship Corpus

该数据集由以色列巴伊兰大学乔纳森・施勒（Jonathan Schler）等在比较不同博主的年龄与性别对博主发表的内容的影响时所构建，常用于训练分类、情感分析模型。Blog Authorship Corpus 从 blogger.com 收集了 19 320 名博主的文章，共包含 681 288 个帖子和超过 1.4 亿个单词。每名博主提供了约 35 个帖子和 7 250 个单词。该数据集所包含的博主可划分为 3 个年龄段，13 ~ 17 岁有 8 240 人，23 ~ 27 岁有 8 086 人，33 ~ 47 岁有 2 994 人，每个年龄段的男女比例大致相当。数据集对情感进行了正（pos-emotions）、负（neg-emotions）两个极性分类。相比其他文本数据集，该数据集较为显著的特点是将文本作者的个人信息进行了较为完善的整理，包括博主的 ID、性别、年龄、行业等。

（4）电子邮件文本数据集

典型的电子邮件文本数据集是 The Enron Email Dataset。

该数据集包含大约 150 个安然公司员工的大约 50 万封电子邮件，其中大多数是公司的高级管理层。这些数据是联邦能源监管委员会在调查安然公司倒闭期间公开并发布到网络上的，并进行了完整性补充与隐私数据脱敏。印度阿加尔塔拉国立技术学院金舒克・德纳特（Kingshuk Debnath）等使用深度学习模型 LSTM、Bi-LSTM 和 BERT 对该数据集中的垃圾邮件检测分类结果进行比较，准确率分别为 97.15%、98.34% 和 99.14%，验证了目前 BERT 深度学习模型在垃圾邮件检测分类方面具有最佳性能。

英国赫瑞瓦特大学拉扬·萨利赫·哈吉·阿里（Rayan Salah Hag Ali）等为了开发自动标记数据集并避免手动标记，提出了一种针对安然电子邮件数据集使用组合 VADER 词典标记和支持向量机分类器算法的混合情感分析模式。对于无监督标记方法，数据集被标记为正面、负面和中性；对于词典标注方法，VADER 将结果分为负面、中性、正面和一个复合分数的一个 4 元数组，该复合分数是 –1（极端负面）和 +1（极端正面）之间归一化的所有评级的总和。如果复合分数大于 0，它是一个积极的电子邮件，如果小于 0 则为消极电子邮件，如果等于 0 则为中性电子邮件。实验结果显示，VADER 标记的书籍提供了可靠的结果。

（5）问答式文本数据集

常用的问答式文本数据集是 Sentihood。

该数据集是一个基于目标方面的城市社区情感分析数据集，由英国伦敦大学学院马尔齐耶·萨伊迪（Marzieh Saeidi）等对用户讨论城市社区的问答（Q&A）平台中提取的文本进行目标情感分析所创造。该数据集旨在用于识别针对特定目标的细粒度极性分析，目标是提取关于用户评论中提到的实体的细粒度信息，包含 5 215 个句子，其中 3 862 个句子为单一目标，其余的句子为多目标。SentiHood 数据集也被用于在 PyTorch 上基于目标方面的情感分析（TABSA）的 BERT 模型的实现中。

复旦大学计算机学院邱锡鹏等微调了 BERT 的预训练模型，并在 SentiHood 和 SemEval-2014 的任务 4 数据集上验证了模型效果。SentiHood 每个句子都包含一个带有情感极性 y 的 $\{t, a\}$（目标和方面）的列表。情感极性 y 分为积极（positive）、中性（none）和消极（negative）。对于给定句子 s 和句子中的目标 t，实验检测目标 t 对 a（方面）的提及并确定检测到的目标方面对应的情感极性 y。实验证明了基于 BERT 微调的句对分类的优势，验证了转换方法的有效性。

（6）综合型文本数据集共享平台

常见的综合型英文文本数据集共享平台是 SemEval。SemEval（International Workshop on Semantic Evaluation）是国际自然语言处理（NLP）研究研讨会，其使命是推进语义分析的技术水平，并帮助在自然语言语义具有挑战性的问题中创建高质量的注释数据集。第 17 版 SemEval-2023 包含 12 个任务，涉及一系列主题：习语检测和嵌入、讽刺检测、多语言新闻相似性以及将数学符号与其描述联系起来的任务。一些任务是多语言的，处理任务也需要多模式方法。

在过往的任务集中，SemEval-2014 的任务 4 中提供了餐馆和笔记本电脑两个数据集，由超过 6 000 个句子组成。其中，餐厅评论的数据集由英国罗格斯大学加亚特里·加努（Gayatree Ganu）等在论文中使用的餐厅评论中的 3 000 多个英语句子以及一些其他餐厅评论共同组成。笔记本电脑评论数据集是由从某网站上客户对笔记本电脑的评论中提取的超过 3 000条英语句子组成。SemEval-2015 的任务 12 与 SemEval-2016 的任务 5 在此基础上进一步进行了文本情感分析。SemEval-2015 的任务 10 提供了推特的文本数据集，SemEval-2016 的任务 4 与 SemEval-2017 的任务 4 在此基础上进一步进行了文本情感分析。

印度贾达普大学苏里亚·迪普塔·达斯（Sourya Dipta Das）等提出了一个多任务学习系统，使用 SemEval-2020 数据集对 SemEval-2020 的任务 8 进行实验。实验子任务 A 需要对模因（meme）进行情感分类，目标是将其分类为正面、负面或中性。实验子任务 B 则是将幽默分为讽刺、幽默、冒犯和动机性等类别。实验子任务 C 是对语义类别的程度进行量化，如将幽默的程度量化为高幽默（scales），轻微幽默（slightly）和不幽默（not）。该实验的多任务学习系统使用基于 ResNet 的 CNN 模型的组合特征用于图像特征提取块和循环 DNN 模型。该模型由双向 LSTM 和GRU 的堆叠层组成，用上下文注意力作为文本特征提取器，以同时学习所有 3 个任务。实验结果显示，该研究提出的方法在少数任务中优于来自挑战的其他模型。

3.3 主要方法

文本情感分析离不开对文本进行情感分类。当前，主流的情感分类方法大致有 5 种：通过构建带有情感倾向的情感词典再基于情感词典进行比较分析的方法、基于"情感词典 + 机器学习"的方法、基于机器学习的方法、基于弱标注的方法、基于深度学习的方法。

文本情感计算的主要方法可分为基于传统机器学习的方法和基于深度学习的方法。目前，基于传统机器学习的情感分析方法多用于小规模样本的情感分析，在判断文本的整体情感倾向方面有较好的表现，因此也是本节介绍的重点。为了能够更好地挖掘出文本背后的深层次语义，基于深度学习的方法近年来也得到了长足的发展。

3.3.1 基于传统机器学习的方法

机器学习以给定数据为基础，以模型为支撑，通过数据与模型预测出结果，是一种科学高效的学习方法。机器学习的核心是学习，基于机器学习进行情感分析，首先需要人工提取文本特征，接着通过计算机的某一算法获得文本处理，最后输出情感分类的结果。图 3-1 是情感词典的分析方法，该方法完全依赖人工构建词典，有明显的弊端。与基于情感词典的情感分析方法比较而言，机器学习的方法优势明显：一是机器学习减少了人工成本和非理性判断；二是计算机可以存储海量数据并实时更新整理，而人类目前并不能做到这一点。

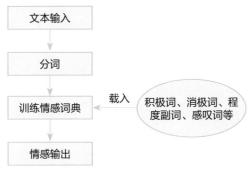

图 3-1 基于情感词典的文本情感分析过程

基于传统机器学习的情感分析方法主要有 3 类：有监督、半监督和无监督的方法。有监督学习，本质上是分类，是利用已有的训练样本去训练获得一个最优模型，再将全部的输入映射为相应的输出，对输出进行简单的判断从而实现分类目的的方法。与有监督学习不同，无监督学习没有任何训练样本，需要直接对数据进行建模。

（1）有监督的机器学习方法

有监督的方法将情感分类问题处理为一个基于大量有标注数据的统计分类问题，通过给定带有情感极性的样本集，借助数学模型的推断功能，利用训练后的模型得到文本的情感分类结果。常见的方法有：K 最邻近算法、朴素贝叶斯算法、支持向量机算法。K 最邻近算法认为，如果样本附近的 k 个最近样本的大多数属于某一个类别，则该样本也属于这个类别。朴素贝叶斯算法是对较为复杂的贝叶斯方法进行了简化，假定数据集属性之间相互独立，尽管该方法可能导致分类效果降低，但其逻辑性简单、算法较为稳定，对不同类型的数据集并不会表现出较大的差异性。支持向量机算法是一种基于二元分类的广义线性分类方法，该方法通过铰链损失函数计算经验风险，以正则化问题的思路求解来优化结构风险。作为最常见的核学习方法之一，支持向量机算法兼具稀疏性和稳健性的优点。虽然朴素贝叶斯算法与支持向量机算法在有监督的机器学习中使用频率较高，但其单独使用时会分别面临独立条件假设和核函数选择的问题，这引发了学者的思考。印度学者阿迪蒂亚·夏尔马（Aditya Sharma）以支持向量机作为基础分类器，有效利用了提升方法（Boosting）的分类性能做出了集成分类器。实验结果表明，其准确率明显高于支持向量机分类器，提升了该方法的性能。

梳理国内外研究人员的方法可以发现，针对中文文本情感分类，需要考虑文本特征选择机制、特征表示方法、特征选择方法、数据集规模等要素。有学者通过大量对比实验发现，基于二元语法（Bi-grams）的特征表示加上信息增益的特征选择并结合支持向量机算法可以得到较好的情感分类效果。国外的文本情感分析起步较早，2002 年，美国康奈尔大学学者庞博等首次将机器学习与文本情感分类结合，通过使用最大熵分类、支持向量机算法和朴素贝叶斯算法这 3 种方法，对有关电影评论的数据集进行文本情感分类。实验发现，3 种方法结合不同的特征会有不同的性能，其中支持向量机算法与一元语法（Uni-grams）特征选择相结合的情感分类准确率达到了 82.9%。

（2）无监督的机器学习方法

在有监督的机器学习方法中，数据的训练需要有大量的标签，但这并不易获得。即使获得了标记的数据，其准确性因受主观性影响也难以保证。因此，基于无监督学习的方法可以解决上述问题。无监督学习的常用方法有 K 均值聚类算法（K-means）、主成分分析法等。

特尼提出过一种无监督学习算法，在对词性进行标注前，每个短语被表达为短语与正例之间的互信息减去其与负例的互信息，标注词性后再估计短语的语义定位，最后根据平均语义方向对短语进行分类。此外，有学者还提出过一种新的自动检测本文情感方法，包括潜在语义分析（Latent Semantic Analysis，LSA）、概率潜语义分析（Probabilistic Latent Semantic Analysis，PLSA）和非负矩阵分解（Non-negative Matrix Factorization，NMF），通过实验评估识别情感状态的分类模型和维度模型后发现，非负矩阵分解的性能效果较好。

在分类的过程中，若有训练样本，可考虑用监督学习的方法；若没有训练样本，则不可能用监督学习的方法。总之，有监督的学习方法主要依靠分类器，依赖于人工对特征进行标记，本质上对文本情感分析的工作效率产生了负向的影响，并不能适应大数据时代，也不能高效处理大量的信息。

3.3.2 基于深度学习的方法

传统的思路是用机器学习的方法来解决文本情感分类问题，这种方式简单易懂，也具有较高的稳定性。但是，这类方法存在两个限制。一是精度问题，基于这类方法，虽然已经能够较好地解决文本的情感分类问题，但是无法满足进一步提高精确度的需要。二是背景知识问题，这类方法需要事先提取好情感词典，而这一步骤往往需要人工操作才能保证准确率。

深度学习为这两个缺陷提供了很好的补充。一方面，神经网络的引入使模型的预测精度得到提升；另一方面，长短期记忆人工神经网络能够对前后文进行连贯、BERT 能够将全文当作训练样本抽取特征，因此不需要额外构建字典。

当我们在阅读一段文本时，都是基于自己已经拥有的对先前所见词的理解来推断当前词的真实含义。于是，包含循环的神经网络最先被应用到自然语言处理中。因为在神经网络中加入了循环，可以保证信息的持久化和前后信息的连贯性，其中比较经典的循环神经网络是 LSTM、GRU。随着神经网络在自然语言处理的应用逐渐深入，研究人员发现组合神经网络相较于单一的神经网络往往有性能上的提升。例如，在 LSTM 的神经层后面接上 CNN 能够进一步提高精确度。但是，循环神经网络也不是完美的，尤其是 RNN 的机制会存在长程梯度消失问题，对于较长的句子，很难寄希望于将输入的序列转化为定长的向量而保存所有的有效信息。因此，随着所需翻译句子长度的增加，这种结构的效果会显著下降。为了解决这一由长序列到定长向量转化而造成的信息损失的问题，注意力机制被引入了。注意力机制跟人类翻译文章时候的思路有些类似，即将注意力放于翻译部分对应的上下文。同样的，注意力模型中，在翻译当前词语时，模型会寻找源语句中相对应的几个词语，并结合之前已经翻译的部分做出相应的翻译。2018 年，BERT 将预训练带入大众视野。预训练是通过大量无标注的语言文本进行语言模型的训练，从而得到一套模型参数，利用这套参数对模型进行初始化，再根据具体任务在现有语言模型的基础上进行精调来提高模型精度。

作为经典的循环神经网络，LSTM 多用于处理时间序列数据，也可以用来搭建一个文本情感分类的深度学习模型。在建模环节之前，需要对文本进行特征提取。

word2vec 算法提供了特征提取的一个初等思路：将每个词语赋予唯一的编号 1、2、3、4……然后把句子看成是编号的集合，例如，假设 1、2、3、4 分别代表"我""你""爱""恨"，那么"我爱你"就可以表述为 [1，3，2] 样式的序列，同样地，"我恨你"可以表述为 [1，4，2] 序列。这种思路看上去是有效的，但实际上存在很大的问题。例如，在一个稳定的模型下，[1，3，2]和[1，4，2]是相近的，但实际上两个序列的意思完全相反。因此，采用这样的编码方式是不合理的。那么，将意思相近的词语给予相近的编号是否可以成为有效的编码思路呢？原则上这样的编码方式有了一定的改进，模型的准确率会有很大的提升，但是在判断相近词时非常死板。将相近的词语编号设置在一起，实际上是假设了语义的单一性，也就是说，语义仅仅是一维的。例如，当谈到"家园"，人们会联想到"亲人"，往更大的层面去看，可以联想到"地球"，但"地球"和"亲人"本质上联系就不是很大了，"家园"在这其中充当了纽带的作用。显然，仅通过一个唯一的编号是无法做到合理编码的，事实上，语义更应该是多维的。

高维 word2vec 算法弥补了一维编码的不足，它提供了更全面的编码思路：很多词语的意思是往各个方向发散开的，而不是一个单纯的方向，因此，可以将一个词语对应一个多维向量。word2vec 算法的词语由高维向量表示，具有相似含义的词语放置在非常接近的位置，并使用实向量。使用者只需要拥有特定语言的大型语料库，就可以使用它训练模型并获取部分语音向量。另一个优点是词向量有助于聚类，"欧几里得距离"和"余弦相似性"可以用来找到两个含义相似的词。这和解决"多词"问题是一样的。经过上述流程，词语已经转化为高维向量，那么一个句子就对应着词向量的集合，即矩阵。将矩阵铺平，就可以将其视作一个序列进入 LSTM 模型进行分析（图 3-2）。

GRU 是循环神经网络的一种，和 LSTM 一样，也是为了解决长期记忆和反向传播中的梯度等问题提出来的。在实际操作中，同样将词向量的集合矩阵作为序列进入 GRU 模型即可。GRU 于 2014 年被正式提出，与 LSTM 相比优势在于：在实际表现相差不大的情况下，GRU 的参数更少，训练速度更快，计算量更小，并在一定程度上能够降低过拟合的风险。从结构上来看，GRU 模型是 LSTM 网络的一种效果很好的变体，在 LSTM 中引入了 3 个门函数：输入门、遗忘门、输出门，分别控制输入值、记忆值、输出值。在 GRU 模型中，只有两个门：更新门和重置门。GRU 的内部结构图如图 3-3 所示。

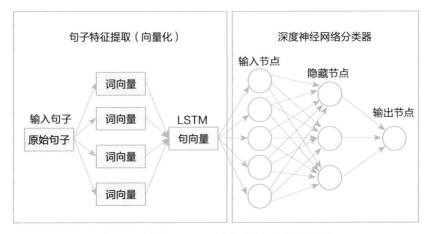

图 3-2 基于 LSTM 的文本情感分类流程

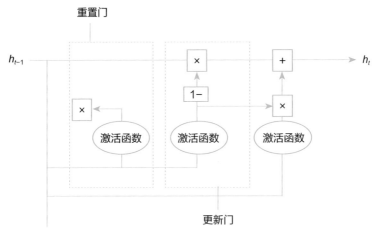

图 3-3 GRU 的内部结构

3.4　应用及展望

文本情感计算是情感计算的一个重要组成部分，也是应用转化成果较早普及的领域之一，其在舆情分析、心理健康监测、评论分析与生成、商业决策等方面有着广泛的应用前景。

在社交平台上，文本情感计算可以利用文本分析来获取公众意见，这或许是自然语言处理中最具有吸引力的用例之一。通过基于自然语言处理的数据挖掘技术提取和分析主观信息（通常为用户在社交平台上发表的观点），文本情感计算可以识别真假新闻、畅销产品、热点话题、立场观点等。

在电商平台中，通过提取消费者为商品写下的售后评论中有代表性的关键词，给出合适的权值，就可以分析得出该商品的好评、差评、中性评价，进而可用于产品优化、质量把控和优品推荐等。如今，消费者在线寻求售前咨询或售后服务的时候，大多数帮助答疑解惑的都是对话机器人，对话机器人也是文本情感分析推广应用的主要成果之一。这类机器人在承担客服工作的时候，还会被用于检测和识别文本中的情感类型，例如，监测到用户的投诉中有愤怒、生气的情感，对话机器人就会生成相应的兜底话术，以安抚客户情感，提升用户满意度。

在网络舆情监控方面，文本情感分析会针对全网舆论信息进行提取，包括主观评论和客观事实。通过提取文本的关键词，组成语义网络之后分析语义倾向，能够达到舆情监控的目的，实现虚假信息监测、预警监控、用户洞察等功能。

目前，基于文本情感分析的舆情监控也被用于指导金融市场的交易活动。通过对市场投资者和参与者的态度（如相关论坛的评论、新闻报道的观点、主要券商或参与方公开的报告等）进行文本情感分析，可以形成舆情因子，这是实现量化投资的底层因子之一。

由文本情感分析衍生出的多模态情感分析，如视频音频文本分析，还可以用于注意力监测，这将在安全驾驶和课堂教育等领域得到发挥。

文本情感分析在不断发展的同时也存在障碍。尽管现阶段模型经过优化后准确率不断提升，在一些粗粒度情感数据集上准确度超过 95%，但在细粒度和复杂任务上其表现效果还有很大的进步空间。语言是感知人类心理状态的重要渠道，心理咨询师的主要诊断方式之一就是通过对话来判断对方的心理健康状况，如果想以文本情感分析来实现这一目标，还需要进一步提升模型对语义的理解能力、对逻辑的理解能力等。

情感分析是自然语言处理中最活跃的研究领域之一，还需要很多探索和突破。它涉及对词汇、句法和语义规则的深刻理解，并需要结合背景知识，适应不同文化背景。在未来的研究中，主要的研究方向依旧是一些复杂的问题，如检测隐性的情感、处理多种语言、欺骗检测、分析实时事件以及自动获取常识、全局和上下文知识。文本情感分析面临自然语言的内在复杂性和大数据时代带来的新的挑战。当然，本节所介绍的应用场景和应用领域只是被开发出来的冰山一角，未来还有更多的可能性有待进一步探索。

自然语言处理（NLP）的前世今生

NLP 起源于 20 世纪 40 年代后期，当时人们构建了第一个 AI 系统，这个系统必须处理自然语言并识别单词才能理解人类命令。1950 年，英国科学家艾伦·图灵（Alan Turing）发表了一篇题为《计算机与智能》的论文，描述了第一个机器翻译算法，但算法过程侧重于编程语言的形态学、句法和语义。虽然图灵写了很多关于自然语言的研究论文，但他在这方面的工作并没有继续。

1959 年，他写了一篇论文《论可计算数》，引入了人工智能的思想来解决人类无法自己解决的问题。该算法处理信息并执行超出人类能力或时间限制的任务，如以闪电般的速度下棋。

1956 年，美国计算机科学家约翰·麦卡锡（John McCarthy）发表了一份报告，描述了如何使用自然语言与 AI 系统进行通信。1957 年，他创造了"人工智能"一词。1958 年，他发表了一篇论文，描述了 SOLO 自然语言句子处理程序。

1959 年，美国人工智能领域著名心理学家弗兰克·罗森布拉特（Frank Rosenblatt）创建了第一个感知器（神经网络）。这些网络旨在处理信息并解决模式识别或分类任务中的问题。1969 年，在明斯基和数学家西摩尔·派普特（Seymour Papert）撰写了《感知器》一书之后，这些人工神经元被广泛使用。

1966 年，一家名为 General Automation Incorporated 的人工智能公司成立，专注于自然语言处理和模式识别。

随着时间的推移，不同的分析方法逐渐发展起来。英国爱丁堡大学和美国康奈尔大学的科学家于 1964 年创建了一个计算模型。第一个可以与人交谈的计算机程序是 ELIZA，它由美国麻省理工学院约瑟夫·维森鲍姆（Joseph Weizenbaum）于 1966 年创建。

1966 年，第一届计算机语音和语言处理专业会议召开。

直到 1979 年，NLP 的发展才又迈出了一大步。正是在这一年，第一个简单的英语聊天机器人诞生了。

1984 年，IBM 公司的新产品"chatterbox"可以用自然语言与人交谈，它使用早期版本的对话管理系统为用户过滤掉无趣的对话。

1987 年，美国斯坦福大学科学家肯尼斯·科尔比（Kenneth Colby）创建的一个名为 PARRY 的程序能够与精神科医生进行对话，但无法回答有关自己生活的问题。

1990 年，ELIZA 和 Parry 被认为是人工智能的"微不足道"的例子，因为它们使用了无法像人类那样真正思考或理解自然语言的简单模式匹配技术。

1994 年，统计机器翻译在自然语言处理方面取得了重大突破，它使机器的阅读速度比人类快 400 倍。

1997 年，自然语言处理取得重大突破，一种解析和理解语音的算法被引入，该算法被认为是人工智能领域的顶级成就之一。

2006 年，谷歌公司推出了无须人工干预的翻译功能，该功能使用统计机器学习，通过阅读数百万文本，将 60 多种语言的单词翻译成其他语言。接下来的几年，算法得到改进，现在谷歌翻译可以翻译 100 多种语言。

2010 年，IBM 公司宣布开发了一个名为 Watson 的系统，该系统能够理解自然语言中的问题，然后使用人工智能根据维基百科提供的信息给出答案。它还在智力竞猜节目中击败了节目史上最成功的两位人类选手。

2013 年，微软公司推出了一款名为 Tay 的聊天机器人。它可以与人类在推特和其他平台上互动中学习。但是，没过多久，该机器人就开始发布令人反感的内容，导致其在存在 16 小时后被关闭。

2021 年，机器学习和深度学习的概念如日中天。

第四章 语音情感计算

4.1 背景概述

　　语音中包含大量的信息，除了能传递语言本身的信息之外，还能传递说话者自身的情感信息。随着计算机技术的发展，关于语音情感计算的研究变得越来越多、越来越全面，语音情感计算广泛的应用场景也使其商业价值不断提高。

4.1.1 语音情感计算研究背景

　　作为人类创造以及记载几千年文明史的基本手段，没有语言就没有今天的人类文明。语音是语言的声音表现形式，是人类交流信息最自然、最有效、最方便的手段。人类的语音中不仅包含了语言信息，同时也包含了人们的感情和情绪等非语言信息。例如，同样一句话，往往由于说话人的情感不同，其所表达的意思和给听者的感觉就会不同，人很容易通过语音的变化感受到对方的情感变化。就像"你好棒啊！"这句话，既可以表示赞赏，也可以表示讽刺或妒忌。语音中的情感特征往往通过语音韵律的变化表现出来（如当一个人发怒时，讲话的速率可能变快，音量变大，音调变高等），但也可同时通过一些音素特征（如共振峰、声道截面函数等）表现出来。

语音情感是指蕴含在语音信号中的说话者的情感，其中说话者既包括自然人，也包括具备情感能力的计算机。与语音情感相关的计算称为语音情感计算，它通过对语音信号的测量、分解、分析、合成等方法来进行情感方面的计算，从而使计算机具备一定程度的情感能力。语音情感计算的研究包括语音情感的识别、合成、与其他情感计算领域的融合，以及其在相关应用中的实现等。语音情感计算的研究是多学科交叉的结果，是语音信号处理和情感计算技术结合的产物。语音情感的研究最早可追溯到 20 世纪 70 年代。1996 年，美国卡内基·梅隆大学的弗兰克·德拉特（Frank Dellaert）等发表了语音情感识别领域的第一篇研究论文，正式开启了语音情感识别的研究。此后，美国、日本、英国以及其他国家先后有大学或科研机构涉足语音情感的研究。

传统的语音处理系统仅仅着眼于语音词汇传达的准确性，无论是我们所熟知的苹果公司的 Siri，还是微软公司的小冰，或是国产品牌华为的语音助手小艺等各大手机产商独立开发的众多语音助手，其基础技术都是语音识别。用户通过语音发出指令，手机通过麦克风进行收集，然后由后台的语音识别模块对收集的语音进行识别和解析，从而了解用户想要表达的意图并完成相关操作，从而满足用户的需求。但是，大多数的语音处理系统忽视了包含在语音信号中的情感因素，所以它们只反映了语音信息的一个方面。直到近年来，人们发现由于情感和态度所引起的变化对语音合成、语音识别的影响较大，语音情感这才逐渐引起了人们的重视。

随着语音识别技术的快速发展，以计算机、手机、平板电脑等为载体的人工智能研究日新月异。各种人机交互不再局限于识别特定说话人语音中的单一音素或语句，如何识别语音中的情感已成为语音识别领域的一个新的研究方向。对语音情感的有效识别能够提升语音可懂度，使各种智能设备最大限度理解用户意图，从而更好地为人类服务。

如今，"物"与主体"人"的交互变得更加重要。为了让设备更好地为人服务，物联网需要更灵活、高效的人机交互模式。人们希望设备能够见人之所见，听人之所听，感人之所感，甚至想人之所想。因此，人与人之间最自然的交互，即语音交互，便成为物联网中理想的人机交互方案。通过这种方式，物联网设备能够理解用户的需求，响应用户的命令，并反馈用户想要得到的信息，而不需要用户进行额外的操作。随着语音识别技术的进步，包括识别率、自然语言处理等方面的改进，语音交互的体验在逐步提升，语音交互的应用场景也越来越多，语音控制系统已成为人机交互的重要手段，在实际生活中特别是在物联网环境下应用广泛，成为主要的人机交互接口。常见的语音控制系统包括智能音箱、智能手机、智能电视、手环、车载语音系统等。

语音情感计算具有十分广泛的应用场景。例如：可将它用于判断电话服务中心用户的紧急程度，从而对其进行分类，分析其语音中是否带有较严重的负面情感，从而及时将用户转至人工服务，提高用户满意度和人工服务效率；可将它用于跟踪抑郁症患者的情感变化，帮助心理医生诊断和治疗患者。总之，语言是人们交流的主要方式，情感是人类的一种重要本能，语音情感研究对人类的发展有着重要意义。随着互联网技术的发展，语音情感研究的应用场景将愈加广泛。

4.1.2　语音情感计算研究现状

20 世纪 80 年代，有学者使用声学统计特征进行语音情感识别的研究。到 1985 年，随着"情感计算"概念的提出，越来越多的机构和学者开始对情感计算深入研究，语音情感计算作为情感计算的一个重要分支，得到了快速的发展。

早在 1999 年，语音情感识别就已经被应用到了电子商务中，通过分析系统采集的语音信息，能够对客户的情感进行准确的把握。进入 21 世纪以后，多媒体信息处理技术的出现大大促进了语音情感计算的研究。

各种以语音情感识别为主题的会议争相举办。2000 年，爱尔兰召开了演讲与情感研讨会（ISCA Workshop on Speech and Emotion），这是第一个致力于研究语音情感识别的国际性会议。除此之外，国际声学、语音与信号处理会议（IEEE International Conference on Acoustics，Speech，and Signal Processing）是全世界最大、最全面的信号处理及其应用方面的会议。2022 年在韩国举办的第 23 届 INTERSPEECH 会议是世界上规模最大、最全面的关于口语处理科学和技术的会议。INTERSPEECH 是由国际语音通信协会（ISCA）组织的语音领域内的顶级会议之一，也是全球最大的综合性语音领域的科技盛会。INTERSPEECH 会议强调利用跨学科方法解决语音科学和技术的各个方面问题，涵盖从基础理论到高级应用。

近年来，世界各地都举办多了许多年度比赛。例如，2009 年首次举办的 INTERSPEECH Emotion Challenge 年度竞赛、2011 年开始举办的国际听 / 视觉情感挑战赛（International Audio/Visual motion Challenge and Workshop，AVEC）年度竞赛，这些比赛的举办推动语音情感识别技术越来越成熟。现在，我国也有多家公司开始研究语音情感识别，如百度和科大讯飞，使语音情感识别从学术研究走向工业应用，体现出语音情感识别的商业价值。

除此之外，国内外的很多学者已经开始致力于语音情感计算的研究。美国麻省理工学院皮卡德于 20 世纪 90 年代初就开始进行语音情感研究。美国南加利福尼亚大学语音情感组希尔·纳尼亚纳（Shri Narnyana）也在进行语音情感的声学分析、合成和识别，以及有关笑声合成研究。语音的情感识别因涉及不同语种之间的差异，发展也不尽相同。日本、英国等发达国家的科研单位都在进行语音情感处理研究工作。例如，日本京王大学守山智之（Tomoyuki Moriyama）提出语音和情感之间的线性关联模型，并据此在电子商务系统中建造出具备语音界面的图像采集系统，实现语音情感在电子商务中的应用。英国邓迪大学和英国电信公司提出了基于规则的语音串联的情感语音合成技术等。英国贝尔法斯特女王大学的情感语音组收集并创建了第一个大规模的高自然度情感数据库，其创建者罗迪·考伊（Roddy Cowie）和艾伦·道格拉斯-考伊（Ellen Douglas-Cowie）的研究重点为心理学和语音分析。英国的初创企业 EI Technologies 可以分析人声的音调，识别高兴、悲伤、害怕、愤怒、无感情等 5 种基本情感。识别的准确率为 70% ~ 80%，这个数字要高于人类 60% 的平均水平，而受过训练的心理学家的判断准确率约为 70%。以色列 Nemesysco 公司实际应用以分层声音分析技术（LVA）在安全、商业和个人娱乐领域为客户提供解决方案。以色列创业公司 Beyond Verbal 通过识别音域变化，分析出愤怒、焦虑、幸福或满足等情感，其中包括 11 个类别、400 个复杂情感的变量。

国内研究团队也很早就开始进行语音情感计算相关的研究。东南大学无线电工程系较早开始了从语音的韵律特征来计算情感的研究。清华大学计算机科学与技术系提出一种以人工情感为核心的机器人控制体系结构，并进行了仿真研究。国家自然科学基金委也立项资助哈尔滨工业大学进行心理紧张等情况下的稳健性语音识别研究。中国科学院计算技术研究所高文教授领导的多功能感知和信息融合理论与技术研究小组在情感计算方面已经开展了系统的工作，多功能感知机是集自然语言（语音、文字等）与非自然语言（手语、人脸、表情、唇读、头势、体势等）多通道为一体，并对这些通道信息进行编码、压缩、集成、融合的计算机智能接口系统。除此之外，中国社会科学院语言研究所、北京大学、上海交通大学、四川大学、华南理工大学、南京师范大学等众多高校都有学者在进行与语音情感相关的研究。

4.2 代表数据集

数据集是进行语音情感计算的重要组成部分，这为情感分类过程提供了数据基础。语音情感数据集的质量影响着情感识别模型的准确率，不完整、低质量的语音或者错误的标注信息都可能导致错误的情感计算结果。因此，选择语音清晰、合适、标注准确的高质量数据集在模型训练中是至关重要的。

4.2.1 数据集的分类

到目前为止，国内外学者已经建立了若干面向语音情感计算研究的数据集，但由于没有建立统一的标准，数据集的类型多种多样。下面按照情感语音的生成方式与情感的描述模型进行分类介绍。

（1）按照情感语音的生成方式

① 表演型数据集

表演型数据集也被称为模拟数据集，是目前最常用、最标准的情感数据集。它由训练有素、经验丰富的相关行业人员在标准场地进行录制，这就避免了麦克风收音效果和编解码器效果不稳定、噪声和混响数据等录制问题。与其他数据集相比，表演型数据集的创建相对容易，且收录的情感是完全成熟、范围全面的。然而，这种数据集记录的话语不是在现实场景对话中产生的，因此会出现缺乏自然性，甚至情感表达过度等问题，这就降低了情感识别模型对真实情感的识别率。

② 引导型数据集

引导型情感数据集是通过创造出一个模拟情景，激发说话者产生各种情感来创建的。这使得收集到的情感语音接近自然数据集，避免了表演型数据集中存在的情感表达夸张的问题，且包含对话的上下文信息，尽管对话信息是人造的。但是，诱导说话者进行情感反应并不能保证其情感完全被激发，也不能完全预料说话者的反应，因此引导型情感数据库存在情感类型包含不完全的问题。

在一项语音情感研究中，澳大利亚斯威本科技大学汤姆·约翰斯顿（Tom Johnstone）等早在 2005 年就提出可以使用电脑游戏来诱导自然的情感化言语，这就涉及参与者和计算机之间的交互。在游戏结束之后，无论玩家赢得还是输掉了游戏，都会引发语音样本，其中包含愉快或不愉快的声音。

③ 自然型数据集

自然型数据集是基于真实生活中的自发语音而创建的数据集。这些数据一般通过呼叫中心的对话记录、异常条件下的驾驶舱记录、公共场所的情感对话、广播谈话、脱口秀录音等进行收集，一个著名的例子是广播重大事件的录音，如兴登堡号的坠毁。优点在于其真实性与丰富性，这对深度学习模型来说十分有用。然而，构建与使用自然数据集存在不少的问题，例如收集录音时的版权与隐私问题，录音中存在大量背景噪声、多种情感对话重叠、语音长度不一、情感类型不平衡等。此外，人工情感标注存在一定的主观性，不同的标注员工对同一个语音单元可能会赋予不同的情感标签，这个问题在自然数据集中尤为明显。

（2）按照情感的描述模型

① 离散情感数据集

离散情感数据集按照有限的几种情感类型对语音进行标注，如快乐、悲伤、愤怒、恐慌、中性等。这就要求数据库内的语音的情感演绎达到单一、易识别的标准，但这正是现实生活中的自然语音难以达到的。

② 维度情感数据集

维度情感数据集将每个情感定义为二维或三维情感空间中的点。例如，经典的 PAD 情感三维理论将情感分为三个维度，分别为效价（个体情感的正负特性）、唤醒度（情感唤起的程度高低）、优势度（个体对他人和情景的控制状态）。那么，愤怒情感就可表示为负性、高唤醒度、强优势度。维度情感的标注方式一般要求标注者对语音中包含的情感进行程度分析，然后赋予一定的分数。这类数据库的优势在于不受有限的情感类别的制约，语音中的情感可以被充分地量化表达，因此任何包含情感信息的语音都可以被收集。但是，人工的情感标注具有很强的主观性，且标注过程复杂、枯燥，这也是限制维度情感数据库快速发展的一个原因。

4.2.2　常见的语音情感数据集

下面介绍几个领域内极具代表性的语音情感数据集。

（1）IEMOCAP（The Interactive Emotional Dyadic Motion Capture Database）

IEMOCAP 数据集是 2008 年由美国南加利福尼亚大学的语音分析和解释实验室（SAIL）创建的，它是一个交互式情感动态捕捉数据集，其中具有 3 个模态，分别是视频、语音、文本。数据库包含约 12 小时的视听数据，使用语言为英语，由美国南加利福尼亚大学戏剧系的 5 名男演员与 5 名女演员作为表演者，基于预定脚本的戏剧与即兴创作的假设场景两种方式进行录制，因此该数据库是一个表演型数据库。该数据集由人工进行情感标注，分别基于类别标签与维度标签进行注释，离散的情感一共包含 10

个情感主题，包括中立、幸福、悲伤、愤怒、惊讶、恐惧、厌恶、挫败感、兴奋和其他，维度标签由效价、激活和优势度 3 个属性组成。

（2）CASIA（Chinese Emotional Speech Corpus）

CASIA 数据集由中国科学院自动化研究所创建，其中包括 9 600 句语音样本，使用语言为中文，由 4 名专业配音人员（两男两女）在专业录音场地进行录制创作，通过一定的情景与情感引导而得。情感演绎设定为 6 种，分别是生气、高兴、害怕、悲伤、惊讶和中性。每位配音人员为每种情感录制 400 条语音，其中，300 句是相同语句，即用不同的情感对相同的话语进行朗读，这样可以在控制文本不变的情况下，对比分析不同情感状态下的韵律特征；另外 100 句使用本身就带有情感状态的不同文本，便于配音人员更准确地表现出情感。

（3）FAU-Aibo（FAU Aibo Emotion Corpus）

FAU-Aibo 数据集属于自然型数据库，该数据库收录了 51 名儿童（21 男 30 女，10～13 岁）在与索尼公司生产的电子宠物 Aibo 游戏过程中的自然语音。为了保证语音情感的真实性，工作人员暗中操作 Aibo，让孩子们与 Aibo 进行言语互动。数据集总时长为 9.2 小时，包含 48 401 个单词，使用语言为德语，情感标签设定涵盖愤怒、无聊、坚决、无助、快乐、温柔、中性、斥责、轻松、惊讶、敏感等 11 种。FAU-Aibo 中的 18 216 个单词被选定为 2009 年 INTERSPEECH 情感识别竞赛用数据库。

（4）EmoDB（Berlin Emotional Database）

EmoDB 数据集由德国柏林工业大学通信科学研究所创建，包括 800 句语音样本，使用语言为德语，由 5 名男演员与 5 名女演员在专业录音室中对 10 个语句（5 个长句，5 个短句）进行演绎得到，包括中性、生气、害怕、高兴、悲伤、厌恶、无聊 7 种情感，并在听辨实验中达到 84.3% 的听辨识别率。

（5）VAM（Vera Am Mittag Database）

VAM 数据集由德国卡尔斯鲁厄理工学院通信工程实验室于 2005 年收

集，用于研究目的无偿数据库。该数据集通过对德语脱口秀节目 Vera am Mittag 的现场录制得到。数据库中包含语料库、视频库、表情库等 3 个部分，都为自然型数据库。其中的 VAM-audio 收录了 47 位节目嘉宾的语音数据，约 1 000 句语音样本。情感标注由斯里坎特·纳拉亚南（Shrikanth Narayanan）教授及其团队，与美国南加利福尼亚大学的语音解释和分析实验室（SAIL）一起进行，标注形式使用维度情感——效价、唤醒度与优势度。

（6）Semaine

Semaine 数据集是贝尔法斯特女王大学在英国帝国理工学院 iBUG 小组的技术支持下收集创建的。团队设计了 4 个机器人角色，分别是快乐的 Poppy、阴郁的 Obadiah、温和且明智的 Prudence 和愤怒的 Spike，然后通过邀请 150 名用户与这 4 个情感态度迥异的机器人进行对话来收集语音。数据集共录制了 959 段对话，使用语言为英语、希腊语与希伯来语，情感标注由多个标注人员进行，分别从效价（Valence）、唤醒度（Avousal）、力量（Power）、预期（Expectation）和强度（Intensity）等 5 个维度上进行。Semaine 数据集可在官方网站上免费申请下载。表 4-1 展示了常见的语音情感数据集基本信息。

表 4-1　常见的语音情感数据集基本信息

数据集	语言	样本数量	发言者	情感标注	类型
IEMOCAP	英语	约 12 小时	10 名 （5 男 5 女）	离散 + 维度	表演型
CASIA	汉语	9 600 句	4 名 （2 男 2 女）	离散	表演型
FAU-Aibo	德语	约 9 小时	51 名儿童 （21 男 30 女， 10 ~ 13 岁）	离散	自然型
EmoDB	德语	800 句	10 名 （5 男 5 女）	离散	表演型

（续表）

数据集	语言	样本数量	发言者	情感标注	类型
VAM	德语	约 1 000 句	47 名	维度	自然型
Semaine	英语、希腊语、希伯来语	959 段对话	150 名（57 男 93 女）	维度	自然型
AFEW	英语	1 426 句	330 名	离散	自然型
SUSAS	英语	16 000 句	32 名（19 男 13 女）	离散	自然型
CHEAVD	汉语	2 600 句 140 分钟	238 名	离散	自然型
eNTERFACE' 05	英语	1 116 个视频序列	42 名（34 男 8 女）	离散	引导性
EMOVE	意大利	588 句	6 名（3 男 3 女）	离散	表演型
RECOLA	法语	7 小时	46 名（19 男 27 女）	维度	自然型
LDC	英语	470 句	7 名（4 男 3 女）	离散	表演型
Keio–ESD	日语	940 句	71 名（男性）	离散	表演型
TURES	土耳其语	5 100 句	582 名（394 男 188 女）	离散 + 维度	表演型
MSP–Podcast	英语	约 238 小时	约 2 000 名	离散 + 维度	自然型
CREMA–D	英语	7 442 句	91（48 男 43 女）	离散	表演型
RAVDESS	英语	7 356 句	24（12 男 12 女）	离散	表演型

（续表）

数据集	语言	样本数量	发言者	情感标注	类型
SAVEE	英语	480 句	4 名 （女性）	离散	表演型
MELD	英语	约 13 000 句	未统计	离散	表演型
TESS	英语	2 800 句	2 名 （女性）	离散	表演型

4.3 主要方法

一个完整的语音情感计算流程如图 4-1 所示。首先，要输入语音数据，可以从专业语音数据集进行数据下载或者由研究人员自行收集合适的语音数据进行输入。其次，要对输入的语音数据进行处理，以获得品质较好的语音数据，便于后续研究。再次，要提取研究所需的语音情感特征。最

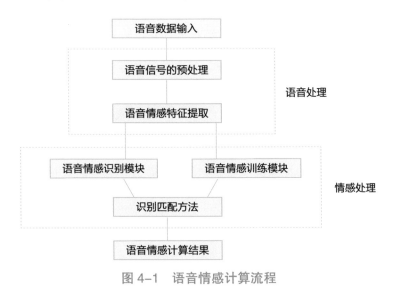

图 4-1 语音情感计算流程

后，要采取合适的模型或计算方法对数据进行分析，从而得到准确率更高的结果。

4.3.1 语音信号的预处理

语音信号是一种非平稳的时变信号，它携带着各种信息。在语音编码、语音合成、语音识别和语音增强等语音处理中都需要提取语音中包含的各种信息。一般来说，语音信号预处理有两个目的：一是分析语音信号，提取特征参数，用于后续处理；二是对语音信号进行加工，如在语音增强中对有噪声语音进行背景噪声抑制，以获得相对"干净"的语音。在语音合成中需要对分段语音进行拼接平滑，以获得主观音质较高的合成语音，这方面的应用同样是建立在分析并提取语音信号信息的基础上的。总之，语音信号分析的目的就在于方便有效地提取并表示语音信号所携带的信息。

语音信号的预处理包括：预加重、分帧、加窗、端点检测归一化和降噪等。

（1）预加重

受口舌辐射的影响，功率谱随频率的增加而减小，语音的能量主要集中在低频部分，高频部分信噪比较低，这常常导致处理后的高频部分失真严重。为抵消这种不利影响，需要对语音信号进行预加重。

预加重的实现结果是提高目标信号和噪声信号的对比度，便于很好地对语音信号进行滤波，目前广泛使用一阶滤波器来实现预加重。滤波器的传递函数为：

$$H(z) = 1 - az^{-1} \qquad （式4\text{-}1）$$

其中，a 为预加重系数，通常 $0.9 < a < 1.0$，H 为预加重后的信号，z 是语音信号。图 4-2 是 a 取 0.95 时，一段实录语音预加重前后时域和频域的效果对比图，可以看出，相对原始语音频谱，预加重后整体功率谱在频率上的分布更加均匀。

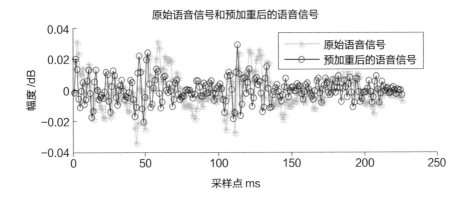

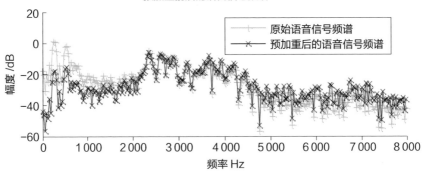

图 4-2 预加重前后信号对比

（2）分帧

在预加重处理信号之后，为得到语音信号的分析频谱，要将语音信号分成多个窗口，这样就把一段持续的语音信号分成多段信号，为了保持每段信号连接的平滑性，在断接点处设置交叠的部分，便于不同分帧之间的平滑移动。语音分帧如图 4-3 所示：

（3）加窗

分帧后，两边的截断会引起频谱泄露。为减少频谱泄露，需要对每帧数据进行加窗，使两边缓慢减少到 0，增加可信度较高的中间部分的权重。

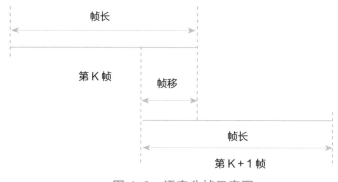

图 4-3　语音分帧示意图

记一帧语音信号为 $s(n)$，对其添加一个窗函数 $w(n)$，记得到的加窗信号为 $s_w(n)$，加窗操作可由下式表示：

$$s_w(n) = s(n) * w(n) \qquad （式4-2）$$

常用的窗函数有矩形窗、汉宁窗、汉明窗。这 3 种窗函数的主要性能对比如表 4-2 所示：

表 4-2　窗函数比较

窗类型	矩形窗	汉宁窗	汉明窗
旁瓣峰度	−13	−31	−41
主瓣宽度	$4\pi/N$	$8\pi/N$	$8\pi/N$
最小阻滞衰减	−21	−44	−53

（4）端点检测

端点检测在整个语音识别过程中是十分关键的，在一段语音信息中有正常的语音信息、间断信息和无声信息，端点检测能将三者很好地区分出来，排除无声信息等掺杂的信号，选取所需要的正常的语音信息。目前，端点检测的研究具有多样化且处于发展的黄金时期，有基于语音信号的时域特性的能量大小、平均过零率、能量变化率等，基于频域特性的频谱变化、谱熵的测定。下面主要通过语言信息的谱熵来进行简要的介绍。首先取某点 Xi 的概率表示为 $P\{Xi\}$，则在点 Xi 的熵定义为：

$$H(X) = -\sum_{i=1}^{n} Pi \log Pi \qquad （式4-3）$$

令语音信号的帧长为 N，幅度值为 M，则在此区域中各点出现的概率为 Xi/N，则此段语音的熵定义为：

$$H = -\sum_{i=-M}^{M} Pi \log Pi \qquad （式4-4）$$

设置一个边界范围，在此范围之内的数据即为正常的语音信号，若超出这一范围则将其他噪声信号去除掉，通过选择熵函数实现了端点检测的操作。

（5）归一化

特征归一化是一个重要步骤，用于在不损失特征鉴别力的情况下减少说话者和录音的差异性。特征归一化可以提高特征的泛化能力。归一化可以在不同层面进行，如功能层面和语料库层面。常用的归一化方法有Z-score归一化、最大最小归一化和非线性归一化等。

（6）降噪

现实生活采集的语音中往往混杂着大量的环境噪声，影响语音情感识别的准确率，因此必须使用一些降噪技术来消除或减少噪声。最小均方误差（MMSE）和对数谱幅度最小均方误差（LogMMSE）估计器是应用最成功的降噪方法。在MMSE中，从给定噪声信号的样本函数中估计出干净信号。此方法需要语音和噪声频谱的先验信息，并基于一种假设即可以获取加性噪声谱和语音频谱的估计。该方法的目的是最小化干净语音信号与估计语音信号之间的预期失真度。此外，也有一些单通道降噪技术，如谱减法等，可用于降噪。

4.3.2 语音情感特征提取

特征提取与处理是语音情感识别中重要的部分，特征提取的目的是从语音信号中提取一方面能表征不同识别单元的声学差异，另一方面又能表征相同识别单元不同样本之间的声学相似性的信息。

人们可通过感知语音中的声学线索，从中提取出所携载的情感倾向。声学特征是独立于语言内容而传递的情感信息，不受文化差异的影响，不同语种的情感数据库均可通过提取声学特征进行情感识别。声学特征可分为 LLDs（low-level descriptors）特征和统计特征，其中：LLDs 特征常常以帧为单位进行提取，可以从韵律特征、谱特征、音质特征对语音情感信息进行表达；统计特征一般是将 LLDs 特征在独立的语句或单词上进行统计，包括极值、方差、峰度、偏斜度等。

（1）LLDs 特征

① 韵律特征

韵律特征被认为是与发音单元（音节、单词、短语、句子）相关联的声学特征，又被称为超音段特征，在情感识别中的应用非常广泛，被认为与情感的感知具有明显的关系。

常用的韵律特征有基频、能量、持续时间等。基频由声带振动产生，包含语音的节奏和音调特征。基频在语音过程中的变化会产生基频共振，其统计特性可用作语音特征。语音信号的能量（又称为音量或强度）提供了一种表征，可以反映语音信号随时间变化的振幅。研究人员认为，愤怒、快乐或惊讶等高唤醒情感会增加能量，而厌恶和悲伤则会降低能量。持续时间是指在语音中出现元音、单词和类似结构的时间。语音速率、无声区域的持续时间、有声和无声区域的持续时间比率、最长有声语音的持续时间是最广泛使用的与持续时间相关的特征。

② 音质特征

声音质量由声道的物理特性决定，用于描述声门属性。音质特征主要用于评价语音的干净程度和辨识度等。研究人员发现语音质量与语音中的情感状态之间有很强的相关性。音质特征主要有频率微扰（jitter）、振幅微扰（shimmer）和谐波噪声比（harmonics-to-noise ratio，HNR）等。频率微扰指的是周期之间的频率差异，而振幅微扰指的是声波的振幅差异。谐波噪声比主要用于测量语音中周期性成分与非周期性成分之间的比率，它决定了声道中噪声（非周期性）与谐波（周期性）之间的相关性，即谐波噪声比越低，语音中的噪声越多。音质特征一般不会单独用于语音情感特征的提取，而是作为韵律特征的补充。

③ 谱特征

谱特征通常用来表示发声器官的物理特征，是信号的短时表示，一般认为在很短时间内（10～30 ms）相对平稳，可以通过某时刻附近一段短语音信号得到一个频谱。频谱表示频率与能量的关系，有助于更好地观察音素。常见的频谱图主要有线性振幅谱、对数振幅谱、自功率谱。谱特征主要有线性预测系数（linear predictor coefficients，LPC）、线谱对参数（line spectrum pair，LSP）、单边自相关线性预测系数（one-sided autocorrelation linear predictor coefficients，OSALPC）等。频谱图中的共振峰携带了声音的辨识属性，利用倒谱可以提取包络信息，得到共振峰用于识别。常见的倒谱特征有感知线性预测倒谱系数（perceptual linear predictive cepstral coefficients，PLP）、线性预测倒谱系数（linear predictor cepstral coefficients，LPCC）、单边自相关线性预测倒谱系数（one-side autocorrelation linear predictor cepstral coefficients，OSALPCC）。考虑到人耳听觉系统响应不同频率信号的灵敏度不同，线性频谱映射到基于听觉感知的 Mel 非线性频谱中，再进行倒谱转换，得到 MFCC。MFCC 已广泛应用于语音识别、情感识别领域。

（2）统计特征

进行语音情感识别时，帧特征往往不直接作为网络输入进行学习，而是利用这些特征的一些统计值进行神经网络训练。表 4-3 给出了常用的统计特征：

有学者在一个 AVIC（audiovisual interest corpus）语料库上分别利用帧特征和全局统计特征进行语音对话兴趣识别，首先提取了包括基频、能量、MFCC、共振峰、频率微扰、振幅微扰、谐噪比等 37 维 LLD 特征曲线，然后统计出每条曲线的最大值、最小值、均值、方差、峰度、偏斜度等共 19

表 4–3　LLDs 特征及统计特征

特征 Low-level descriptors（LLDs）	统计函数（functionals）
基频（Fundamental frequency）	
能量（energy）	极值（Extreme values）
持续时间（duration）	最大值（maximum）
频率微扰（jitter）	最小值（minimum）
振幅微扰（shimmer）	平均值（means）
谐波噪声比（harmonics-to-noise ratio，HNR）	标准差（standard deviation）
	方差（variance）
语速（speech rate）	峰度（kurtosis）
Mel 倒频谱系数（Mel frequency cepstral coefficients，MFCCs）	偏斜度（skewness）
	百分数（percentiles）
共振峰振幅（formant amplitude）	百分比范围（percentile ranges）
共振峰带宽（formant bandwidth）	四分位数（quartiles）
共振峰频率（formant frequency）	中心（centroids）
线性预测倒谱系数（linear predictor cepstral coefficients，LPCC）	偏离量（offset）
	斜率（slope）
线谱对参数（line spectrum pair，LSP）	均方误差（mean squared error）
谱斜率（spectral tilt）	
振幅比（normalized amplitude quotient）	

维全局特征统计值，最后分别利用 MI-SVM（multi-instance learning-SVM）和 SVM 对 LLD 特征和统计特征进行兴趣识别，定量对比其识别准确率。实验结果表明，基于统计特征的识别结果比帧特征的识别结果更加准确。

4.3.3　传统的方法

语音情感识别系统对给定语音的潜在情感进行分类，包括传统方法和基于深度学习的方法。本节主要介绍基于机器学习的方法，其中根据不同的分类器，可以将机器学习方法分为以下两类：一类是基于生成式模型的分类器，包括隐马尔可夫模型、高斯混合模型等；另一类是基于判别式模型的分类器，包括人工神经网络、K 近邻法、决策树和支持向量机等。

（1）基于生成式模型的分类器

① 隐马尔可夫模型

在之前的研究中，有不少学者利用 HMM 模型在语音情感计算方面取得了不错的实验结果。新加坡国立大学丁莱（Tin Lay Nwe）等专门为实验构建了愤怒、厌恶、恐惧、喜悦、悲伤和惊讶等 6 种情感的语音数据集。他们首先将语音信号以 22.05 kHz 采样，用 16 位 PCM 编码，并将信号样本分割为 16 ms 的帧，对于每一帧都得到基于归一化 LFPC 的特征向量，使用离散 HMM 模型作为分类器，最终情感识别的平均准确率达到 77.1%，其中最佳准确率为 89%。华南理工大学林奕琳与韦岗在丹麦情感言语（DES）数据集上进行了性别依赖与性别无关的试验，首先对样本提取 39 个候选特征，其中涉及基频（F0）、能量、4 个共振峰频率（F1-F4）等，然后运用序列向前选择（SFS）方法进行特征选择，利用 HMM 为分类器进行 5 种情感识别，最终对女性、男性被试者的识别率分别为 98.9%、100%，对性别无关的被试者的识别率为 99.5%。

② 高斯混合模型

高斯混合模型是一种将一个事物分解为若干的基于高斯概率密度函数来描述语音特征矢量的模型，该模型已经在语音识别等领域取得了巨大的成功。瑞典皇家理工学院丹尼尔·奈伯格（Daniel Neiberg）等在两个不同语言的语料库上（瑞典语、英语）进行试验，他们首先对语音数据样本提取了不同的特征向量，分别是标准的梅尔倒谱系数和通过 20～300 Hz 滤波器的 MFCC-low 与基音特征，然后利用高斯混合模型进行建模，结果表明帧级高斯混合模型对情感计算很有用，且搭配梅尔倒谱系数获得的效果比使用基音特征更好。美国得克萨斯大学卡洛斯·布索（Carlos Busso）等在 EPSAT、EMA、GES、SES、WSJ 等数据集上进行情感计算试验，将提取出的基音轮廓衍生出的特征与高斯混合模型结合，最终得到的平均识别率为 77%。

（2）基于判别的分类器

① 人工神经网络

神经网络因其拟合非线性数据的能力在机器学习领域表现出了强大的潜力，与其他模型相比具有更高的训练速度和较高的分类精度。例如，美国奥克兰大学瓦列里·彼得鲁申（Valery Petrushin）等利用语音情感计算技术开发了一个可应用于呼叫中心的程序，选择高音、能量、语速与第一、第二共振峰的统计数据作为特征集，使用 K 最近邻算法、神经网络与神经网络集成作为分类器进行情感识别，研究结果表明神经网络集成的平均准确率最高，达到 70%。日本 ATR 媒体集成和通信研究实验室乔伊·尼科尔森（Joy Nicholson）等将人工神经网络用于语音与语境独立的用户识别系统，他们选择了功率、基音周期、线性预测编码（Linear Predictive Coding，LPC）作为参数，为数据库中每种情绪都创建一个子神经网络，每个网络输出的值代表该语音对应于这种情绪的可能性，试验中使用这类神经网络的平均识别率达到了 50%。

② 支持向量机

不少学者利用支持向量机或其拓展模型在语音情感计算领域进行研究。美国加利福尼亚大学圣地亚哥分校神经计算研究所吴旭权（Oh-Wook Kwon）等从语音数据中收集基音、能量、共振峰、梅尔频带能量和梅尔倒谱系数等特征，并计算其统计数据，利用线性判别分析、二次判别分析、二进制高斯核支持向量机（GSVM）、线性支持向量机（LSVM）、隐马尔可夫等模型对语音信号进行分类。实验结果发现，二进制高斯核支持向量机的计算准确率最高。英国帝国理工学院比约恩·舒勒（Bjärn Schuller）等使用多层向量机进行语音情感识别，多层向量机包含多个输入层、一个隐藏层与输出层，研究人员使用汉明窗函数每 10 ms 分析一次 20 ms 的语音信号帧，对数据的音调、能量、频谱轮廓等信息进行特征提取，最后分类器选择常规支持向量机、多层感知机、高斯混合模型、K 最近邻算法进行比较，考虑到说话人依赖与说话人无关两种情况，在两次实验中分别是支持向量机与 ML-支持向量机获得了最佳结果，平均错误率为 7.05% 与 18.71%。

③ K 最近邻算法

在语音情感识别应用中，K 最近邻算法易于实现，较符合语音情感数据的分布特性，对语音情感数据的拟合能力较强，但其计算量较大。澳大利亚迪肯大学贾荣（Jia Rong）等在两个汉语语音数据集上进行情感计算试验，他们首先对样本数据的基音周期、能量、频谱等特征进行提取，并使用集成随机森林树法算法（ERFTrees）算法进行特征选择，最后结合 K 最近邻算法进行情感计算，并与未降维特征、主成分分析、多维尺度变换方法进行降维的特征向量进行比较，结果表明通过集成随机森林树法算法选择出的特征与 K 最近邻算法结合的效果最好，平均识别率达到 69.21%。

④ 决策树

美国南加利福尼亚大学的李志春（Chi-Chun Lee）等提出了一种分层二元决策树结构来识别语音情感。该结构通过不断的二元分类层将输入语音语句映射到多个情感类别中的一个。其中，树状结构中的每一层旨在首先解决最简单的分类任务，从而减少误差传播。他们在两个情感数据库（AIBO 和 IEMOCAP）上对分类框架进行了评估。实验结果表明，相比支持向量机基线模型，分层二元决策树在两个数据集上的识别准确率分别提升了 8.82% 和 14.58%。

4.3.4　深度学习的方法

语音信号的情感识别是人机交互（Human-Computer Interaction，HCI）中一个重要且富有挑战性的组成部分。语音情感识别的相关文献显示，许多技术被用来从语音信号中提取情感，其中包括许多成熟的语音分析和分类技术，深度学习技术由于其多层次的结构和高效的结果而成为一个快速增长的研究领域。深度玻尔兹曼机（Deep Boltzmann Machine，DBM）、深度神经网络（Deep Neural Network，DNN）、卷积神经网络（Convolutional Neural Networks，CNN）、递归神经网络（Recurrent Neural Network，RNN）、长-短期记忆网络（Long Short-Term Memory，LSTM）被认为是用于语音情感计算的一些基本深度学习技术。一些学者在使用语音情感数据集测量各种情感以及识别各种情感（如快乐、愤怒和悲伤）的背景下，对比了传统

的算法与深度学习算法的结果的准确性，结果发现，深度学习算法在结果
的准确性上面表现更好。

（1）深度玻尔兹曼机

加拿大不列颠哥伦比亚大学凯文·潘锋（Kelvin Poon-Feng）等将深度
玻尔兹曼机模型应用到语音情感识别中，使用 SEMAINE 语义库中的子集
AVEC2011，其中 training 中的数据用来训练模型，development 中的数据用
来优化和评价模型。使用 1 941 个特征，包括能量、光谱等 31 个低级特征
（low level descriptors，LLDs）和在 LLDs 基础之上得到的统计特征、回归特
征和局部最大最小特征。将特征带入支持向量机模型、深度玻尔兹曼机模
型以及基于特征融合的 DBM 模型之中，该文章表明基于特征融合的深度
玻尔兹曼机模型提高了最终的正确率。

（2）深度神经网络

美国俄亥俄州立大学韩坤（Kun Han）等利用深度神经网络获取高级
情感特征。他们首先将语音信号分割成若干段，然后利用具有最高能量的
片段，提取段级特征来训练深度神经网络。研究人员对训练后的深度神经
网络计算每个片段的所有情感状态的分布，根据这些片段级情感状态分
布的统计信息，构建话语级特征并将其输入极限学习机（Extreme Learning
Machine，ELM），以确定整个话语的情感状态。

（3）卷积神经网络

江苏大学黄正伟等采用半监督卷积神经网络模型来学习情感显著特
征。他们首先将语音信号频谱图放入输入层，接着经过卷积层、下采样得
到一个长特征向量，再将经过半监督的特征学习过程得到情感显著的特征
输入支持向量机中，从而得到最终的情感类别。

（4）递归神经网络

清华大学张腾等使用为客户服务的呼叫中心的语音，将其分割为
16 073 条话语，并分为训练集、优化集和测试集，从频率、能量、语速和

频谱 4 个方面提取基本特征，并通过高斯混合模型训练得到向量特征，将其带入递归神经网络模型中，通过优化过程确定几个重要的参数，包括隐藏层的节点数量、隐藏层的函数类型以及迭代的次数，最终将训练好的递归神经网络模型用于语音情感的计算。

（5）长短期记忆网络

北京航空航天大学赵剑锋等设计的网络是卷积神经网络和长短期记忆网络的组合，长短期记忆网络层用于从学习的局部特征中学习长期依赖关系。研究人员利用这两种网络的优点并克服其缺点，在两个基准数据库上进行了评估。实验结果表明，其所设计的模型在语音情感识别方面取得了良好的性能，尤其是在选定的数据库上优于传统方法、深度信念网络和卷积神经网络。

（6）引入注意力机制的长短期记忆网络

语音情感识别的深度学习技术有几个优点，包括能够检测复杂的结构和特征，而无须手动特征提取和调整；从给定的原始数据中提取低级特征的趋势，以及处理未标记数据的能力。但是，这些模型还有一些局限性。例如，卷积神经网络的积极方面是从高维输入数据中学习特征，但它也从小的变化和失真发生中学习特征，因此需要大的存储容量。类似地，虽然与传统的循环神经网络相比，长短期记忆网络解决了长期依赖的问题，但是当长短期记忆网络面对的语音样本过长的时候，之前输入网络中的信息就会被之后的信息覆盖掉。针对这一个问题，研究人员引入了注意力机制。

美国得克萨斯大学赛义德马赫达德·米尔萨马迪（Seyedmahdad Mirsamadi）等主要研究如何从短期低级特征进行时间聚合得到话语级特征。考虑到情感标注一般都是在话语水平之上，而低级特征都是在帧的水平之上，而且话语整体的情感往往由其中比较强情感的词表现出来，研究人员在话语级特征提取中分别对比了逐帧聚合、最终帧聚合、平均池化以及引入注意力机制的权重池化，发现引入注意力机制得到的聚合特征可以很好地提高正确率水平。

东南大学谢悦等构造了能够处理语音等时间序列的长短期记忆网络，并在其中引入了基于注意力的密集连接以区分层间情感信息的差异，避免底层冗余信息对顶层有效信息的干扰。实验表明，该方法在 eNTERFACE 和 IEMOCAP 语料库上的识别性能分别提高了 12% 和 7%。

4.4　技术挑战

语音情感计算已经显示出广阔的应用前景，研究人员对语音情感计算深入探究，推进了其理论研究和实际应用。纵观近年来的文献，尽管许多算法已成功应用于语音情感计算，但大多数研究人员只能使用这些算法在一些特定的数据库上进行测试，这高度依赖于实验数据。在不同的情感数据库和测试环境中，各种识别算法都有其优缺点。此外，现有情感语音数据库，特别是自然型数据库总体语料不足。标注离散情感和维度情感的语音数据库数量较少，如何对数据库同时标注，尚未形成广泛认可的体系。此外，标注方法较少，典型特征近期没有得到重大突破，语音情感计算理论需要进一步完善。综上所述，语音情感计算尚未达到成熟阶段，需要进行语料库的丰富、理论的加强和方法的创新。亟待解决的问题主要有以下5 个方面。

第一，计算模型缺乏脑科学、心理学等学科研究成果的指导。现有的语音情感识别基于计算机科学，使用机器学习算法进行训练和识别。但是，情感是人类极其复杂的心理状态，研究人类大脑的情感处理机制显得尤为重要。目前，情感识别的算法太简单，缺乏心理学对情感研究成果的指导。如何更全面地建立情感的描述模型？不同情感之间是否有关联？这些问题尚未解决。此外，目前的情感识别框架缺乏对人类大脑的复杂机制和工作模式的指导，与认知功能之间的交互与协同较少。随着认知科学的快速发展，科学家越来越多地了解人类大脑复杂的信息处理机制，把这些成果与机器学习算法结合，将有助于突破目前情感识别研究的瓶颈，实现真正的人工智能。

第二，数据库不足且缺少广泛认可的数据库。高质量的情感语料库可以提供可靠的训练数据和测试数据。与大规模的语音语料库和歌曲语料库相比，现有的情感语料库通常是根据研究人员的目的建立的表演型和引导型数据库，语料库资源相对匮乏。此外，由于低资源语音用户数量少，从事低资源语音情感研究的人数明显少于英语、汉语和其他主要语言的用户，低资源相关研究仍处于起步阶段。因此，针对现有语音数据库问题，合理丰富各类情感语音数据库很有必要。可考虑采用跨语音库、合并语音库等方法扩充语料或基于当前数据自动生成样本填充数据库，如 GAN。此外，建立广泛认可的数据库，如图像处理领域中的 ImageNet，需要人们进一步集结科研力量，推动深入研究。

　　第三，标注困难。同时对数据库标注维度情感和离散情感，二者互为补充，相互验证，促进从离散情感研究转向更精确的维度情感研究，为人机高级交互奠定基础。当时，目前广泛使用的标注方法和专业辅助工具较少，需进一步丰富。现阶段，用于情感标注的都是自我评价（self-report）方法，如 SAM 量表等。研究人员可制定情感数据库标注的相关国际标准以明确详细的标注规则和方法，还可以借助数据标注公司、情感心理学专家的帮助，建立拥有完整情感标注信息的优质语音情感数据库。

　　第四，情感特征与语音情感之间存在鸿沟。与离散情感识别类似，进行维度情感识别的首要工作是特征提取，这决定了回归预测器准确率的高低。目前，大多数特征是基于语音的声学特征，这些声学特征能否有效地表征情感，并没有详细的论证。情感特征的提取需要考虑两个方面问题：首先，所提取的声学特征与情感之间是否存在鸿沟，能否有效区分情感，实现类内的特征距离较小、类间的特征距离较大；其次，情境上下文对情感的识别具有关键性作用，需要选取合适的时间粒度来提高情感识别率。

　　第五，情感计算算法需要深入研究。语音情感计算的快速发展得益于人工神经网络的支持，特别是近年来深度神经网络的发展，使语音情感计算性能进一步提升。研究人员往往借鉴语音计算中使用的神经网络模型进行情感计算，但情感是较语言更高层次的表达，需要包含更多信息，甚至需要推理、记忆、决策能力。因此，目前用于情感计算的网络模型需要基于认知理论进一步改进，探索人类情感处理机制，并对认知模型进行实用化实现。提出相应的机器学习方法，进一步建立类脑多尺度神经网络计算模型以及类脑人工智能算法，将是突破语音情感计算研究瓶颈的有效策略。

4.5 应用及展望

近年来，语音情感计算显现出十分广阔的应用前景，在人机交互、医疗、公共安全、教学领域等方面都具有重要作用。随着社会中人机交互需求与相关技术水平的不断提高，语音情感识别将主要应用在医学、服务、公共安全、教育等领域。

4.5.1 医学领域

将语音情感识别运用于医学领域，可以对抑郁症等难以沟通交流的心理疾病进行检测与治疗。如今，社会节奏加快，人们的心理压力随之增大，抑郁症逐渐成为威胁生命的常见疾病之一，对抑郁症患者进行体征预测、提供早期预警或情感状态监控有助于医生进行病情诊断，及时采取相应措施。利用语音作为诊断信号，可对患者的韵律进行特征量化，捕捉反常信号，以此来预测其情感转换，或者判断其抑郁的严重程度。因此，语音情感识别技术可以作为一个便捷、强大的工具在相关医疗领域进行运用，在抑郁症、孤独症等心理疾病的发现与治疗过程中提供一种临床决策的辅助与支持手段。近年来，已有多家 AI 公司在尝试此方法，其中 Ellipsis Health 公司一马当先，他们能够从一个人 90 秒的讲话中生成对抑郁症的评估，并已成功地筹集了 2 600 万美元的 A 轮融资。

4.5.2 服务领域

将语音情感识别技术运用于服务领域，可以检测客户情感，以了解其对于服务的满意程度、投诉校准等。随着社会的进步与科学技术的快速发展，越来越多的企业、商家、平台使用 AI 服务，以减少客户的等待时间，提高服务质量。然而，单方面的 AI 语音识别并不能完全理解客户的表达与情感，甚至有时人工也会错过一些情感信号或被谎言欺骗，使用情感识别技术可以有效解决此类问题。利用情感识别技术对客户的录音进行情感计算，可以及时捕捉用户的异常情感，及时提醒工作人员做出服务调整；在录音过程中检测客服的服务态度，保证客服在服务过程中保持耐心与热情；在处理顾客的投诉信息时，综合考察客户与客服双方情感的强烈程度，为处理结果提供一个信息支撑的工具；等等。总部位于美国波士顿的 Cogito 公司就研发出了此类语音情感计算软件。

4.5.3 公共安全领域

将语音情感识别应用于公共安全领域，可以开发基于恐惧型情感识别的自动监测系统。对公众来说，一个社会的公共安全至关重要，一旦发生人身安全处于危险的异常情况，如火灾、威胁、暴力攻击等，环境中的语音表现可以提供大量有用的求救信息。对语音信息进行特征提取，将情感计算聚焦于恐惧情感，并对情感的强烈程度进行分级，可以进行恐惧识别，以达到自动监控系统理解人类行为的目的。有关这类应用的研究不断涌现，前景广阔，但实际应用中仍面临很多复杂的问题。例如，不同场景的语音的背景环境不同，导致数据具有复杂性，为了保证情感计算的成熟度，克服这样的数据复杂性十分重要。又如，情感的复杂性带来的分析困难，如恐惧具有多种子类型，它往往与焦虑、愤怒、惊讶、悲伤、痛苦等混合在一起，这给恐惧的分类设置与甄别环节制造了难点。

4.5.4 教育领域

语音情感计算可用于教育领域，在远程网络课堂（E-learning）教学中对学生的情感状态进行监控。如今社会发展迅速，网络教学渐渐流行起来，相比于线下课堂授课，它具有更多的灵活性与便捷性。然而，在远程学习的过程中，教师无法直观地对学生的学习状态与课程感受进行评估，这使教师无法及时调整教学进度以适应学生的学习水平。因此，通过开发一种语音识别系统，可以实时检测连续语音信号中的情感状态，揭示学生在互动时的真实想法，以帮助教师进行学习质量评估。例如：当检测到连续的负面情感时，可以暂停课程视频，提出几个问题来调查学习情况；当检测到积极的情感时，可以进行知识扩展。目前，腾讯、百度和科大讯飞等公司都将基于情感识别的智能化教育作为其未来发展方向之一。

除了以上领域外，语音情感计算技术在许多其他应用中也可以发挥重要作用，如智能娱乐、汽车驾驶、辅助测谎、老年服务等。可以说，经过研究人员几十年的不断研究，语音情感计算取得了巨大的突破与长足的发展，已经不知不觉走进人们的生活中。

然而，在人机交互技术不断发展的社会，相比于语音交互技术，语音情感计算的应用远远不够成熟。在不同的测试环境中，声学特征时长不同，各种识别算法也均有优劣。语音情感计算构建的识别系统仅仅是对人脑一些简单功能的模仿，要想达到与人脑信息加工方式相同的水平仍具有很大的挑战。将多模态信息进行有效融合，以此来提高语音情感计算的准确性水平将是一个值得研究的方向。放眼未来，也许在以后的某一天，语音情感计算不再是只围绕着"说什么"，而是融入了人类语音背后的思维计算，能够最大限度理解人类的表达与意图，为社会发展提供更好的服务。

当"宝爸"是位程序员

Beyond Verbal 是全球第一家语音情感计算领域的创业公司，它成立于 2012 年，位于以色列特拉维夫，主要研究通过语音来解读人情感和健康状况的技术。Beyond Verbal 的成果以以色列物理学家约拉姆·莱瓦诺（Yoram Levanon）和神经心理学家兰·罗索斯（Lan Lossos）潜心钻研了 18 年的研究成果作为支撑。有一天，莱瓦诺受到婴儿的启发——他们不能通过语言与周围的人进行沟通与交流，但家长总是能够弄清楚其想要表达的情感，于是 Beyond Verbal 的创业理念就出现了。莱瓦诺认为，依靠语音中音律等特征也能够读取说话者携带的情感。为了展示语音情感计算技术的潜力，Beyond Verbal 创建了 Moodies——世界上第一个公开的 Web 情感识别应用程序。这个应用程序很有趣，而且可供大众免费下载，人们只要输入录制的 20 秒语音，该应用程序就可以对其进行情感分析和个性标记，计算结果可以通过 Meta、推特或电子邮件共享。

目前，Beyond Verbal 主要致力于医疗领域，于 2014 年推出了 Beyond Wellness API，该软件可将任何配备麦克风的可穿戴设备变成情感健康传感器，通过研究语音中的语调来进行健康监听。莱文农说："想象一下，生活在一个智能家居系统里，系统能监控你的情感和心理健康。"例如，一个用户在一段时间内表现出孤独的情感，就会被提醒有可能出现阿尔茨海默氏病或心脏病。Beyond Verbal 首席执行官尤瓦尔·莫尔（Yuval Mor）确信，使用人工智能进行语音分析将找到多样化的应用空间，而不仅仅是在医疗保健领域。在日常使用中，虚拟助手也将能够感知人们当前的感受，从而为人机互动与个性化技术提供独特的视角。或许有一天，你的 Siri 可以感受到你的喜怒哀乐。

第五章　视觉情感计算

5.1　背景概述

　　视觉情感计算研究的目的是使用带有主观感情色彩的方式表述图像和视频，并使计算机能够检测和表达这些信息。随着社会化媒体的火热、海量训练数据的出现、深度学习等技术的不断兴起，视觉情感计算研究面临新的机遇与挑战。

5.1.1　视觉情感计算研究背景

　　近几十年来，信息技术进步、个人移动终端的普及与数字基础设施的完善加快了社交媒体的发展，也使其成为人们新的交流载体，进而逐渐降低了人们的交流门槛，改变了传统的交流方式。相比过去，人们更愿意在社交媒体上以文字、图像和视频等形式来表述自己的观点，分享个人经历，点评某项事务，抒发某种情感并寻找志同道合的朋友。久而久之，这些社交媒体积累了海量的数据信息。图像与视频作为用户在社交媒体进行自我情感表达的重要媒介，相比单纯的文字，可以传达更加丰富的含义，并在社交媒体的其他用户群体中诱发出各种情感。随着这些视觉数据的爆炸式增长及其背后广阔的应用场景与商业价值的出现，越来越多的企业、政府部门与研究人员将目光聚焦于此。其中，基于视觉的情感计算成为研究的热点问题。根据处理的数据类型不同，视觉情感计算可以分为图像情感计算和视频情感计算。

图像情感计算是最高层次的图像语义分析，其目的是检测并识别图像内容中所含的与情感相关的语义信息，即理解观看图像者从中可能被诱导出的情感，其侧重于在更高层次上的感知层及认知层之上的抽象语义理解，更加具有挑战性。图像情感计算研究是将图像内容看成与语音及文字一样的信息传递媒体，并从图像以外的角度去分析其表达与传递的相关情感信息，所以其领域的研究对象并不仅仅局限于人物图像。目前，图像情感计算研究面临的核心问题在于怎样跨越语义鸿沟建立图像内容与情感语义之间的映射关系。相较于文本情感计算，图像情感计算要求更多的学科交叉，在研究中往往牵扯到计算机视觉、人工智能、心理学和美学等学科。人们对图像的理解存在主观性，导致不同的图像发布者之间、不同的图像观察者之间及发布者与观察者之间对同一幅图像情感语义的认知存在一定的差异。因此，图像情感计算研究以大多数人的情感认知为标准，并假设图像发布者和观察者对图像的情感理解是一致的。

随着"读图时代"和"视觉大数据时代"的到来，图像渐渐成为人们进行自我情感表达的媒介，这一变化促进了模式识别、人工智能在计算机视觉领域的不断进步，为图像情感计算研究注入活力，并进一步开拓了其应用场景。

图像情感计算技术可以被用于社交媒体舆情分析。如今，越来越多的人使用图像来表达他们对某些事件的观点或态度。对这些共享图像进行分析，可以推断出不同的社交媒体用户（发送者与观察者）的情感，进而推测他们对特定事件的态度。研究者应当进一步考虑不同类型的因素，包括视觉内容、社会背景、时间演变和发送位置等，或根据用户的兴趣或背景形成各种虚拟组，以迭代优化"个人-社会"图像情感计算模型，帮助监管部门实现社会舆情分析或其他相关领域应用。

社交媒体用户分享的视觉信息往往更能体现其真实的心理状态，因此图像情感计算技术在心理学领域也有非常广泛的应用。例如，2014 年，清华大学信息科学与技术国家实验室的研究团队以提取微博中的文本语言属性、图像视觉属性和社会行为属性等 3 类中级表征为基础，提出了自动检测心理压力的新模型。基于该模型，社交媒体应用软件可以进一步为用户设计后续的解压服务，包括播放一些平复心情的音乐、有趣的视频，并提供各种形式的心理疏导等。美国宾夕法尼亚大学的研究团队在 2019 年进行了一项研究，使用 28 749 名脸书用户的信息，构建了一个分析社交媒体用户抑郁和焦虑的模型，并在推特上对 887 名参加过焦虑和抑郁调查的用户进行了验证，然后将其应用于另一组推特用户（4 132 名），揭示了个人资料中的头像照片与用户抑郁和焦虑之间的关联，验证了社交媒体图像的选择与用户的情感之间存在强联系。对于持续分享负面视觉信息的用户，有必要进一步跟踪其精神状态，以防止心理疾病甚至自杀的发生。除此之外，研究人员还通过图片情感计算构建了人类心理状态评估标准与体系。例如，美国佛罗里达大学情绪和注意力国家心理健康中心开发的国际情感图片系统（International Affective Picture System，IAPS），旨在为研究情感和注意力提供一套标准化的图片，目前该系统已经被广泛应用于心理学研究。研究人员还基于明尼苏达多相人格测验（Minnesota Multiphasic Personality Inventory，MMPI）构建了新的心理图像系统，该系统是临床心理健康的著名人格诊断工具，用来监测人类的心理健康。

企业非常看重消费者使用图像这种媒介所传达的信息，往往根据用户上传图像的情感对用户体验进行调查与评估，以帮助其吸引更多的用户。以旅游行业为例，英国伦敦大学皇家霍洛威学院萨米尔·霍萨尼（Sameer Hosany）和萨里大学戴维·吉尔伯特（David Gilbert）在 2010 年的一项研究中发现，旅行者的情感是评估旅行整体体验时不容忽视的重要因素。香港理工大学史蒂夫·潘（Steve Pan）和李金淑在 2014 年的研究解释了社交网络中上传的旅行照片的图像特征、旅行地点的选择和旅行者的情感三者之间的关联。自然景观包括动植物、乡村和海滩等，通常会与旅行者"愉快"的感觉联系在一起。相关研究发现，可以指导景点的管理人员在一些特定的平台上展示更具吸引力的旅行照片，从而吸引更多的游客，促进当地旅游业的蓬勃发展。

针对消费者研究已经证明，情感会影响消费决策过程。精心设计的广告可以吸引人们的注意力，唤起观众的积极情感，从而在观看相应定制的广告时产生购买欲望。大多数广告都使用视觉内容来唤起观众强烈的情感体验。比利时根特大学卡罗琳·波尔斯（Karoline Poels）与鲁汶天主教大学齐格弗里德·德维特（Siegfried Dewitte）指出，观众情感与广告效果的传统衡量标准之间存在关联。因此，在广告行业中，图像情感计算可以被用于预测观测者对图像内容的情感反应，为设计师提供参考信息并辅助决策。

常言道："一图胜千言。"图像可以承载更多的语义信息，尤其是在商品与服务的评价中。相比商品与服务的提供者对外放出的图像，消费者对商品与服务的图像形式的评价更能反映真实信息，更容易得到其他消费者的信任。新加坡管理大学的研究团队在考虑了用户因素和项目因素后使用卷积神经网络分析了不同产品、服务与场所的评论图像中所蕴含的情感，辅助企业汇总消费者的真实评论，挖掘消费者的真实想法，以帮助企业改进商品设计，提高服务质量。2019 年，计算机视觉与模式识别深圳重点实验室金烨等综合了视觉和文本评价来分析消费者对产品评论的情感，并构建了 PR-150K 的视觉文本综合数据集。

视频情感计算是视觉情感计算的另一个研究方向，目前主要集中在对人脸表情的识别和解析。人脸表情是人类视觉中最突出的能力之一，也是以非语言方式表达情感和相互交流的重要方式。基于视频情感计算的面部表情分析（Facial Expression Analysis，FEA），利用计算机视觉技术分析动态视频中人脸的表情特征，可以揭示人类的情感。

1872 年，达尔文在《人与动物的情感》中表示，人和动物拥有与生俱来的情绪和共同的情感生物起源，其进化论认为人类面部丰富的表情是自然选择的结果。1966 年，美国加利福尼亚州大学旧金山分校精神病学系教授埃克曼开启了长达 40 年的人类表情和情感研究。通过对新几内亚一些原始部落人群的观察和总结，并结合前人的研究成果，他提出了当今被认为最具标准的人类基本表情理论。他把人类的基本表情分成 7 种，分别是高兴（happiness）、悲伤（sadness）、愤怒（anger）、厌恶（disgust）、惊讶（surprise）、蔑视（contempt）和恐惧（fear）。同时，他参与领导和开发的 FACS 也被认为是机器视觉用以采集和分析人类表情的关键技术。该系统基于人脸解剖学将面部肌肉划分成若干动作单元以描述人脸表情的组成和变化，目前观察到的动作单元组合已经达 7 000 余种。

除了上述传统意义上的人脸面部表情之外，微表情作为一种短暂的、自发的人类面部表情也是面部表情分析的重要领域。微表情通常是在人类处于高压、高风险情形下，为隐藏真实情感而产生的面部肌肉的细微变化。这种细微的表情最初不受大脑控制，但能够反映人们真实的心理状态。然而，由于肌肉变化幅度较小且持续时间短暂，对微表情观测有一定的要求。视频情感计算可以连续观测人脸表情的状态和变化，全面有效地挖掘微表情的特征和意义。2011年，芬兰奥卢大学的团队提出了一种基于帧插值和多核学习（MKL）的微表情识别方法，并建立了第一个自发的微表情辨识数据集，此后更多学者尝试使用计算机视觉方法来研究自动微表情分析。

视频情感计算基于视频分析解读人脸面部表情和情感特征，目前已应用于医疗、教育、出行、娱乐、刑侦等多个行业和领域，未来将有更广泛和深入的应用场景。

综上所述，视觉情感计算具有非常广阔的应用前景，针对该领域的研究有相当重要的现实意义。计算机视觉领域的快速发展为视频情感分析研究带来了新的机遇。与此同时，网络上丰富的图像数据也为机器学习提供了充足的资源用以训练分析。但是，目前该领域的研究还相对有限，具有很大的探索空间，值得研究人员对其开展深入、广泛的研究。

5.1.2 视觉情感计算研究现状

图像情感计算是对图像所传递信息的一种更高级的理解，容易受到审美学中客观、主观以及文化等因素的影响，关键在于视觉特征与人类情感之间构造非间接关联的方式。在较为早期的图像情感计算研究中，研究人员一般选择先提取图像中不同维度的视觉特征，依靠情感空间模型映射，借助模型与算法训练来分析图像中隐含的情感。随着研究的深入，研究人员发现在图像视觉特征与人类情感之间存在着极难跨越的"语义鸿沟"，严重影响了模型的准确度。此外，如何有效、准确地提取图像视觉特征尚未形成统一的标准，不同类型的视觉特征对图像表达情感的影响机理尚未明确。这两个问题极大地阻碍了图像情感计算研究的进一步发展。2006年，加拿大计算机学家和心理学家辛顿和美国卡内基·梅隆大学鲁斯兰·萨拉赫丁诺夫（Ruslan Salakhutdinov）正式提出了深度学习的概念，加之计算机性能的提升，可以通过多层非线性映射组合提取相对抽象的高层特征，使越来越多的研究人员关注基于深度学习的图像情感计算研究。深度学习技术的逐渐进步使研究人员尝试使用此方法自动提取图像视觉特征，深度学习技术还可以更好地跨越"语义鸿沟"，提高模型准确度。最近的研究表明，基于深度学习的图像情感计算取得了较好的效果。

传统的图片情感计算首先需要解决的问题是图像视觉特征的提取。科学有效的图像视觉特征有助于情感模型的训练与预测。最早的图像视觉特征提取研究聚焦于图像底层特征，如图像的色调、饱和度与亮度，图像的某种纹理属性的量化表达，图像的构图（图像中物体的排列），图像的形状（高度、宽度、圆度、角度、简单性和复杂性）以及图像主题等。在提取图像视觉特征的过程中，研究人员发现了一个问题，即图像传递情感信息存在非均衡分布的问题，表达情感的关键往往仅分布在整张图像的部分位置。研究人员通过图像均匀分割和多图像视觉特征提取等方法，有效降低了该问题对模型准确度的影响。但是，随着研究的越发深入，研究人员发现局限于底层的图像视觉特征很难直接与人类情感构建合理的映射关系，相同的图像视觉特征可能会在不同的对象与时空关系中产生不同的情感。为了拟合低层视觉特征和高层情感语义之间的语义鸿沟，在较小数据量的需求下实现高质量的图像情感分析，研究人员开始着手构建更高层级的图像视觉特征。瑞典林雪平大学马丁·索利（Martin Solli）和莱纳·伦茨（Reiner Lenz）在 2009 年的研究中构建了图像中每个兴趣点周围的情感直方图特征和情感包（Bag of Emotion）作为更高层级的图像特征对图像情感进行研究。2010 年，奥地利维也纳理工大学贾娜·马查伊迪克（Jana Machajdik）和奥地利信息系统工程研究所的艾伦·汉伯里（Allan Hanbury）借助心理学与艺术鉴赏领域中的经验概念，构建了艺术品情感鉴赏领域中更高层级的图像特征，包括多细节层次（Level of Detail，LOD）、低景深（Low Depth of Field，DOF）和"三分法则"（Rule of Thirds）等，作为图像中层特征，并进一步挖掘了图像中的人脸与皮肤状态作为图像高层特征。此外，也有学者使用空间边缘分布与色彩叠加以及统计词袋法作为新的图像视觉特征。其中，最具代表性的高层特征是由美国哥伦比亚大学的研究团队在 2013 年构建的情感银行（SentiBank），这是一个大规模视觉情感本体论，包含 1 200 个概念，每一个概念由一个形容词加一个名词构成，表示容易理解且可以直接使观看者产生情感的图片信息。图像视觉特征提取后，下一步需要构建模型以进行图像情感训练与预测。在传统的图像情感计算研究中通常使用机器学习算法，包括逻辑回归、朴素贝叶斯算法、支持向量机、人工神经网络模型等。不同的方法在不同领域的图像情感计算得到的结果准确度存在差异。综合对比各种常用的机器学习算法，研究人员普遍认为支持向量机的效果最好。随着研究的深入，越来越多的研究人员开始将多种机器学习方法混合建模，相比单一方法，其准确度得到了较好的提升。例如，2013 年，美国哥伦比亚大学张世富教授领衔的研究团队为解决图像中含有的多种情感使训练出的模型难以准确识别的问题，在视觉情感本体（Visual Sentiment Ontology，VSO）的基础上提出了视觉情感主题模型（Visual Sentiment Topic Model，VSTM），可以在确定图像表达主题后进行情感分析，使模型的准确性大幅提高。2016 年，厦门大学的研究团队参考张世富教授研究团队思路，结合支持向量机提出了一个新的视觉情感主题模型（Visual Sentiment Topic Model，VSTM），通过收集相同主题的微博中包含的图像以增强视觉情感分析结果，对比其他模型取得了较高的成绩。同年，韩国建国大学视觉信息处理实验室高恩贞、金恩毅与允昌熙使用基于径向基核函数（Radial Basis Function，RBF）作内核函数的支持向量机结合随机梯度下降法（Stochastic Gradient Descent，SGD）来识别图像情感，并分别构建颜色组成和基于尺度不变特征变换（Scale-invariant feature transform，SIFT）的形状描述符，通过两个分类器加权由线性回归得到最终结果。

　　相比需要人为提取特征的机器学习，深度学习是一种含有多隐藏层、多感知器的神经网络结构。它可以通过学习数据并进行更高层次的抽象表示，自动从数据中提取特征，且模型效果会随着深度的增加呈指数增长。这些特性使其克服了传统机器学习模型在图像情感计算领域的不足。近几年，计算机硬件的不断发展解决了限制深度学习模型发展的计算机性能问题，深度学习中大规模矩阵运算的算力得到了满足，进一步推动了深度学习的应用场景，尤其是在图像情感计算领域取得了很多成果。例如，美国罗彻斯特大学罗杰波研究团队在 2015 年使用卷积神经网络来应对大规模且有噪声的训练图像，在对情感标签不够可信的训练样本进行清洗之后，基于微调技术对神经网络参数进行优化，发现卷积神经网络在图像情感计算方面比其他算法具有更好的性能。同年，印度马尼帕尔大学斯图蒂·金达尔（Stuti Khandelwal）和印度拉夫里科技大学桑杰·辛格（Sanjay Singh）也尝试基于卷积神经网络开展图像情感极性分析，并借助知识迁移和领域适应来改善情感倾向的预测效果。西班牙学者维克多·坎波斯（Victor Campos）等在 2017 年使用微调的方法优化了卷积神经网络图像情感倾向预测效果。微调的方法包括：使用预先训练的模型而不是随机初始化，初始化网络中除最后一层的所有权重，使用目标数据集中的数据继续训练。这种方法使梯度下降算法从可能更接近局部最小值的点开始，收敛速度更快，而且降低了过拟合的可能性。华南理工大学的研究团队基于深度耦合形容词与名词神经网络（Deep Coupled Adjective and Noun neural network，DCAN）进行图像情感分析研究，采用双深度卷积神经网络来同时识别图像内容中的形容词性概念及名词性概念，并据此开展情感倾向预测。除此之外，还有许多研究人员在图像情感计算的子领域展开研究。例如：为了克服不同国家之间的文化差异导致的图像情感差异，美国哥伦比亚大学研究团队提出了一种多语种视觉情感本体（Multilingual Visual Sentiment Ontology，MVSO），在此基础上，开发了面向不同国家文化的视觉内容情感预测工具及视觉数据查询引擎；厦门大学研究团队为了分析如今被广泛应用于社交媒体的动态多媒体，如 GIF，提出了动态图像情感本体（GIF Sentiment Ontology，GSO）。

目前，在图像情感计算领域中有许多有影响力的国际研究团队，例如：主要关注社交网络中图像情感计算的美国哥伦比亚大学张世富教授团队与美国罗彻斯特大学罗杰波教授团队，主要研究如何设计有效的图像特征的汉伯里团队，主要关注情感分布研究的美国康奈尔大学陈祖翰教授团队，主要研究情感在推荐系统中应用的新加坡国立大学蔡达成教授团队，以及主要研究图像情感领域自适应问题的美国加利福尼亚大学伯克利分校库尔特·库策尔（Kurt Keutzer）团队等。在国内比较有代表性的研究团队包括：主要研究中层情感特征设计和个性化情感预测的哈尔滨工业大学姚鸿勋教授团队，主要关注图像情感的离散和连续概率分布学习的清华大学丁贵广教授团队，主要研究方向为图像情感的离散分布学习和深度局部特征挖掘的南开大学杨巨峰教授团队，以及主要研究图像内不同物体之间的关系及其与情感之间映射的西安电子科技大学高新波教授团队等。

区别于图像情感计算，视频情感计算是基于包含空间和时间信息的动态图像序列进行识别分析的过程。目前，视频情感计算的研究重点在于人脸面部表情，现存基于视频情感计算的人脸表情识别方法主要包括基础时序网络、人脸关键点轨迹、级联网络和多网络融合。

在基础时序网络中，循环神经网络可以从序列中捕捉有效信息，长短时记忆网络可以控制较低计算成本且处理可变长的序列出具。卷积神经网络比循环神经网络更适合处理图像，由卷积神经网络衍生的 3D 卷积网络则可以捕捉时间信息，完成动态序列的人脸表情识别。人脸关键点轨迹是通过提取关键点轨迹信息的方式将帧间的人脸关键点坐标归一化后沿时间轴串联，形成轨迹信号。基于局部信息的模型根据面部结构将人脸坐标划分后输入网络，从而编码出同时具有局部低阶信息和全局高阶信息的特征。级联网络是结合卷积神经网络的视觉感知表征能力和长短时记忆网络可变长输入和输出的优势提出的深度时空模型，该模型可以完成一系列涉及时变输入和输出的视觉任务。多网络融合是针对视频动作识别提出的一个双流卷积网络，该模型融合了两个支流的输出，包括一个多帧密度光流作为输入来捕捉信息的支流和一个直接输入静态图像来学习面部空间特征的支流。

随着人工智能、计算机视觉等学科的发展，视频情感计算在人脸表情识别上已达到较高的水平。目前，国际上已经有大量真实世界人脸表情数据集和相应评估准则广泛用于算法评估。例如，AFEW7.0 包含由电影片段剪辑而来的 1 809 个视频数据，其中用于训练、验证和测试的视频数分别为 773 个、383 个和 653 个，每一个视频进行了 7 类基本表情的标签标注。Affwild2 是第一个同时针对效价-唤醒二维连续情感估计、7 类基本表情识别、面部动作单元检测这 3 种任务都进行标注的真实世界数据集，其中有 558 个视频包含了效价-唤醒度标注，63 个视频包含了 8 类 AU 标签，84 个视频包含了 7 类基本表情标签。基于当下的发展状况，获取高质量和数量的人脸表情数据库信息、拓展更为丰富完整的面部表情模型、缩小数据集偏差和不平衡分布是进一步提升视觉情感计算在人脸表情识别方面发展水平的关键方向。

5.2　代表数据集

机器学习里有一句话广为流传：数据和特征决定了机器学习的上限，而模型和算法只是逼近这个上限而已。数据集是进行视觉情感计算的重要组成部分，这为情感计算过程提供了数据支持。高质量的数据集能够提供更多、更有效的特征信息，低质量的数据集往往会导致情感计算结果出错。

视觉情感数据集又可以细分为图像情感数据集和视频情感数据集。

5.2.1　图像情感数据集

顾名思义，图像情感数据集是一些可供研究的图片数据库。这里对一些典型的图像情感数据集做介绍。

（1）国际情感图片系统（International Affective Picture System，IAPS）

国际情感图片系统由美国佛罗里达大学的情感和注意力国家心理健康中心开发，该图片集包含旨在引起研究参与者情感反应的 956 张彩色图片（照片）。图像范围包含日常物品、风景，及其他引起观看者情感反应的罕见图片，图像可分为愉快、中性或不愉快。目前，该数据集已被广泛应用于心理学研究，但更多地作为其他数据集的补充。

（2）艺术照片（ArtPhoto）

ArtPhoto 在 IAPS 基础上进行了扩展。ArtPhoto 使用了 3 个数据集：国际情感图像系统（IAPS）；一组来自照片分享网站的艺术照片，调查艺术家有意识地使用颜色和纹理是否能改善分类；一组同龄人评分的抽象画，以调查特征和评分对无上下文内容的图片的影响。ArtPhoto 将图像情感进行离散化分类，并分为 8 类：愉悦（amusement）、愤怒（anger）、敬畏（awe）、满足（contentment）、厌恶（disgust）、兴奋（excitement）、恐惧（fear）、悲伤（sadness）。

（3）日内瓦情感图片数据集（Geneva Affective Picture Database，GAPED）

日内瓦情感图片数据集包括 730 张图片，专注于效价和标准规范，该数据库是为了增强视觉情感刺激的可用性而新创建的。负面图片选择了 4 个具体的内容：蜘蛛、蛇、引发与违反道德和法律规范（侵犯人权或虐待动物）有关的情感的场景。正面图片包含婴儿、动物幼崽及自然风景等，中性图片主要包括无生命的物体。通过对这些图片根据效价、唤醒度以及所呈现场景与内部（道德）和外部（法律）规范的一致性进行评级，给出了数据库的构成和图片评级结果。

（4）图像-情感-社交-网络（Image-Emotion-Social-Net，IESN）

IESN 是从 Flickr 网站上下载并建立的用于个性化情感预测的公共数据集。该数据集包含 11 347 位用户上传的 1 012 901 张图片，并包含 106 688 位用户的评论，经细化最终得到 3 种类型的情感标签 1 434 080 个，包括 2 种情感大类及 8 种情感小类（见表 5-1），是个性化情感分类研究的常用数据集。

表 5-1　IESN 情感标签分类及标签个数

积极 1 016 186	愉悦 270 748	敬畏 328 303	满足 181 431	兴奋 115 065
消极 362 400	愤怒 29 844	厌恶 20 962	恐惧 55 802	悲伤 57 476

（5）视觉情感本体数据集（Visual Sentiment Ontology，VSO）

VSO 数据集是利用 1 000 余个形容词-名词对（ANP）在 Flickr 搜索并下的 50 万幅图像组成，标注图像的 1 200 个 ANP 由图像的标题、标记或描述构成，并采用 Plutchik 轮盘的 8 种基本情感和 3 种强烈程度作为情感建模基础构建数据集。

（6）漫画数据集（Comics）

Comics 是一个标记良好的漫画数据集，使用娱乐、敬畏、满足和兴奋作为积极情感，使用愤怒、厌恶、恐惧和悲伤作为消极情感。漫画数据是从美国、日本、中国、法国等国家的流行漫画中收集的，约有 70 部漫画被选为候选漫画，如《海绵宝宝》《蜘蛛侠》等。由 10 名工作人员作为参与者（5 名女性和 5 名男性）观看漫画，然后剪下与情感类别相对应的图像。最后，共选择出 11821 个漫画图像，并大致分为漫画和漫画子集。

5.2.2　视频情感数据集

视频能够提供的信息量远比图像大，同时能够提供的信息范围也远远大于图像。但是，视频往往用于记录诱导后的反应，因此常常搭配图像、生物电共同分析。

（1）LIRIS-ACCEDE

LIRIS-ACCEDE 是一个由大量内容多样的视频组成，并带情感维度注释的知识共享情感数据集。该数据集由 6 个系列组成：Discrete LIRIS-ACCEDE，包含对 160 部电影中提取的 9 800 个短片视频片段的诱发效价和唤醒排名及其情感评分；Continuous LIRIS-ACCEDE，包含对 30 部电影的诱发效价和唤醒自我评估；MediaEval 2015 多媒体激发下的多模态情感数据集，对 Discret LIRIS-ACCEDE 部分的 9 800 个片段做了暴力标注和情感等级标注，并额外增加了 1 100 个片段；此后在 2016 年、2017 年和 2018 年又持续对 Media Eval 数据集进行了 3 次扩充。

（2）MMI 面部表情数据集

MMI 数据集是一个自 2002 年起构建，并持续进行的项目，提供大量面部表情的视觉数据用以面部表情分析。其中包含了面部表情的完成时间模式的记录，从无表情自然状态开始，到出现表情、表情表达完毕，直到归于自然状态的一整个系列。目前，该数据库包含超过 2 900 个视频和针对 75 个个体的高分辨率静止图像。

（3）HUMAINE 数据集

HUMAINE 数据集收集于 HUMANIE 项目，旨在研究人类的日常行为和普遍情感，并关注其诱因和交互模式。该数据集由 3 个自然数据库和 6 个诱导反应数据库组成，包含 50 个可以反映日常生活方式的情感片段，其中包括从消极到积极、微弱到强烈等多种广义情感。其按照时间变化，用一组结构化的情感标签来描述这些片段，这些标签既包含全局的，也包含逐帧的，既有基本标签（广泛适用），也有特殊标签（特定应用）。数据库的大小从 8 人到 125 人不等，其中包含了大量的视听信号。

（4）MAHNOB 数据集

MAHNOB 数据集包含 3 个细分数据集，分别是：Laughter Database，包含自发笑声、讲话和边讲边笑等多种姿态笑声的视听记录；HCI-Tagging Database，包含同步记录了面部、眼动及中枢神经多种生理信号的多模式情感刺激反应，来自不同性别和文化背景的 27 名参与者参与了两项实验；HMI-Mimicey Database，旨在分析人与人之间的社会互动现象，包含年龄在 18 至 40 岁之间共 40 名参与者的 54 段模拟社交记录。

（5）自然场景动态表情数据集（Dynamic Facial Expression in the Wild, DFEW）

DFEW 是 2020 年推出的一个大规模的自然场景条件下的数据集，包含 16 000 多个动态面部表情的视频片段。这些片段收集自全球 1 500 多部电影，其中包含各种具有挑战性的干扰，如极端的光照、自我遮挡和不可预测的姿势变化。每个视频剪辑都由 10 名训练有素的注释员在专业指导下单独注释，并分配给快乐、悲伤、中性、愤怒、惊讶、厌恶和恐惧等 7 种基本情感之一。一般采用 DFEW 提供的 5 倍交叉验证设置，以确保不同方法之间的公平比较。

（6）FERV39K 数据集

FERV39K 是目前自然场景视频表情数据集中最大的数据集，包括从 4 个不同生活场景中收集的 38 935 个视频片段，这些视频片段被进一步细分为 22 个细粒度场景。它是第一个具有 39K 剪辑、场景划分和跨域支持能力的大规模数据集。FERV39K 中的每个视频剪辑都由 30 名专业注释员进行注释，以确保高质量的标签，并分配给每个样本 7 种基本情感之一。

5.3 主要方法

视觉情感计算主要研究从视觉信息感知和理解人类的情感，可以通过传统机器学习方法和深度学习的方法对其进行研究。传统机器学习方法包括方向梯度直方图（Histogram of Oriented Gradient，HOG）、支持向量机、K 最近邻算法、随机森林算法等；深度学习方法包括卷积神经网络、循环神经网络等。传统机器学习方法适用于解决数据量较少的情感计算问题；深度学习方法适用于解决数据量较大的情感计算问题，可以提供更高精度的结果。

5.3.1 基于传统机器学习的方法

（1）情感图像内容分析

传统方法大多运用手工设计特征或者浅层学习，如图像色彩、纹理、线条方向等进行图像蕴含的情感分析。意大利特伦托大学的维多利亚·亚努列夫斯卡娅（Victoria Yanulevskaya）等招募被试者对抽象绘画进行 1 ~ 7 的情感评分，其中 1 表示最消极，7 表示最积极，然后提取图像的 LAB 色彩空间和尺度不变特征转换（Scale-Invariant Feature Transform，SIFT）特征，并采用支持向量机对绘画进行"积极/消极"分类。其中基于 LAB 色彩空间的情感分类准确性为 76%，基于尺度不变特征转换的情感分类准确性为 73%，将两者相结合的情感分类准确性为 78%。同一研究机构的安德烈·萨托里（Andreza Sartori）等采用极限学习机（Extreme Learning

Machines，ELM）提取图像的 perlin 参数作为图像的整体纹理特征，通过支持向量机实现情感分类，分类结果显示：当使用整个图像时，情感分类准确率为73%；在相同的实验设置下，仅从图像中最显著的前2.5%的位置提取尺度不变特征转换特征，情感分类准确率为73.9%；由逆 Perlin 参数导出的情感分类准确率只有62%。其主要原因是后一组描述符与基于尺度不变特征转换的描述符相比非常简洁，虽然在定性评估中很有用，但不包含足够的区分能力来进行自动分类。中国传媒大学的李博等提出采用加权 K 最近邻算法对数据集中每幅抽象画进行离散情感的分布预测。首先提取图像的情感特征，按照距离加权为每幅图像预测对应的情感分布情况，然后与数据集已知的情感分布进行比较。在 Abstract 数据集上进行实验，验证了算法的有效性。华南理工大学的王伟凝教授团队不仅研究了线条方向与图像情感之间的关联，还基于心理学的颜色理论构造了一个正交的三维情感空间，利用空间中的亮度-冷系-暖系、饱和度-冷系-暖系-对比度以及对比度-锐度表示对图像情感进行分析。哈尔滨工业大学的姚鸿勋教授团队提出基于艺术原理的特征，通过量化平衡、强调、和谐、多样和渐变等艺术原理，改进了图像情感识别的性能。

（2）面部表情识别

传统方法大多运用手工设计特征或者浅层学习，例如 LBP、三正交平面的局部二值模式（local binary pattern from three orthogonal planes，LBP-TOP）、NMF 和稀疏学习来进行人脸表情识别。2013年起，表情识别比赛如 FER2013 和 EmotiW 从具有挑战性的真实世界场景中收集了相对充足的训练样本，促进了人脸表情识别从实验室受控环境到自然环境下的转变。从研究对象来看，表情识别领域正经历着从实验室摆拍到真实世界的自发表达、从长时间持续的夸张表情到瞬时出现的微表情、从基础表情分类到复杂表情分析的快速发展。

河北工业大学穆国旺等将简化的方向梯度直方图特征应用于人脸表情识别，提出了基于"方向梯度直方图＋主成分分析＋支持向量机"的人脸表情识别方法，在 JAFFE 数据集（该数据集由10个人的7种表情图像：生气、厌恶、恐惧、高兴、悲伤、惊讶和中性组成）上进行了实验，达到了 98.54% 的识别准确率。哈尔滨商业大学的张立志等提出一种基于高斯马尔可夫随机场的多分块特征组合方式的表情识别方法，将表情图像以不同分块方式分为多个子块，针对每种分块方式下的子块，提取高斯马尔可夫随机场特征，并将不同分块方式下获得的高斯马尔可夫随机场特征进行组合，利用 KNN 进行分类。研究人员在 JAFFE 数据集上进行实验，结果表明该方法对人脸表情识别准确率达到 89.8%。长安大学的梁华刚等提出了一种结合 2D 像素特征和 3D 特征点特征的实时表情识别方法。首先提取人脸表情 2D 像素特征，再进一步提取人脸特征点之间的角度、距离、法向量 3 种 3D 表情特征，利用 2D 像素特征和 3D 特征点特征分别训练了 3 组随机森林模型，通过对全部 6 组随机森林分类器的分类结果加权组合，得到最终的表情类别。在其制作的 3D 表情数据集上验证了算法对 9 种不同表情的识别效果，结果表明结合 2D 像素特征和 3D 特征点特征的方法有利于表情的识别，平均识别准确率达到了 84.7%。上海理工大学丁名都等将卷积神经网络和方向梯度直方图方法结合起来进行研究，并在 FER2013 和 CK + 表情数据库上进行实验。该方法在 CK + 数据库上的准确率为 92.1%，在 FER2013 数据库上的准确率为 71.7%，在 FER2013 数据库上对高兴和惊讶两种表情的识别率最好，分别达到了 90% 和 88%。

5.3.2 基于深度学习的方法

（1）情感图像内容分析

视觉内容主要包括图像和视频两类，随着社交媒体的快速发展，社交媒体中的图像与视频内容数量也快速增长。早期基于机器学习的视觉情感计算方法主要基于浅层特征建模视觉内容和情感之间的关联性问题，但浅层特征往往为人工设计的特征，不仅耗时，识别效果和泛化性能还比较差。近年来，深度学习在许多领域取得了不错的成绩，尤其在图像分类、图像识别、图像检索等计算机视觉领域。由于深度学习方法比传统方法具有更优异的鲁棒性及准确性，研究人员的研究兴趣转向了利用深度学习提高图像情感识别的性能。

在情感图像特征提取方面，研究人员开展了系列工作。中国科学院大学黄庆明教授团队使用卷积神经网络的不同层来提取多层次特征，并且使用双向门控循环单元结构来捕捉不同层之间的依赖关系。南开大学杨巨峰教授团队在深度全局特征和局部特征提取方面提出了多种方法，如由不同层的 Gram 矩阵元素组成的情感表示方法、使用离线物体检测工具生成候选框并结合去重后区域提取的特征和全局特征进行情感分析、在低层次和高层次分别添加极性注意力和情感注意力生成情感表示。西安电子科技大学的高新波教授团队近年来在物体与情感关系的挖掘方面开展了多个原创工作，如基于心理学"刺激-机体-反应"框架，提出了选择图像中可能诱发情感的不同刺激，并为这些刺激提取不同的深度特征，还提出了基于图卷积网络的场景-物体相关情感推理网络，来挖掘图像里物体与物体以及物体与场景之间的交互，有效提高了深度学习情感分析方法的可解释性。

在个性化情感预测和情感分布学习方面，研究人员提出了许多有效的深度学习方法。清华大学的朱文武教授团队通过个性化词典构造和基本颜色聚类表征用户的兴趣，并通过计算不同用户对相同微博的情感相似度得到相应的社会影响，基于两类特征构造了个体情感预测模型。该团队还使用概率图模型拓展了所提出模型的权重赋予过程，在概率图模型中考虑了图像的视觉内容、用户社会背景、图像的位置信息以及情感随时间的变化等多种影响情感的因素，并利用迭代多任务超图学习方法和半监督学习方法同时为多个用户进行个性化情感预测。清华大学的丁贵广教授团队提出利用带权重的多模态学习和带权重的多模态条件概率神经网络自动学习特征权重，然后利用融合特征解决情感分布学习任务。天津大学的刘安安教授团队提出将低秩和协方差正则化加入模型训练之中，用于确保情感分布学习过程中回归系数的结构稀疏性。

（2）面部表情识别

根据所处理数据类型的不同，基于深度学习的面部表情识别方法大致可以分为两大类：基于静态图像的面部表情识别和基于动态图像序列的面部表情识别。

对于前者，由于静态数据的易得性及其处理的便利性，目前大量研究是基于静态图像进行表情识别。直接在数据量较小的面部表情数据集上进行深度网络的训练会导致过拟合问题，为了缓解这一问题，许多相关研究采用额外的辅助数据从头预训练网络，或者直接基于有效的预训练网络进行微调，如 AlexNet、VGC、VGG-Face、GoogLeNet 等。大型人脸识别数据集，如 CASIA WebFace、CFW（Celebrity Face in the Wild）和 FaceScrub dataset，以及相对较大的人脸表情数据集，如 FER2013 和 TFD（The Toronto face database）是较为合适的辅助训练数据。除此之外，伊利诺伊大学厄巴纳-香槟分校的吴洪伟等人提出一个多阶段微调策略：第一阶段利用额外的人脸表情数据集 FER2013 在预训练模型上微调；第二阶段利用目标数据集（EmotiW）的训练集来微调模型，使其更加适应于目标数据。马里兰大学的丁辉等提出 FaceNet2ExpNet 框架来排除预训练模型中所保留的人脸信息对表情识别任务带来的干扰。常用的方法包括多样化的网络输入、多网络融合、多任务网络、级联网络和生成对抗网络。

对于基于动态图像序列的人脸表情识别，一个输入序列中连续帧之间的时间相关信息有利于面部表情识别。基于动态序列的深度时空表情识别网络，将一段时间窗口中一定范围内的帧作为一个单独的输入，考虑了视频序列中时空运动模式，同时运用空间信息和时间信息来捕捉出更加细微的表情。常用的方法包括循环神经网络和长短期记忆网络、三维卷积网络、人脸关键点轨迹、级联网络和多网络融合。

5.4 技术挑战

情感计算技术的底层依据来源于"基本情感理论"（Basic Emotion Theory，BET），该理论由埃克曼于 1970 年提出。他认为，人们可以从面部表情中可靠地识别出情感状态，并且此种表情和情感的关联具有跨文化的普遍性。但是，在实际应用中，情感计算面临的科学问题并不少，如语义鸿沟问题、标注困难等。

5.4.1 语义鸿沟

通常，人们对图像相似性的判别并非建立在图像低层视觉特征的相似性上，而是建立在对图像所描述的对象或事件的语义理解的基础上，具体来说就是由于计算机获取的图像视觉信息和用户对图像理解的语义信息的不一致而导致的偏差。

视觉与情感之间的关系错综复杂。目前，大多数算法处理图像时提取的特征主要是基于艺术元素的低层特征，这构成高层情感语义与低层视觉特征间的差距，出现显著的语义鸿沟，导致分类的准确度较低。因此，如何合理构建这两者之间的联系，改进视觉特征与情感分类之间的映射关系，是今后视觉情感计算的重要研究内容。

5.4.2　情感表述的准确性

不同于一般意义上的模式分类问题，情感特征非常复杂。情感信息容易受到环境、心理、生理、文化背景、语义、语境等因素的影响。其特征的准确提取也是情感识别中的难点。

情感计算是一个多学科交叉的崭新的研究领域，它涵盖了传感器技术、计算机科学、认知科学、生理学、行为学、心理学、哲学、社会学等多个学科。情感计算的最终目标是赋予计算机人的情感能力。要达到这个目标，许多技术问题需要解决，例如，更加细致和准确的情感信息获取、情感识别与理解、情感表达，以及人机自然交互。

视觉情感计算面向的研究对象主要是图像和视频，其特点是数据量庞大、特征空间维度高、冗余信息多，同时考虑到情感反应具有主观性，简单的特征提取算法（如颜色、空间朝向与频率、边界形状等）难以满足对普适性的要求。

5.4.3　标注困难

外在表达与情感之间的关联在世界范围内存在差异性。有学者回顾了上千项关于情感表达的研究后发现，人们在不同情况、不同文化下，甚至在同一情况下，在谈及他们的情感状态时，都存在着大量的差异。与此同时，情感计算采用的有监督学习范式需要人工对情感进行标注。同一情绪在不同对象上引发的表情反应会有所不同，表情与情感之间的关系有时并不一一对应。因此，情感的标注并没有确切的标准，这也是情感语义研究的共同难题。若这一问题无法解决，仅依赖大规模的数据是无法提高算法的准确度、提高情感识别效果的，因此在算法层面加入弱监督学习、半监督学习、无监督学习等是值得研究的方向。

5.4.4 数据库构建困难

目前，主要的视觉情感计算方法仍是基于学习的算法，这要求选择一个合适的数据库来训练分类器。在实际应用中，自然的数据是首选，该类数据库由观察和在自然环境下分析产生，描述了在人机交互过程中自然发生的状态。然而，获取该类数据涉及隐私问题，要收集类似人脸识别的百万人级的数据是十分困难的，且扫描面部的硬件和软件的精度、灵敏程度不高，缺乏旋转运动自由度，头部旋转超过 20° 就会出问题。采用部署的表情得到的数据则不是完全自然的，会出现精准度不高的情况。

具体来说，由于视觉情感计算信号获取不准确，会导致构建困难，例如，表情参数的获取多以二维静态或序列图像为对象，对微笑的表情变化难以判断，导致情感表达的表现力难以提高，同时无法体现人的个性化特征，这也是表情识别中的一大难点。就目前的技术而言，在不同的光照条件和不同头部姿态下无法取得满意的参数提取效果。对于面部表情的识别，要求计算机具有类似于第三方观察者一样的情感识别能力。此外，由于面部表情是最容易控制的一种，识别出来的并不一定是真正的情感。

5.5 应用及展望

目前，视觉情感计算应用已涉及多个领域，在商业、服务业、教育业、医学、车辆监控等方面发挥巨大的作用。

视觉情感计算具有很高的商业价值，通过视觉情感计算能够实施针对性的策略。在商业及服务业中，视觉情感计算被广泛运用。通过收集顾客的面部数据并进行分析，能够针对化地制订商业计划、对目标人群实施定制化推荐、做出商业决策等。例如，联合利华是目前在求职面试中使用情感 AI 频率最高的公司之一，在面试者允许录制面试视频的前提下，系统利用求职者的电脑或手机摄像头分析他们的面部动作、用词和说话声音，然后根据自动生成的"就业能力"得分，对求职者进行排名。"就业能力"得分能够辅助人力资源主管对求职者是否能够胜任该职位做出决策。

美国保险公司大都会人寿（MetLife）在其 10 个美国呼叫中心实施了名为 Cogito 的情感 AI 教练解决方案，以便在座席与客户交谈时为其提供实时指导。Cogito 的情感 AI 技术利用基于信号的机器学习，这是一种神经网络模型，可以对流信号数据进行增量训练，实时推理，以了解对话期间的情绪状态和影响，并为代理提供实时对话提示和解决方案。Skyscanner 是一家元搜索引擎和旅行社，它将 Sightcorp 的情感 AI 技术部署到他们的网站上。Sightcorp 的人脸分析工具利用情感 AI 匿名检测和测量面部表情，如快乐、悲伤、厌恶、惊讶、愤怒和恐惧。Skyscanner 使用这项技术在客户预订航班时与他们一起创造引人入胜的体验。客户可以拍摄自己的照片，应用程序编程接口（Application Programming Interface，API）对其进行处理，并显示人脸结果以及有针对性的旅行建议。例如，如果用户表现出"悲伤"的情感，API 会建议一个"有趣"的旅行目的地。

在医疗健康领域，视觉情感计算也大放异彩。研究人员通过收集面部信号来评估患者的精神情况、健康状况，从而进行针对化的治疗。

美国麻省理工学院情感计算团队正在开发世界上第一个可穿戴的情感计算技术设备用以实时检测孤独症儿童的情感状态，并评估在互动过程中每个孩子的参与度和兴趣，通过分析孩子的面部表情、头部运动来推断他们的认知情感状态。

美国心脏协会开发了一个应用程序，使用 NuraLogix 情感 AI 算法从两分钟的视频中检测血压水平。该算法从两方面提取血压特征：一是面部血流信号（皮肤表面附近的光，反映血红蛋白浓度），二是身体特征（年龄、体重、肤色）。该模型能够以约 95% 的准确率检测血压。

在教育领域，美国的 SensorStar 实验室利用面部识别技术捕捉学生在课堂上的反应，并将这些数据输入计算机中，通过算法来分析和确定学生是否分心。通过测量，计算机可以生成一份反馈报告，基于面部分析确定学生的学习兴趣何时达到最高点，何时会降至最低。这样，教师可以根据反馈报告对自己的教学方法进行调整，以更好地满足学生的需求。

在交通领域方面，对长途旅行司机、飞行员等这类在操作中需要注意力高度集中的工作人员进行面部表情监测，防止因疲倦、悲伤和愤怒等负面情感导致交通事故。例如，美国麻省理工学院媒体实验室成立的Affectiva 公司采用深度神经网络和语音技术，通过车内摄像头和麦克风收集面部和声音数据，以识别车辆中人们的情感，可以实现监控驾驶员的疲劳程度与分心与否，判断是需要自动驾驶还是人工驾驶，同时也可用于测量自动驾驶汽车的驾驶性能。通过在车辆中嵌入摄像头和麦克风，该技术可以监控乘客的情感状态，并观察他们是否对驾驶体验感到压力或满意。

在灾害和应急管理领域，美国迈阿密的 Kairos 公司开发了 SONAR 程序，SONAR 是一个灾难和应急通信分散式应用程序，利用 Kairos 情感 AI 解决方案在加勒比飓风期间提供医疗帮助。Kairos 情感 AI 解决方案可以检测、识别和验证人脸，并了解人脸的活力。利用 Kairos，SONAR 在灾难现场能够及时获取受灾者面部信息，识别并链接到他们的个人身份信息（PII），并且可以在拍摄图像时检测到他们的医疗状况，然后将此信息加速提供给应急管理和医疗机构以提供帮助。

在情感交互方面，2015 年 6 月，日本软银集团和法国小型仿人形机器人公司 Aldebara 合作研发了情感交互机器人 Pepper。Pepper 配备了能够实现情感交互的传感器：摄像头、红外线，以获取用户的面部表情并进行识别分析；激光雷达，以测量与物体和使用者的距离，保持安全；麦克风，用来录入用户语言信息；触摸传感器，以感知与用户的接触。借助这些传感器，Pepper 就能和用户进行生动的交流。在法国，Pepper 被部署在车站，为旅客提供交通相关的信息，同时记录旅客的满意度。拥有情感的销售机器人能在与用户交流时达到人机和谐，避免冲突。在西班牙，Pepper 已经被部署在商场中。

时至今日，视觉情感计算的应用已经越来越普及，在日常生活中扮演着越来越重要的角色。未来，视觉情感计算有望应用于以下几个方面。

在军事方面，基于情感计算的智能交互技术在未来军事作战中将大有用武之地。可穿戴或非接触式的情感 AI 设备，如生理感应贴片、表情捕捉头盔及手环等，可为士兵提供更为精准、客观、实时、便捷的士气测评与心理诊断，满足筛选合格兵员、心理服务预警、战场心理危机干预等多样化场景需求。目前，实现战场士气实时感知功能是战场态势全维感知的重要内容。运用新的技术手段实现对战场上官兵生理、心理状态监测及士气预警、融入军事综合战斗力计算模型，可以增强作战指挥决策的准确性和科学性。军事士气虽然捉摸不定，但可以通过生理指标建立一种定量连接。人在激动时，会出现心率加速、肌肉收缩、面部血流量增大等现象，通过传感器获取这些行为与生理特征信息，再借助指标算法模型，可以实现量化认知士气状态。侦讯双方的沟通方式并不只有语言，在侦查人员与嫌疑人之间的交流中交互方式与所处环境都承载了大量的情感信息。针对嫌疑人的情感信息对分析嫌疑人心理、制订相应的对策和谎言的甄别有着极为重要的作用。审讯过程中嫌疑人的一举一动和喜怒哀乐都是鉴别嫌疑人情感的主要标志。审讯中犯罪嫌疑人拒供的强度、表现的态度、是否说谎、说谎的时长、情感状态等都可能影响其情感表达，正如人愤怒时会大喊，惊讶时会瞪大眼睛或张大嘴巴，激动时会语速加快、声音加大。因此，感知、记录、识别、理解嫌疑人的情绪情感状况十分重要。对犯罪嫌疑人情感信息的收集、记录、分析，是采取何种审讯方法、何时使用证据、如何进行会话控制、如何决策的依据。

在医疗方面，情感计算将在已有的基础上更进一步。人工智能全科医生将全面落地，赋能给基层医疗体系；人工智能将进入千家万户，为每一户家庭提供个性化的"医疗助理"，对人们进行全面的健康管理；手术机器人可以非常精准地进行微创手术，手术过程将越发方便、安全；外骨骼机器人将走进人们的日常生活，各类运动辅助机器人可以帮助弱者变得更加强大。

在社交方面，视觉情感计算将更进一步解决立场识别和反讽识别等技术难题。立场识别的目标是识别出一段视频的作者对某一对象是否有支持、反对或中立的立场。对象可以是任何实体，可以是一个具体的人、组织、概念、事件、想法、观点、声明、主题等。与立场识别相似，社交媒体让反讽识别在近几年越来越受重视。反讽识别的目标是判断一个表情是否有讽刺、反讽的含义，即表面上情感是正面的，其实内在表达是负面含义，简单来说就是表面意思与真实含义相反。

在医疗健康方面，随着技术的提升，视觉情感计算可以被推广到养老看护上。人们习惯从安全的角度去关注老人的生活健康状况，如果能够通过摄像头看到老人即时的血压、心率、呼吸频率等生理指标，实时监测他们的生理健康状况，就可以建立一种更为直观的关爱体验。

未来，视觉情感计算将面临在面部表情的分析、情感图像内容分析、多模态情感识别等多方面的大量机遇和挑战。

在面部表情的分析过程中，数据采集和标注、实时表情分析、混合表情识别、个体情感表达差异和用户隐私问题需得到进一步研究和解决。首先，在数据采集和标注方面，当前数据采集量仍无法满足大规模神经网络训练的要求，同时在进行采集环境的设置时，需结合心理学知识进行有效的数据和相应标注。第二，在实时表情分析问题上，目前训练数据大多是切分好的片段序列或者单幅图像，而情感往往可能隐藏在某个瞬间。因此，采用高效检测手段进行实时情感识别也是目前待解决的一项问题。第三，对于混合表情识别问题，由于表情类别数远远超过 6 类基本表情，传统方法无法很好地区分混合表情。第四，关于个体情感表达差异问题，由于被试个体之间在生理和心理上的差异，表达同一情感的面部方式也会存在鸿沟。一种可行的解决方法是采用迁移学习或增量学习的方法来减小这些差异，从而构建出具有更佳泛化能力的表情分析模型。第五，随着各项表情识别应用的普及，用户的视觉隐私成为备受关注的话题。未来还需要更为可靠准确的面部表情识别隐私保护方法。

在情感图像内容分析中，研究者应该关注以下 5 个方面。第一，图像内容和上下文理解。准确分析图像内容可以改进情感图像内容分析性能，使用手工特征指导生成可解释的深度特征值得研究。第二，观看者上下文和先验知识建模。观看者在看图像时的上下文信息可以影响情感，结合这些背景因素可以改进情感图像内容分析的性能。第三，群体情感聚类。一些兴趣爱好相似、背景相似的用户群体，可能对同一幅图像产生相似的情感反应，群体情感识别在推荐中起到关键的作用。第四，观看者与图像交互。除直接分析情感内容外，还可以记录并分析观看者在看图像时的视听和生理反应，并结合图像内容和观看者的反应进行综合建模，这样可以更好地弥合情感鸿沟。第五，高效的情感图像内容分析学习。高效性问题在该领域尚处于开放阶段。基于计算机视觉的已有方法，结合情感图像内容分析的特性会更为有效。

　　在多模态情感识别中，从研究的角度而言，可以加入更多创新元素。人感受的情感可以被对话场景和年龄、文化等先验信息影响，因此将先验信息建模到模型是一种可以尝试的途径。从应用的角度而言，可以进行一些更贴近现实场景的探索。尝试对多模态情感识别模型的量化，有望突破大模型所受计算资源的限制。

卷积神经网络的"前世今生"

卷积神经网络的发展最早可以追溯到 1962 年神经科学家戴维·胡贝尔（David Hubel）和托斯坦·维厄瑟尔（Torsten Wiesel）对猫的大脑中视觉系统的研究。20 世纪 60 年代初，胡贝尔和维厄瑟尔在哈佛大学医学院建立了神经生物学系。他们首次提出了感受野（Receptive fields）的概念，因其在视觉系统中信息处理方面的杰出贡献，他们在 1981 年获得了诺贝尔生理学或医学奖。

1980 年，日本科学家福岛邦彦（Kunihiko Fukushima）在论文中提出了一个包含卷积层、池化层的神经网络结构，这也是现在卷积神经网络中的标准结构。福岛邦彦现在已经退休了，被誉为"80 多岁仍在奋斗的全球人工智能专家"。除了后来发展出卷积神经网络的认知控制（Neurocognition）之外，现在深度学习中开始热闹起来的注意力（Attention）网络背后也有福岛邦彦的身影，他在 20 世纪 80 年代就提出了注意力概念和网络。

1998 年，在这个基础上，脸书人工智能研究总监杨立昆（Yann Lecun）提出了 LeNet-5，将 BP 算法应用到这个神经网络结构的训练上，就形成了当代卷积神经网络的雏形。原始的卷积神经网络效果并不算好，而且训练也非常困难。虽然也在阅读支票、识别数字之类的任务上很有效果，但是由于在一般的实际任务中表现不如 SVM、Boosting 等算法好，一直处于学术界边缘的地位。

直到 2012 年，图灵奖获得者杰弗里·辛顿所领导的团队在 Imagenet 图像识别大赛中，提出了全新的深度神经网络结构——Alexnet，并引入 dropout 方法进行训练。这一创新使图像识别错误率从 25% 以上一下子降至 15%，彻底颠覆了图像识别领域的研究和发展。

第六章
生理信号情感计算

6.1 背景概述

　　情感识别是人机交互领域的重大挑战之一，主要分为两方面的研究。其一是通过人类表现或表达的面部表情、语音、姿势、文字等信息来识别情感状态。由于这种方法具有数据易于收集的明显优势，该方面的研究已经非常深入。其二是通过人体产生的生理信号识别当前的情感状态，主要包括脑电信号、眼动信号、肌电信号、皮肤电信号、心电信号、呼吸信号等。由于生理信号源于自然生理反应，相较于前者，其能够更为客观、准确地反映情感状态，所以生理信号的变化在情感计算研究中占据非常重要的地位，近年来对生理信号的研究也逐渐增加。

6.1.1 基于生理信号的情感计算研究背景

　　人类情感与脑电信号之间有较明确且稳定的关系，上海交通大学郑伟龙等的研究表明，在正常情感状态下人的枕叶和顶叶中 $8 \sim 12\,\mathrm{Hz}$ 的脑电频率响应较为明显，而消极情感之下顶叶和枕叶 $0.1 \sim 3\,\mathrm{Hz}$ 的脑电频率及额叶前部 $29 \sim 50\,\mathrm{Hz}$ 的脑电频率响应明显。除脑电信号以外，美国哈佛大学加里·施瓦茨（Gary Schwartz）等通过实验证明，当被试者想象悲伤的事情时，皱眉肌会产生更强烈的肌电信号，而对应的颧肌和周围肌区却表现出了更微弱的肌电信号。相比之下，当被试者想象快乐的事情时，这种特征则呈现相反的趋势，且这种相反的特征具有较强的群体性和较少的个体性。埃克曼等最早在《科学》杂志上发文证明了离散情感可以被识别和区分，在实验中，当被试者处于悲伤中，其皮肤电阻高于处于恐惧、愤怒等情感时。主要原理在于当被试者受到外界刺激或者情感发生变化时，神经系统的活动使皮肤内血管的收缩及舒张发生变化，同时影响汗腺的分泌，从而导致皮肤电阻发生改变。此外，心率对区分积极和消极情感也有着十分重要的作用，芬兰奥卢大学阿尼·费迪南多（Hany Ferdinando）等专注于通过心率周期的变化（即心率变异性）识别情感，得到基于心率变异性的情感激活和效价的识别基线分别为 47.69% 和 42.55%。当被试者受到一定刺激的时候，心率变异性会受到抑制；而当被试者在放松的状态时，心率变异性就会回到正常状态。上述的实验都证明了生理信号与情感存在着一定的联系。

情感识别模型在医药、娱乐等很多方面表现出重要的应用前景。通过对影响人类健康的愤怒、压抑等负面情感进行识别评估，可以减少情感状态对人体免疫系统的影响。基于生理信号的情感识别可以利用可穿戴传感器实现，不仅方便了实时采集数据，还可以减少对受试者正常活动的干扰。例如，技术开发者可以通过监测生理信号，在不打断用户的前提下发现并记录产品的哪些部分导致了用户的情感变化，从而优化和改进产品功能。在家庭保健方面，基于生理信号的情感识别可以弥补单一视频交流方式的不足，使医生可以掌握患者即时的情感状态，这对一些心理和生理疾病的诊断与治疗具有非常重要的作用。

6.1.2　基于生理信号的情感计算发展现状

基于生理信号的情感计算研究由来已久。1998 年，皮卡德团队首先证明了从生理信号提取的特征可以用来进行情感识别，并且通过 Fisher 线性判别的方法进行情感分类，准确率达到 83%。2001 年，皮卡德等利用图片诱导被试者，并采集了包括肌电、脉搏、皮肤电和呼吸在内的 4 个生理信号，使用浮动前向选择算法（Sequential Floating Forward Search，SFFS）对特征进行选择，并用费舍尔投影算法进行了特征变换，通过 KNN 和最大后验概率对 8 种情感状态进行分类。其中，愤怒和中性的识别率达到了 90% 以上，唤醒度的识别率达到 80% 以上，愉悦度的识别率较低，仅为 50%~82%。此时的研究仅从一个被试者获取数据，情感识别的算法也只能识别单一被试者的情感。2004 年，韩国延世大学金国华（Kyung Hwan Kim）等将该项研究从单个被试者扩展为 50 名被试者，其采集了多个被试者的生理信号，并使用 SVM 对情感进行分类，从而被试者达到了 78.4% 的分类准确率。同时，他们发现，在用户独立的情感识别模型中，情感种类的增加会使识别准确率下降。2005 年，德国奥格斯堡大学约翰内斯·瓦格纳（Johannes Wagner）等使用音乐作为诱导，从心电、肌电、皮肤电和呼吸信号中提取生理信号特征，并且使用 Analysis of variance（ANOVA）、Fisher Projection 和 SFFS 等算法对生理信号进行特征选择，然后使用 Linear Discriminant Function（LDF）、KNN 和 MLP 对情感状态进行分类。随着基于生理信号的情感识别研究增多，研究人员所使用的生理信号种类也逐渐增加，并逐步扩展到针对二维情感模型中效价和唤醒度的识别。

考虑到多个生理信号的内在依赖性对于多模态情感识别至关重要，很多研究因此展开，从而保证更有效地通过生理信号融合来显著提高情感识别系统的性能。2017 年，澳大利亚悉尼科技大学舒扬扬（Yangyang Shu）等提出使用 RBM 来从多个生理信号中生成新的情感表示，其中可见节点代表多种生理信号，通过可见节点和隐藏节点之间的内在连接捕捉脑电信号和外围生理信号的关系，然后采用 SVM 重新生成的特征中识别用户的情感状态。2018 年，上海交通大学郑伟龙等先将脑电信号与眼动信号进行初步的融合，然后采用双模态自编码器来提取深层的特征表示。2020 年，瑞士日内瓦大学索海尔·雷亚杜斯特（Soheil Rayatdoost）等使用跨模态编码器从脑电信号、肌电信号、眼电信号中提取特征。

6.2 脑电信号

随着研究的不断深入，人们发现情感与人的生理活动有着非常密切的关系。其中，生理信号包含两类：一类是非电信号，主要包括心率、呼吸、体温和血压等；另一类是电信号，如脑电，心电和肌电。其中，脑电信号（EEG）是在互相连接的脑神经元激活时，通过电极在头皮表面捕捉到的物理电信号。脑电信号相较于其他生理信号具有更高的识别精度，是基于生理信号的情感识别中最重要的手段之一。基于脑电信号的情感识别过程如图 6-1 所示，包括脑电信号的采集、预处理、特征提取、分类等过程。

图 6-1　基于脑电信号的情感识别过程

6.2.1　数据集介绍

脑电信号的采集主要采用公认的 10-20 导联标准放置电极，由于脑电信号是一种微弱的电信号，在采集时一般会采用前置放大电路将其进行放大。常用的脑电信号数据库包括：英国伦敦玛丽女王大学的研究组开发的基于生理信号的 DEAP 情感数据集，瑞士研究员穆罕默德·苏莱曼尼（Mohammad Soleymani）等和日内瓦大学计算机科学实验室创建的 MAHNOB-HCI 数据集，以及上海交通大学吕宝梁团队创建的情感脑电 SEED 数据集。下面对这几个数据集进行简单介绍。

（1）DEAP 数据集

DEAP 是一个用于分析人类情感状态的多模态数据集。数据采集方式是由 32 名参与者观看 40 段 1 分钟长的音乐视频片段，同时记录下他们的 EEG 和外围生理信号，参与者根据唤醒程度、效价、喜欢 / 不喜欢、支配地位和熟悉程度对每段视频进行评分。在 32 名参与者中，有 22 名参与者的面部视频也被记录下来。DEAP 中包含了 32 个 mat 文件，每个文件包含

两个部分：第一个部分是数据文件，文件中是在采样频率 128 Hz 之下每个
被试者的脑电实验数据；第二个部分是标签文件，文件中是一个 40×4 的
矩阵，每一列分别为被试者在观看每个视频时对自身效价、唤醒度、支配
度和喜爱度的评分。

（2）MAHNOB-HCI 数据集

MAHNOB-HCI 是一个用于情感识别的多模式数据库。研究人员向 30
名参与者展示了电影和图片的片段，同时使用 6 个摄像机、1 个头戴式麦
克风、1 台眼动仪，以及 1 台生理测量仪监测被试者的动作，面部表情，
声音，心电信号、脑电信号（32 个通道）、呼吸信号和皮肤温度等数据。
每个实验包括两个部分：在第一部分中，研究人员向参与者展示电影片段，
并要求参与者在每个片段之后使用效价 – 唤醒度量表标注自己的情感状态；
在第二部分中，图像或视频片段将与情感标签一起显示。这些标签或正确
地描述了视频内容，或与视频内容相左。被试者需要判断内容与标签的一
致性并进行标注。在整个实验过程中，所有采集数据被同时记录，并保证
传感器之间的精确同步。

（3）SEED 数据集

SEED 数据集的数据来源是 15 名被试者在观看不同电影片段时产生的
脑电信号。电影片段来自 6 部电影中的 15 个片段，包含积极、消极和中
性 3 种情感状态。实验要求被试者在观看每一个短片后立即填写问卷，报
告他们对每一个短片的情感反应。考虑到其他客观因素的影响，每个被试
者需要在 3 个时段进行实验，且两次实验之间的间隔为 1 星期或更长。数
据集中包括两个部分：第一个是预处理的脑电信号，文件中包含 45 个 mat
文件，每个文件中有 15 个数组，代表一次实验中的 15 个片段得到的脑电
数据，标签文件中包含了相应的情感标签；第二个是提取的特征文件，里
面包含一些预处理提取的特征，这些数据非常适合不希望处理原始数据而
快速测试分类模型的研究人员。

6.2.2 信号处理方法

（1）传统方法

脑电信号在采集过程中容易受到各种其他信号的干扰，这些干扰被称为伪迹，主要包括眼电伪迹、肌电伪迹、心电伪迹和工频伪迹等。这些伪迹会对脑电信号的分析产生影响，从而影响情感识别的准确率。因此，在基于脑电信号的情感识别过程中，应该首先通过预处理去除掉信号中的伪迹和噪声。常用到的预处理的方法包括回归法、主成分分析法、独立成分分析法、小波变换、滤波法等。传统的去除伪迹的方法是回归法，通过定义参考通道和脑电通道之间的振幅关系，然后从脑电信号中减去估计的伪迹。这种方法虽然使模型得到简化，但是对参考通道回归模型的准确性具有较高的要求。

小波变换将时域信号变换为时域和频域，通过小波变换对脑电信号进行小波分解，并设定阈值，从而对含有伪迹的信号进行处理。也可以使用如自适应滤波、维纳滤波、贝叶斯滤波等多种滤波来处理脑电信号，不同的方法采用了不同的优化原理实现。主成分分析法是最简单、应用最广泛的盲源分离技术之一，其算法原理是基于协方差矩阵的特征值。另一种方法被称为独立成分分析法，该算法认为伪迹具有统计独立性，可根据数据特征将伪影作为独立成分从脑电信号中分离出来，从而得到干净的脑电信号。

去除脑电信号中伪迹和噪声的干扰之后，需要从大量生理信息中提取出有效的特征来确保情感识别的准确性。常用到的特征提取方法包括时域特征、频域特征、时频域特征和非线性动力学特征。时域特征主要研究脑电信号的统计特征和几何特征，常用的统计特征包括均值、方差、标准差等，常用的几何特征包括幅度、偏度、斜度等。在实际应用中，由于脑电信号波形比较复杂，一般很难找到统一的时域分析方法。频域分析是将脑电信号从时域转为频域，再从中计算相关参数，常见的频域分析方法包括功率谱、功率谱密度、功率谱能量等。当噪声干扰频带信息时，可能会对所提取特征的辨识度产生影响。考虑到脑电信号是非线性、非平稳的信号，研究人员利用时频域分析方法，包括短时傅里叶变换、小波变换、希尔伯特黄变换等。常用的非线性动力学特征主要包括熵、分形维数和相关维数等，不足之处在于参数的选取较为困难。上述特征提取从不同的角度进行，每种方法都有自己的优缺点，目前大多数研究往往结合多种方法进行特征提取。

在提取脑电信号的特征后，就进入分类的过程。传统方法包括支持向量机、线性判别分析、贝叶斯分类器、K 最近邻算法、人工神经网络等。韩国全北国立大学拉贾·马吉德·马哈茂德（Raja Majid Mehmood）使用来自国际情感图片系统（International Affective Picture System，IAPS）数据库的情绪相关刺激从被试者中诱发情感。他利用独立分量分析对原始脑信号进行预处理，以去除伪迹。马哈茂德还开发了一种使用局部保持预测的特征提取方法，并实现了基于统计和频域特征的基准测试。结果表明，在所有选定的特征集中使用 SVM 时，识别精度最高。韩国忠南大学朴美淑（Mi-Sook Park）等考虑到愤怒、恐惧和惊讶这 3 种情感表现出相似的效价和唤醒维度，很难用自主神经系统反应模式对它们进行分类，于是他们利用 EEG 信号对这 3 种情感进行分类，并使用了 3 种脑电特征的线性判别分析，最终平均识别准确率为 66.3%。印度尼西亚公立大学努尔·优素福·奥克塔维亚（Nur Yusuf Oktavia）等从 α 和 β 频段提取均值、标准差和峰数的时域特征，并将特征集训练到朴素贝叶斯分类器中。结果表明，均值特征对分类的贡献最大。此外，从频带的观察来看，在情感识别中，α 和 β 频带的组合通常比单独使用 α 或 β 频率更准确，朴素贝叶斯的分类结果达到了最高 87.5% 的情感识别准确率。北京工业大学李米等研究了脑电信号在不同频段、不同通道数下对情感识别精度的影响。使用 EEG 通道的不同组合将情感状态分类为效价和唤醒维度。接着，他们对 DEAP 数据进行归一化处理，使用离散小波变换将脑电信号分为 4 个频带，并计算熵和能量作为 KNN 的特征。基于 Gamma 频段的 10、14、18 和 32 脑电通道的分类准确率在效价维度上分别为 89.54%、92.28%、93.72% 和 95.70%，在唤醒维度上分别为 89.81%、92.24%、93.69% 和 95.69%。印度国立理工学院米图尔·库马尔·阿希尔瓦尔（Mitul Kumar Ahirwal）等使用 DEAP 数据集，提取了时域特征、频域特征和基于熵的 3 类特征。研究人员通过 SVM、人工神经网络和朴素贝叶斯进行分类，并对分类准确度、精确度和召回率等参数进行分析发现，人工神经网络在所有类型的特征下都表现最好，最高分类准确率达到 93.75%。

（2）基于深度学习的方法

随着深度学习方法的快速发展和广泛应用，越来越多的深度学习技术被应用于情感识别领域，其中常用的深度学习算法有 CNN、DBN、深度残差网络（DRN）、LSTM 等。

为了减少脑电信号情感识别中特征提取所需的人工干预并提高性能，哈尔滨工业大学文志远等提出了一种基于卷积神经网络的模型。他们首先利用皮尔逊相关系数对脑电的原始通道进行重新排列，并将重新排列的脑电信号送入卷积神经网络。然后，从原始脑电信号数据中提取相关特征并进行训练。将上述两部分的输出合并为 softmax 网络的输入，以实现最终分类。在 DEAP 数据集上的实验结果表明，该方法在效价和唤醒维度上的识别准确率分别达到 77.98% 和 72.98%。日本大阪大学纳塔蓬·塔马桑（Nattapong Thamasan）等提出了一种使用多元脑电信号进行人类情感识别的包含 4 个阶段的新方法：第一阶段，采用多元变分模态分解（MVMD）从多通道 EEG 信号中提取多元调制振荡（MMO）的集合；第二阶段，使用联合瞬时幅度（JIA）和从提取的 MMO 计算的联合瞬时频率（JIF）函数生成多变量时频（TF）图像；第三阶段，深度残差网络从 TF 图像中提取隐藏特征；第四阶段，分类由 softmax 层执行。实验结果表明，该方法对唤醒、支配和效价情感的分类精度分别为 99.03%、97.59% 和 97.75%。上海交通大学郑伟龙等引入深度信念网络来构建基于脑电信号的识别模型，模型中包括 3 种情感，分别为积极、中性和消极。深度信念网络使用从多通道脑电信号数据中提取的差分熵特征进行训练，并且选择了 4、6、9 和 12 个通道的 4 个不同剖面。这 4 种模式的识别准确率相对稳定，准确率最高达 86.65%，甚至优于原来的 62 个通道。最后，研究人员比较了深度模型和浅层模型的性能，DBN、SVM、LR 和 KNN 的平均精度分别为 86.08%、83.99%、82.70% 和 72.60%。埃及开罗大学萨尔玛·阿尔哈格里（Salma Alhagry）等将 LSTM 应用于观看了 40 个视频的 32 名参与者的原始脑电图信号，以识别这些视频引发的情感，同时使用 DEAP 数据集对算法进行了验证。研究中使用两个完全连接的 LSTM 层所组成，分别为 dropout 层和

dense 层。这两个 LSTM 层的作用都是从原始 EEG 信号中学习特征，其中 dropout 层用于通过防止单元过度自适应来减少过度拟合，dense 层用于分类。最终，该模型对于唤醒、效价和喜好的识别准确率分别达到 85.65%、85.45% 和 87.99%。

6.3　眼动信号

在情感识别的过程中眼动信号也是一个十分重要的生理信号，近些年基于眼动信号的情感识别研究逐渐增多。眼动信号使我们能够精确定位吸引用户注意力的因素，并观察他们的潜意识行为。眼动有 3 种基本方式：注视，眼跳和追随运动。注视是人获取信息的主要方式；眼跳是注视点或注视方位的突然改变，该过程中无法获取清晰的成像，几乎不获取任何信息；追随运动是眼睛跟随物体移动，眼睛始终注视着物体。眼动追踪技术就是通过测量用户眼睛聚焦的位置和时间，从而记录人眼球运动在时间和空间上的数据。这些数据包括注视时间、注视次数、注视位置、注视点轨迹图，眼跳潜伏期、回视次数、瞳孔大小、眼跳方向及距离等指标。眼动追踪设备包括桌面眼睛跟踪器、移动眼球跟踪器、虚拟现实中的眼睛跟踪。目前，眼动跟踪技术已经被应用于认知科学、医学研究和人机交互等许多领域。

关于眼动信号和情感之间的关系，德裔美国心理学家和动物行为学家艾克哈德·赫斯（Eckhard Hess）等的开创性文章称，眼睛瞳孔大小随着情感化或有趣的视觉刺激观看增加。在被试者观看由测试图片和对照图案交替组成的系列时，研究人员在 16 毫米胶片上获得被试者眼睛的曝光，测量投影图像中的瞳孔大小。研究人员发现，随着图片的变化以及人对其兴趣程度的变化，人的瞳孔也在发生变化。芬兰坦佩雷大学蒂莫·帕塔拉（Timo Partala）等在记录瞳孔扩张的同时，让被试者听 3 种类型的听觉刺激：中性、消极和积极，结果发现无论是情感上的消极刺激还是积极刺激，瞳孔的大小都显著大于中性刺激。美国威斯康星大学麦迪逊分校达朗·杰克逊（Daren Jackson）等的研究发现，在抑制负面情感的同时，眨眼和皱眉肌活动减少。因此，在目前的研究中，不仅要研究瞳孔扩张，还要研究眼睛活动来识别情感状态。基于眼动信号的情感识别非常有用，因为眼睛活动能够使我们知道视频演示中的哪些场景吸引了用户的注意力，是什么引起了用户的情感波动。

有很多学者对基于眼动信号的情感识别算法进行了研究。苏莱曼尼等使用脑电图、瞳孔反应和注视距离从视频中获得用户的反应。30 名参与者从一个简短的中性视频片段开始，然后从数据集中随机播放 20 个视频片段中的一个，根据参与者的反应记录和提取脑电图和凝视数据，分别定义了不愉快、中性和愉快 3 个类别。澳大利亚国立大学谢里法·阿尔戈维内姆（Sharifa Alghowinem）等通过观看情感电影片段诱发情感和通过采访参与者关于他们生活中的情感事件而引发自发情感，得到使用眼睛活动的分类结果平均正确识别率为 66%，并且统计指标显示，积极情感和消极情感之间的眼部活动模式存在显著的统计差异。

6.3.1　数据集介绍

基于眼动信号的情感识别的数据集基本包含在其他多模态的数据库中，下面分别介绍包含眼动信号的多模态数据库：SEED 数据集、DEAP 数据集、MAHNOB-HCI 数据集。

（1）SEED 数据集

上海交通大学吕宝梁团队创建的情感脑电数据集 SEED 中包含与情感相关的脑电信号和眼动信号，实验中的视频来自材料库中 15 个中国电影剪辑，包含 3 种情感，分别为积极、消极和中性。被试者在观看完每一个片段之后要立即填写问卷，同时在这个过程中获得脑电信号和眼动信号。SEED 由两个部分组成：SEED_EEG 和 SEED_Multimodal，其中 SEED_Multimodal 包含 12 名被试者的 EEG 和眼球运动数据。

（2）DEAP 数据集

DEAP 数据集中包含眼动信号，实验由 32 名参与者观看音乐视频并进行记录，这些情感音乐视频包括 40 个 1 分钟长的小片段，被试者被要求使用 1 到 9 标记效价 – 唤醒度，并分配到价态、唤醒、支配、喜欢和熟悉 5 种状态，并在这个过程中获得了 32 通道 EEG 信号和 8 个外围生理信号。

（3）MAHNOB-HCI 数据库

MAHNOB-HCI 数据集是一个情感数据集，包含 30 名被试者的脑电图、心电图、呼吸振幅、皮肤温度和眼动信号的视频和音频记录。它是由 30 个参与者在观看电影和图片之后，以效价和唤醒量表注释自己的情感状态。实验过程中同时使用 6 个摄像机、一个头戴式麦克风、一个眼睛注视跟踪器以及测量心电图、脑电图（32 个通道）、呼吸幅度和皮肤温度的生理传感器来进行记录。

6.3.2　信号处理方法

（1）传统方法

在基于眼睛跟踪的情感识别研究中，使用了多种特征对情感进行分类，如瞳孔反应、眼电图信号、瞳孔直径、瞳孔位置、眼睛注视时间、眼跳和眼球运动速度等。但是，到目前为止没有文章明确表明哪种眼睛特征或这些特征的组合对情感识别最有利，大多数文章都使用多种眼动信号的组合进行情感的识别。其中，眼电图（EOG）通过测量眼球前角膜和后视网膜之间的电位差而得。其他眼动特征的获取来自基于视频的眼动追踪技术，常用到的两种眼动追踪技术为瞳孔追踪法和瞳孔-角膜反射追踪法，主要原理是通过光的反射，得到瞳孔的大小和位置信息。

接着，实验设备将会对获取的不同类型的眼动信号进行处理。一方面，对于 EOG 信号一般采用滤波器来去除伪影，接着通过 Hjorth 参数、离散小波变换（DWT）、短时傅里叶变换（STFT）等获取 EOG 信号的时频域特征；另一方面，当使用眼动跟踪器收集瞳孔大小和眼动数据时，由于眨眼或技术问题，会出现数据缺失的部分。上海交通大学陆逸飞等指出，不同情感状态之间的眨眼持续时间没有显著差异，当将眨眼持续时间从特征中排除时，情绪识别准确性得到提高。因此，在实际中对于眨眼产生的数据缺失和眼跳产生的跳跃，一般采用插值法进行处理。同时，考虑到用于刺激情感的视频长度的不同，会使收集数据的长度不同，因此可以对数据进行长度上和范围上的归一化处理。在最后阶段实验设备会提取出瞳孔直径、瞳孔位置等时域特征，并对不同种类的特征进行结合，可以采用不同的特征融合策略例如特征级融合（FLF）、决策级融合（DLF）。

许多分类器可用于基于眼动信号的情感分类，如朴素贝叶斯、KNN、决策树、神经网络和 SVM 等。

在印度贾达普大学萨南达·保罗（Sananda Paul）等的研究中，他们使用 Hjorth 参数和 DWT 从 EOG 信号中提取特征，并使用了两个分类器来获得分类，即支持向量机和朴素贝叶斯。实验结果显示，使用朴素贝叶斯分类器得到水平数据的分类准确率最高为 78.43%，对垂直数据的分类准确率最高为 77.11%。意大利佛罗伦萨大学安东尼奥·拉纳塔（Antonio Lanatà）等提出了一种新的可穿戴无线眼动跟踪器，并在研究中使用 IAPS 图像集作为刺激。研究人员首先使用离散余弦变换（DCT）进行光度归一化，接着采用递归量化分析（RQA）提取注视时间和瞳孔面积等特征。研究人员使用 KNN 作为模式识别分类器，最终对中性图像的成功识别率约为 90%，对高唤醒状态的图像的成功识别率约为 80%。这项研究不仅提供了一种新的可穿戴无线眼动跟踪器，还为眼动信号的特征提取和情感识别提供了新的思路和方法。智利大学克劳迪奥·阿拉塞纳（Claudio Aracena）等在用户观看图像时，使用瞳孔大小和瞳孔位置信息来识别情绪。图像来自 IAPS 数据集中的 90 张图像，分为 3 个情绪类别（积极、中性、消极）。4 名年龄在 19 到 27 岁之间的被试者参与了这个实验。预处理过程包括眨眼提取、眼跳提取、高频提取和归一化。研究人员发现，消极图像的瞳孔行为与积极和中性图像的行为明显不同。因此，研究人员训练了一个以神经网络作为节点的二叉决策树模型，并使用模型进行分类任务，识别率最高为 82.8%，平均准确率为 71.7%。安徽大学王扬等提出了一种基于眼动信息的算法来检测青少年情感状态的感知系统。研究人员通过使用 STFT 处理和转换原始眼动数据，从收集的 EOG 信号中提取时频域特征，并从每个眼动信号片段中提取眼跳、注视和瞳孔直径等其他特征，最终使用 SVM 区分积极、中性和消极 3 种情感，并得到正确率均在 80% 以上。立陶宛考纳斯理工大学维达斯·劳多尼斯（Vidas Raudonis）等提出了一种通过 ANN 对情感进行识别的系统。神经网络由输入层的 8 个神经元、隐藏层的 3 个神经元和输出层的 1 个神经元组成。30 名被试者观看了由情感照片组成的幻灯片后，提取了 3 个特征，即眼球运动速度、瞳孔大小和瞳孔位置，最终获得的平均识别准确率约为 90%。

（2）基于深度学习的方法

眼动信号在情感识别领域得到广泛应用，随着机器学习的飞速发展，越来越多的学者将眼动信号与其他生理信号相结合，以提高情感识别的准确率。尤其是眼电信号与脑电信号的结合，因具有互补性和客观性，已成为最吸引人的研究方向之一。常用的机器学习方法包括深层 MLP、RNN、LSTM 和 CNN。关于多模态情感识别的方法，将在后续章节中进行详细阐述，这里仅做简要介绍。

韩国天主教大学李熙宰（Jae Hee Lee）等提出了一种新的眼部特征组合方法，即 STFT 特征结合图像和简单卷积神经网络模型，用于唤醒价识别。STFT 特征结合图像旨在将两个眼部特征（瞳孔大小和眼球运动）的信息表示为单个图像。卷积神经网络模型由两个卷积层组成，并使用 STFT 特征结合后的图像作为输入。实验结果证明了该方法的有效性，并表明卷积神经网络模型不仅适用于基于传统视觉的情感识别方法，而且适用于基于眼睛特征的情感识别。上海交通大学唐浩等使用脑电特征和眼动特征作为输入，使用双模态 LSTM 模型，得到的平均识别准确率为 93.97%。他们还对在 DEAP 数据集上双模态 LSTM 模型进行了检验，达到了平均识别准确率为 83.53% 的结果。辽宁师范大学张勇等提出了一种基于流形学习和卷积神经网络的多模态情感识别模型。他们将脑电信号分别与外围生理信号和眼动信号相结合，提取相关特征参数融合为特征向量，并将其输入深度卷积神经网络模型中。模型在唤醒和效价维度的识别上进行了广泛的 4 类实验，最终在 DEAP 和 MAHNOB-HCI 数据集上的平均准确率分别达到 90.05% 和 88.17%。

深度学习算法除了应用于情感识别过程中情感特征的提取，还应用于情感特征的融合。上海交通大学刘伟等利用双模态自编码器（BDAE）从脑电信号和眼动信号中提取高级特征。实验结果表明，BDAE 网络可以用于从不同模态中提取联合特征，并且提取的特征比其他特征具有更好的性能，在 SEED 和 DEAP 数据集上的平均准确率分别达到 91.01% 和 83.25%。上海交通大学郭江建等为了研究眼动追踪眼镜在多模态情感识别中的潜力，收集并使用眼动信号和脑电信号对 5 种情感进行分类。他们比较了两种融合方法，即特征级融合和双模态自编码器（BDAE），其中根据 BDAE 生成的融合特征，获得了 79.63% 的平均准确率。实验结果表明，具有人眼图像和眼动信号融合特征的分类器可以达到 71.99% 的分类准确率。

眼动记录是情感识别系统中至关重要的一步，因为眼睛接触和注视方向在人类交流中起着非常重要的作用，有助于建立社会情感联系。EOG 信号识别情感在心理学研究、医学诊断和凝视控制应用中非常有用，尤其是对孤独症儿童的眼动分析。

6.4　肌电信号

众所周知，情感通常可以通过面部表情、手势和身体动作来识别。然而，在情感变化微妙或人们有意掩饰情感的情况下，相应的面部和动作反应往往是隐蔽的、不易被察觉的。肌电信号（EMG）可以填补该部分的空白，为情感计算提供了另一种途径与手段。例如，人们开心时会微笑、焦虑时会耸肩等，此时肩部与面部的肌肉就会产生收缩与扩张，同时产生相应部分的肌电信号。瑞典乌普萨拉大学拉尔斯-奥洛夫·伦德奎斯特（Lars-Olov Lundqvist）的研究表明，被试者在悲伤、愤怒、恐惧、惊讶、厌恶、高兴等情感的刺激下，面部的上颌角、颧骨大肌、外侧额肌、唇上肌区和下颌角部位会做出相应的反应。

肌电信号一般由肌电图检测获取，通过检测肌肉收缩时产生的表面电信号来测量神经肌肉活动，从而得到一维时间序列信号。目前，用于记录肌电信号的电极主要有两种：一种是针电极，主要用于基础研究与临床诊断，优点是可以测量深层肌电活动，单个肌纤维电位变化清晰，但具有一定的创伤性，对操作具有专业要求；另一种是表面电极，在实验中较常用，将电极贴在皮肤上即可，操作简单，易被接受，缺点是获取的电肌信号存在较大的噪声。

在表面电极的典型配置中，设备使用 3 个电极，其中两个沿目标肌肉的轴放置，第三个离轴放置，用于接地。肌电信号实际上具有高频部分，但通常在使用中，该信号为了更好地反映肌肉活动，会使用低通滤波进行处理，并在 10 ~ 20 Hz 下采样。然而，目前在获取肌电图过程中存在一个不可避免的困难，贴在被试者的身体部位的电极需要涂上黏合剂和凝胶，这会不可避免地影响被试者的注意力，从而影响情感实验数据。

6.4.1 数据集介绍

可用于情感计算的肌电信号数据集基本为多模态数据集，即同时采集被试者的多个生物信号，且大多肌电信号采集于面部与斜方肌。实验一般有两种诱导被试者产生情感的方法，分别是通过多媒体内容（音乐视频剪辑或电影片段剪辑）或置于真实环境中对被试者做出情感刺激。下面介绍几个较为常用的有关肌电信号的情感数据集。

（1）DEAP 数据集

DEAP 数据集由科尔斯特拉等创建，情感标签由被试者自己标注，分别从唤醒度、效价、优势度 3 个维度进行打分。团队在实验中准备了 40 个长达 1 分钟的音乐视频以唤醒不同的情感，被试者共 32 名，其中包括 16 名男性和 16 名女性。该数据集采集了两个部位的肌电信号，分别是斜方肌电图与颧肌肌电图，采样率为 512 Hz。除肌电图以外，DEAP 还采集了心电、脑电、眼电、呼吸频率等生理信号。

（2）DECAF 数据集

DECAF 数据集由意大利特伦托大学信息工程和计算机科学系的多模态与人效理解小组（Multimedia and Human Understanding Group，MHUG）构建，情感标签由被试者自己分别从唤醒度、效价、优势度 3 个维度标注得出。实验准备了 DEAP 中使用的 40 个 1 分钟的音乐视频片段和 36 个电影剪辑片段，从而诱导被试者产生不同情感。被试者共 30 名，其中有 16

名男性和 14 名女性。该数据集仅采集斜方肌部位的肌电信号，采样率为
1 000 Hz。除肌电以外，DECAF 还同步记录了近红外面部视频、眼电、心
电、脑电等生理信号。

（3）HR-EEG4EMO 数据集

HR-EEG4EMO 数据集由法国特艺集团研发中心汉娜·贝克尔（Hanna
Becker）等创建，情感标签为有关于效价的尺度评估，由被试者自己标注。
研究团队准备了 26 个电影剪辑视频以诱发被试者情感，其中包括 7 个积
极情感视频、6 个负面情感视频和 13 个中性视频，并招募了 40 名被试者
参加实验，其中包括 31 名男性和 9 名女性。该数据集仅采集脸部的肌电
信号，采样率为 1 000 Hz。除肌电以外，HR-EEG4EMO 还同步记录了脑电、
心电、呼吸、血氧水平、脉搏、皮肤电等生理信号。

（4）BioVid Heat Pain 数据集

BioVid Heat Pain 数据集（简称 BioVid）由德国马格德堡大学神经信息
技术小组和乌尔姆大学医学心理学小组合作收集，数据标签为 5 个级别的
疼痛强度。研究团队对被试者进行不同强度的热痛实验，采集了 3 个部位
的肌电图，分别是斜方肌、颧肌和皱眉肌，采样频率为 512 Hz。

BioVid Emo DB 是 BioVid 中的一部分，情感标注由 5 种离散情感组成，
包括愤怒、悲伤、恐惧、伤心和愉悦。小组使用 15 个电影剪辑视频诱发
被试者的情感，被试者共 94 人，其中包括 44 名男性和 50 名女性，但由
于录音丢失与损坏，最终仅有 86 个被试者的数据可用。该数据集收集斜
方肌部位的肌电信号，采样频率为 512 Hz。除肌电图以外，BioVid Emo DB
还收集了皮肤电、心电等生理信号。

6.4.2 信号处理方法

由于肌电信号具有随机性和非平稳性，在使用分类算法之前需要进行
特征提取，以将原始肌电信号转换为可分析的形式，提高其信息密度。在
过去几十年中，研究人员提出了许多种肌电信号特征提取方法，包括基于
时域、频域以及时频域的特征。例如，加拿大新布伦瑞克大学伯纳德·哈

金斯（Bernard Hudgins）等提取了表面肌电信号的时域特征，他们使用平均绝对值（MAV）、平均绝对值斜率、斜率符号变化（SSC）、波形长度（WL）、过零（ZC）来表示肌电模式，这一组特征被称为"哈金斯特征"。目前，较为流行的肌电信号处理方法包括小波分析、高阶统计（HOS）、经验模态分解（EMD）、人工神经网络、ICA 算法等，这类算法为滤波、降噪、特征提取提供了有效工具。加拿大阿尔伯塔大学贾尼·恩格哈特（Janie Englehart）等比较了哈金斯使用的时域（TD）特征与时频域特征（TFD），根据分类误差的结果，他们表明基于小波变换提取出的特征集是最有效的方法。

由于肌电信号时频表示的高维和高分辨率问题，降维通常是特征提取后的必要补充，以消除不相关或冗余的特征。一些常用的启发式方法，如遗传算法（GA）、粒子群优化（PSO）和蚁群优化（ACO）能够有效地选择最佳肌电图特征。然而，在通常情况下，经典的降维方法并不能直接应用于大数据。因此，研究人员提出了一些技术改进，如标准特征投影、主成分分析、拓扑数据分析（TDA）方法等。

（1）传统方法

利用肌电信号的情感识别系统通常由以下几个部分组成：数据预处理、特征提取、降维与分类。在确定特征集后，可以应用传统的机器学习方法。在肌电信号识别中，常用的分类算法包括 SVM、线性判别分析、KNN、多层感知神经网络等。

台州学院杨善晓等选择德国奥格斯堡大学创建的生理信号数据集，其中包括情感标注使用 4 种离散情感，分别是喜悦、愤怒、悲伤和愉悦，数据集共记录了 25 天的肌电信号，采样率为 32 Hz。他们首先采用四元紧凑多贝西（Daubechies）小波（db5）作为基函数，对每天的肌电信号数据进行六层分解，并提取小波分解中各层的最大值和最小值，将其作为表面肌电信号的特征向量。他们在文章中使用了标准 BP 神经网络、L-M 算法改进的 BP 神经网络与 SVM 作为分类器进行比较，研究结果显示 SVM 的情感计算效果最好，识别率达到 91.67%。

法国约瑟夫傅立叶大学安库恩·菲尼奥马克（Angkoon Phinyomark）

等利用德国帕德博恩大学提供的肌电信号数据，使用线性判别分析方法，对不同的特征集进行检测。实验结果表明，时域的特征比频域特征具有更好的性能，且与 RF、QDA、MLP-NN、SVM、KNN 和 DT 等几个分类器相比，LDA 在波动肌电信号的分类中表现出更好的性能。

韩国仁济大学金康秀（Kang Soo Kim）等收集了 30 名志愿者的前臂肌电信号，从肌电图中提取了 30 个特征，每个特征在 5 秒前臂肌肉运动期间具有 166 ms 的时间窗口大小，并使用 LDA、QDA、KNN 算法对信号进行分类。这 3 种算法的识别率分别为 81.1%、82.4%、84.9%，其中 KNN 的分类效果最好。

厦门大学罗伟珍等使用前臂方向的肌电信号数据，选择 10 个特征作为候选，使用遗传算法对特征向量进行降维，再使用 MLP 作为分类器对数据进行预测归类。实验结果显示，该方法的分类准确率超过 90%。

（2）基于深度学习的方法

一般来说，深度学习模型大致可以分为三大类：无监督预训练网络、CNN 和 RNN。

无监督预训练网络可以进一步分为堆叠式自动编码器和深度信念网络。自动编码器是一种无监督方法，在训练之后，可以使用隐藏层作为输入，将其输入复制到输出，再通过堆叠多个自动编码器来构造深度自动编码器（也称为堆叠自动编码器，SAE），以了解给定输入的分层特征。深度信念网络则由 RBM 组成，它生成随机神经网络模型，以学习未标记训练数据的联合概率分布。这两种技术都采用两个阶段来训练模型，分别为预训练和微调，这有助于避免局部最优并减轻模型的过度拟合。

韩国仁荷大学沈贤敏（Hyeon-min Shim）等研究发现 DBN 的分类精度优于 LDA、SVM 和 MLP，但 DBN 需要长时间的迭代才能在不过度拟合的情况下获得情感识别的良好性能。

与其他深度学习模型相比，RNN 考虑了时间序列信息，即 RNN 不是完全前馈连接，而是可能具有反馈到先前层的连接。此反馈路径允许 RNN 存储来自先前输入的信息，并及时对问题进行建模。LSTM 和 GRU 是两种流行的 RNN 架构。瑞典查尔姆斯理工大学丽塔·莱扎（Rita Laezza）评估了 3 种不同网络模型（RNN、CNN 和 RNN + CNN）在肌电控制方面的性能。他们的研究结果表明，与 CNN（89.01%）和 RNN + CNN（90.4%）相比，RNN 提供了最佳的分类性能（91.81%），这可能是由于 RNN 和 LSTM 在处理肌电信号时间序列等顺序数据时具有优势。

6.5 皮肤电信号

皮肤电信号，也被称为皮肤电流反应（GSR），是一种情感计算中常用的生理信号，在现实生活和很多研究领域中应用广泛，也是在传统测谎和犯罪心理研究中最有效的生理信号指标。皮肤电信号依赖于人体的汗腺分泌，研究人员普遍认为感官刺激与情感变化能够影响手指温度与汗腺分泌，从而能够引起皮肤电信号的明显变化。美国佛罗里达大学朗·彼得（Lang Peter）在研究中发现，平均皮肤电导率与情感唤醒程度呈线性变化，在刺激范围内单调递增。

皮肤电反应与情感的唤醒度和注意力等密切相关。当个体接收到事件刺激时，其情感会发生相应的变化，皮肤电导信号会上升至峰值点，然后逐渐恢复至基线水平。上升时间反映了个体对刺激的响应程度，峰值测量了个体对刺激的唤醒强度，半衰期测量了个体情感的自我恢复水平。不同的皮肤电反应程度对应不同的情感变化，因此可以根据各种皮肤电反应指标进行情感计算。

皮肤通常是绝缘体，而汗腺可充当可变电阻器，测量到的电导率主要随着汗腺中的汗液浓度而变化，因此皮肤电导率可以间接测量人汗腺中的汗液量。当被试者受到感官系统刺激或情感改变时，交感神经系统活动变化，而汗腺活动是交感神经激活的指标，汗腺分泌导致皮肤电阻变小，电导加大；情感稳定后，汗腺分泌逐渐减少，皮肤电导也随之下降。因此，皮肤电阻（SR）与皮肤电导（SC）都可以作为皮肤电信号的测度，具体指标包括皮肤电导反应（SCR）、皮肤电导水平（SCL）、皮肤电阻反应（SRR）与皮肤电阻水平（SRL）。

皮肤电导可以在身体的任何地方测量，其中响应情感反应最强烈的汗腺集中在手掌和脚底。在测量中，最常见的电极放置位置是在手的中指和食指末梢部位，大量实验证明，这两个位置得到的皮肤电的信号更加清楚、稳定。我们通常在皮肤和电极之间使用低电导率凝胶，以确保良好的接触和更好的信号质量。

6.5.1 数据集介绍

有关皮肤电信号的数据集大多被涵盖在生理信号的多模态数据集中，或者由研究人员根据实验要求召集志愿者自行创建有关数据集，因此公开的皮肤电信号情感数据集并不常见。下面介绍几个公开的有关皮肤电信号的情感数据集。

（1）CASE 数据集

连续注释的情感信号数据集是由德国乌尔姆大学神经信息处理研究所卡兰·夏尔马（Karan Sharma）等创建的，该数据集的情感标签使用实时连续注释的方式对效价与唤醒两个维度进行标注。研究团队在实验中为被试者准备了 5 个简短的视频（每个约 1 分钟）以诱发情感，被试者共 30 名，包括 15 名男性和 15 名女性。该数据集采集了非惯用手的食指和无名指这两个部位的皮肤电信号，使用具有 16 位分辨率的 32 通道（16 通道差分）模数转换（ADC）模块从传感器获取输出电压。除了皮肤电信号之外，该数据集还收录了心电、呼吸、脉搏波、皮肤温度、肌电等生理信号。

（2）DEAP 数据集

DEAP 数据集由科尔斯特拉等建立，其中情感标签由被试者分别从唤醒度、效价、优势度 3 个维度进行标注。研究团队在实验中准备了 40 个长达 1 分钟的音乐视频以诱发不同的情感，被试者共 32 名，包括 16 名男性和 16 名女性。该实验将皮肤电极放置在中指和食指的远端指骨上，提取出的皮肤电信号特征包括平均皮肤电阻、衰减时间内的平均下降率、0～2.4 Hz 频段的 10 个频谱功率、皮肤电导率慢反应的过零率等 10 个特征。

（3）HR-EEG4EMO 数据集

HR-EEG4EMO 数据库由贝克尔等创建，其中情感标签是有关效价的尺度评估。研究团队准备了 26 个电影剪辑视频以诱发被试者情感，其中包括 7 个积极情感视频、6 个负面情感视频和 13 个中性视频，并招募了 40 名被试者参加实验，其中包括 31 名男性和 9 名女性。该实验使用传感器收集了被试者手部的皮肤电信号，采样率为 31 Hz。除皮肤电信号以外，HR-EEG4EMO 还同步记录了脑电、肌电、心电、呼吸、血氧水平、脉搏等生理信号。

6.5.2　信号处理方法

人体皮肤电信号采集过程中容易受到实验中工频、运动伪迹和电磁信号等因素干扰，因此需要对原始数据进行降噪、归一化等操作以消除干扰。皮肤电信号的有效频率为 0.02 ~ 0.2 Hz，不会与噪声等其他生理信号的频谱发生重叠，因此可以使用 Butterworth 低通滤波器、小波变换等方法去除高频干扰与皮肤电信号频带外的噪声，达到降噪、平滑处理的目的。

为了提高情感分类的性能，提取皮肤电信号的特征非常重要。在情感计算中，通常从皮肤电导中提取的特征为皮肤电信号的平均电导率水平、方差、斜率、最大和最小水平。定向响应的常用特征包括振幅（从上升开始时的斜率拐点到峰值零斜率点的距离）、延迟（质点和拐点之间的时间）、上升时间（拐点和峰值之间的时间）、半恢复时间。另外，采用算法优化也是特征选择的一种方式，如费舍尔投影算法结合 SFFS 算法、模拟退火算法、粒子群算法、遗传算法、人工免疫算法、进化算法等。

（1）传统方法

利用皮肤电信号的情感计算系统通常由以下几个部分组成：数据采集、数据预处理、特征提取、降维与分类。在确定特征子集后，可以应用传统方法进行分类识别，如 SVM、KNN、曲线拟合、朴素贝叶斯、Fisher 分类器等。

SVM 是一种二分类模型，它通过核函数将其映射到一个假设的高维空间中，执行分类任务，因此它能够解决低维度空间中线性不可分的问题。

贝叶斯分类算法是统计学中的一种方法，它利用概率统计知识进行分类。澳大利亚国家信息和通信技术局陈芳等利用 SVM 与朴素贝叶斯分类器对皮肤电信号进行压力分类，邀请被试者进行算数与阅读测试，同时使用加拿大思维科技有限公司（Thought Technology Ltd.）的 Procomp Infiniti 编码器的皮肤电设备，将传感器连接到被试者的左手食指和无名指上，以 50 Hz 和 10 Hz 的采样率运行。研究团队将压力等级分为二类与四类，基于累积皮肤电信号和皮肤电信号功率谱作为特征组合，两个分类算法的识别结果基本相似，识别准确率均在合理范围内，而在使用累积皮肤电信号作为特征选择的分类实验中，SVM 比朴素贝叶斯的分类精度要高约 5%。

印度马尔纳德工程学院维贾亚（P. A. Vijaya）等利用 LabVIEW 对 75 名被试者进行数据记录与分析。他们运用剪辑视频诱发被试者情感，情感标注为中性、恐惧、厌恶、快乐、惊喜等 5 种，将皮肤电信号传感器对应的电极紧密固定在食指和中指上，数据处理后形成情感对应的两个参数的电子表格，运用曼哈顿距离进行情感分类，大多数识别率都在 80% 以上。

在实际应用与科学实践中，经常需要寻求多个变量之间的关系，而实际上只能通过观测得到一些离散的数据点，为了从中找到内在规律，可以选择适当的曲线模型来拟合数据。西南大学刘峰等提出了一种基于皮肤电反应信号实时评估情感强度的方法。他们收集了 4 名被试者的皮肤电信号，使用三阶低通滤波器（截止频率为 0.3 Hz）来消除噪声，并提取平均值、中值与两个差值为特征，通过曲线拟合每个情感活动的特征值和情感强度值，建立情感强度与皮肤电信号特征之间的关系。在指数函数、幂函数和高斯函数中，指数函数的拟合效果最好，决定系数在 4 次实验中均达到 0.99 以上。

（2）基于深度学习的方法

情感往往产生复杂的生理反应，这就需要运用非线性运算来解释。近年来，深度学习在各个领域都表现出优异的性能，在基于皮肤电信号的情感计算方面也不例外，其中深度神经网络和深度信念网络的分类算法表现出了优异的性能。例如，韩国延世大学李智恩（Lee Jee Eun）等使用神经网络、深度神经网络和深度信念网络等 3 种算法对多种生理信号进行情感分类识别。他们利用视频诱导被试者唤醒情感，在皮肤电信号的处理中，他们将传感器连接到被试者的右手中指与无名指，再利用小波变换从中分离出 Phasic 成分与 Tonic 成分（Phasic 成分表示刺激快速振动和变化成分，Tonic 成分表示由体温外腺体导致的慢速变化的成分），继而从中提取特征——零点交叉率、标准偏差、平均值、振幅等。最终，利用神经网络、深度神经网络与深度信念网络进行基于皮肤电信号的情感分类准确度分别达到 81.1%、78.9% 与 81.6%。另外，研究发现，结合心电、皮肤温度与皮肤电 3 个生理信号提取特征，并利用深度信念网络进行分类计算得到的准确率在数次实验中最高，达到 93.8%。

6.6　心电信号

心电信号是人体心脏跳动时，心肌细胞去极化时在皮肤表面产生的电信号。如果将两个电极放置在体表，就可以通过体表两点间的电位差记录心跳的变化，从而形成一条连续的曲线，也就是俗称的心电图。

典型的心电图如图 6-2 所示，由 P 波、QRS 波群和 T 波组成，每个心动周期中这些波形出现的顺序和时间是有规律的。P 波是最先出现的缓慢波形，代表左右两个心房兴奋的过程，P 波的前、中、后部分分别代表右心房、左右两心房共同与左心房的电位变化。其次是 QRS 波群，其中 Q 波是第一个向下的趋势，其后是迅速向上的高而尖的 R 波，最后为向下的 S 波，QRS 波群代表左右心室的电激动过程，所占用时间是两心室兴奋传播时间。T 波是继 QRS 波群后一个较低且持续时间较长的波，它代表心室复原过程的电位影响，其前半部分较长，之后较短，它主要反映的是心室兴奋后复原过程。在 P 波与 QRS 波群之间的部分叫作 PQ 段，QRS 波群与 T 波之间的部分叫作 ST 段。R 波检测是信号分析诊断的前提和基础，因为在心电信号中 R 波最为明显，最容易被检测，同时也往往以 R 波为基准来定位其他波的位置。

心电信号的波形以及对应的间期能够反映心脏的活动，被广泛应用在各个研究领域中。在情感识别领域中，心电信号也是主要研究对象之一，

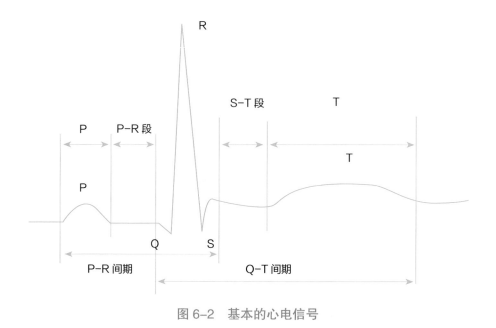

图 6-2　基本的心电信号

情感的变化会直接导致心脏活动的变化，进而对心电信号的波形产生影响。因此，提取心电信号的相应特征是情感识别中一个重要的步骤。

6.6.1　数据集介绍

有关心电信号的数据集大多是为了医学应用而建立，作情感识别研究之用的非常少。心电数据或作为生理信号多模态数据集的一部分，或由研究人员根据实验要求召集志愿者自行采集使用，因此公开的心电信号情感数据集并不多。

目前，我们只找到一个公开的心电信号情感数据库——德国奥格斯堡大学情感生理数据库。该数据库有两个数据集，分别是音乐刺激下的 4 种情感数据集和压力数据集。被试者被不同基调的歌曲诱发不同的情感，实验组采集了被试者产生的高兴、愤怒、悲伤、喜悦等 4 种情感，并在每一种情感状态下分别采集长达 2 分钟的 4 种生理信号，包括心电、皮肤电、肌电和呼吸信号。其中，心电信号的采样频率为 256 Hz，其余 3 种生理信号的采样频率为 32 Hz。数据采集一直持续 25 天，每种生理信号有 100 个数据样本，每种情感各有 25 个样本。

6.6.2　信号处理方法

心电信号属于低频信号，较为微弱，容易受人体体质和监护设备影响。例如，心电信号在采集过程中易受肌电、工频干扰和基线漂移等因素影响，存在大量噪声信息。因此，在分析心电信号之前需要进行预处理，以防止噪声信号对实验结果产生影响。在传统心电身份识别过程中，为了给后续特征提取与分类过程提供合适的数据输入，心电预处理过程通常由去噪、基准点检测、信号分割与归一化处理等构成。

（1）传统方法

① 费舍尔投影（Fisher Projection）算法

美国麻省理工学院媒体实验室曾经从心电信号 P-QRS-T 波各波的间隔、幅度等计算 6 种统计特征（均值、中位数、方差、最大值、最小值和范围），采用序列浮动前向选择、费舍尔投影算法和分类器对 8 种情感进行分类，取得了较好的识别结果。2005 年，麻省理工学院媒体实验室将情感识别运用于压力检测中，通过采集被试者在真实驾驶环境下的心电信号等 4 种生理信号，使用费舍尔投影算法和线性判别算法对 3 种压力状态进行识别，得到了 97.4% 的识别率。

② 支持向量机（SVM）

由上海交通大学柴新禹带领的运动员压力识别的研究中，通过粒子群优化算法结合 SVM 分类器对情感相关生理数据进行识别，得到了平均为 94.44% 的识别率。通过分析发现，血压、心率和呼吸率这 3 种数据在情感识别中具有重要的参考价值。韩国延世大学金凯华（K H Kim）等采集 175 名被试者的心电信号，通过一定的设计方法直接从心电信号提取出心率信号以及心率变异率信号，从中提取特征后直接用支持向量机对悲伤、愤怒、压力和惊奇 4 种情感进行分类，并取得了不错的效果。

③ 线性判别算法

德国奥格斯堡大学金钟华（Jonghwa Kim）等通过音乐诱发被试者的不同情感，采集被试者的心电等生理信号，并对这些信号进行时域和频域的分析，以找出生理信号与不同情感状态相关的特征。他们采用线性判别分析分类器进行分类，获得了基于用户依赖的模型高达 95% 的识别率。瓦格纳等提取了快乐、平静、愤怒和悲伤等 4 种状态下的心电信号等 4 种生理信号中一共 32 个特征值，使用线性判别算法等 3 种分类方法对高兴、愉悦、悲伤、愤怒这 4 种情感进行分类，可以达到 80% 的准确率。

（2）基于深度学习的方法

① 卷积神经网络（CNN）

美国马里兰大学帕克分校吴承俊（Seungjun Oh）等利用卷积神经网络对基于面部表情以及心电信号等生理信号的情感进行分类，并对分析结果进行比较。他们将 4 种情感分别定义为积极情感和消极情感，每个模型都以面部表情和生理信号作为输入，并构建了同时应用这两种输入的模型。当使用生理信号时，模型的准确率为 81.54%；当使用面部表情时，模型的准确率为 99.9%；当两者都使用时，模型的准确率为 86.2%。

② 长短时记忆网络

电子科技大学廖罗皓晨等使用卷积神经网络提取频域特征，使用长短时记忆网络提取时域特征，最后完成多特征融合与降维。在基于心电等 6 种外围生理信号的情感二分类中，唤醒维度平均识别精度达到 89.65%，效价维度平均识别精度达到 89.00%。日本京都工业大学曾方萌等使用长短时记忆网络从原始信号中学习特征，实现正负二元情感分类。脑电信号情感识别准确率为 76.67%，心电信号情感识别准确率为 75.00%。

6.7 呼吸信号

呼吸（Respiration，RSP）是人体一个重要的生理过程，对人体呼吸的监测也是现代医学监护技术的一个重要组成部分。

在研究的生理信号中，呼吸作用通常受身体工作量影响。随着身体工作量的增加，需要更多的能量代谢和氧。此外，呼吸可以说明自主神经系统在不同情感反应、脑力负荷状况下和保持警惕时的活动。随着情感状态的变化，呼吸系统活动在速度和深度上会有所改变。例如：激烈的情感反应往往会使呼吸加深加快；突然惊恐时，呼吸会发生临时中断；狂喜或悲痛时，则会发生呼吸痉挛。因此，呼吸信号有助于识别情感状态。例如：深沉而缓慢的呼吸表明一种放松的状态；深沉而快的呼吸则表明激动，潜在的情感可能是高兴、愤怒或是害怕；浅而急促的呼吸表明紧张；浅而慢的呼吸表明是平静或是消极的状态。

因此，我们可以通过分析呼吸信号来识别人们内在的情感和情感变化。通过采集到符合真实环境的呼吸信号数据，提取有效的情感生理特征，再从中识别情感。

6.7.1 数据库

与心电信号类似，有关呼吸信号的数据集不如脑电信号常见，可用于情感计算的数据集基本为多模态数据集，即同时采取被试者的多个生理信号。下面介绍两个较为常用的有关呼吸信号的情感数据集。

（1）DEAP 数据库

DEAP 数据库是由科尔斯特拉等创建的多模态生理数据库，情感标签由被试者自己标注，分别从唤醒度、效价、优势度 3 个维度进行打分。研究团队在实验中准备了 40 个长达 1 分钟的音乐视频以诱发不同的情感，被试者共 32 名，其中包括 16 名男性和 16 名女性。该数据库除了采集呼吸信号外，还采集了皮肤电信号、脑电信号、体温、肌电信号、眼电信号和血压信号等。

（2）麻省理工学院情感生理数据集

皮卡德所领导的美国麻省理工学院媒体实验室情感计算研究小组连续 20 天，每天采集 32 种信号所得。该数据集采集的生理信号包括肌电信号、血容量搏动信号、皮肤电信号与呼吸信号。全部数据的采样频率均为20 Hz，采样时间为100秒。其中包含8种情感状态：无情感（no emotion）、愤怒（anger）、憎恨（hate）、悲伤（grief）、纯精神的爱（pure spirit of love）、浪漫的爱（romantic love）、高兴（joy）和尊敬（reverence）。

6.7.2 呼吸信号处理方法

呼吸信号蕴含着丰富的情感信息，能够较为明显地反映出人类的情感状态变化，因此提取呼吸信号有效的情感特征对情感状态识别研究至关重要。在实际应用中，由各种记录仪记录到的呼吸信号存在一些干扰和噪声。因此，在提取特征之前，要对采集到的呼吸信号进行预处理，包括下采样、滤波和归一化处理，然后对经过预处理之后的呼吸信号可采用小波变换进行特征提取。

经过预处理即特征提取之后，便可对呼吸数据集进行情感方面的计算研究。根据研究方法的不同可分为传统的机器学习方法和基于深度学习的方法，具体介绍如下。

（1）传统方法

① 费舍尔投影算法

2001年，皮卡德连续20天让被试者采用想象的方式诱发8种不同的情感状态，同时记录情感诱发状态下的呼吸信号、脑电信号等生理信号，提取这些生理信号在时域中的多种统计特征，采用SFFS算法和费舍尔投影算法完成特征选择和情感识别的工作，最终得到了82.5%的识别率。2005年，麻省理工学院媒体实验室情感计算研究小组将情感识别运用于压力检测中，通过采集被试者在真实驾驶环境下的呼吸信号等4种生理信号，使用费舍尔投影算法和线性判别算法对3种压力状态进行识别，得到了97.4%的识别率。

② 蚁群算法

蚁群算法是20世纪90年代初由意大利计算机科学家马尔科·多里戈

（Marco Dorigo）等通过模拟自然界蚂蚁觅食搜索路径的行为，提出的一种模拟进化算法。蚁群算法在没有任何先验知识的情况下比其他优化算法的执行效率更高，系统的收敛速度更快。该算法不仅有并行分布计算的特点，而且具有很好的鲁棒性和良好的正反馈特性。

西南大学林时来等利用呼吸信号对高兴、惊奇、厌恶、悲伤、愤怒、恐惧等6种情感进行识别。他们利用小波变换的方法对呼吸信号进行特征提取，在选择特征时采用变异策略和临近位置交换策略对蚁群算法进行改进，解决了蚁群算法容易陷入局部最优解的问题，并取得了较高的情感识别率。此外，他们还将蚁群算法与遗传算法、禁忌搜索算法进行实验对比分析，结果显示改进的蚁群算法在情感识别效果方面的表现要优于遗传算法和禁忌搜索算法。

③ 支持向量机

爱尔兰香农理工大学索米亚·维贾亚库马尔（Sowmya Vijayakumar）等利用公开的DEAP数据库研究了呼吸信号等外周生理信号在情感识别中的应用。他们通过比较8种机器学习模型在效价和唤醒情感维度上的效果发现，SVM、线性判别分析和逻辑回归对3组生理数据的识别效果最佳。浙江大学何成采集17名学生的心电、呼吸、脉搏、皮肤导电性4种生理信号并提取其时域和频域的若干特征，使用遗传算法改进的支持向量机对平静、开心、悲伤、恐惧4种情感状态进行分类识别，得到71.4%分类准确率。

（2）基于深度学习的方法

深度学习方法是一种"端到端"的学习方法，在输入端输入数据，从输出端得到预测结果。与传统的机器学习方法相比，该方法无须在每一个独立学习任务之前对数据做复杂的处理和易错样本标注。常用的深度学习方法有自动编码器、卷积神经网络和递归神经网络等。

① 自动编码器

中国科学院大学张强等使用稀疏自编码器提取和识别呼吸的情感信

息，并使用维度情感分类对情感贴标签。深度学习框架包括一个稀疏自动编码器（SAE）和两个逻辑回归。SAE用以提取情感相关特征，逻辑回归用于情感维度中的唤醒度与效价分类。他们分别利用DEAP数据库与德国奥格斯堡大学建立的情感数据库进行模型建立与评估，最终DEAP数据库对效价维度和唤醒维度分类的准确率分别为73.06%和80.78%，而奥格斯堡数据集的平均准确率为80.22%。

② 卷积神经网络

南京邮电大学黄海平等提出了集成卷积神经网络模型，利用脑电信号以及外围生理信号（皮肤电信号、呼吸信号和眼电信号等）对4种情感（放松、沮丧、兴奋、恐惧）进行分类。开源数据集DEAP指出，从唤醒度和效价两个情感维度分析，实验表明该方法在呼吸信号等外周生理信号情感分类中达到63.06%和62.41%的平均准确率，在综合特征情感分类中达到93.06%和91.95%的平均准确率。

③ 递归神经网络

美国哥伦比亚大学萨玛斯·特里帕蒂（Samarth Tripathi）等提出了一种卷积递归神经网络模型用于情感识别，该方法使用卷积神经网络学习多通道脑电信号的空间表示，使用长时记忆网络方法学习呼吸信号等外围生理信号的时间表示。将这两种表现形式结合后用于情感分类，唤醒维度识别准确率为90.6%，效价维度为91.15%。

6.8 技术挑战

尽管基于生理信号的情感识别技术已经取得诸多成果，但仍存在许多未解决的科学问题与挑战。

（1）情感标注不精确

在构建数据集过程中，研究团队一般会使用多媒体文件或将被试者置于真实环境中的方法激发被试者的各种情感，如逗笑、吓坏、感动被试者，然后被试者根据其自我感知，对实验中的情感进行标注，从而得到完整的样本情感数据。这是我们理想中的情感数据集创建过程，但在实现时常常会遇到情感标注不精准的问题，从而影响情感计算系统的准确性。例如，当被试者发言"很高兴退出会议"，事后让他对于这一情绪选择情感标签时，他会在几个基本情感选项中选择"喜悦"。但是，这种情感属于一种"恐惧"的缓解，即"恐惧"的负值，这就导致了情感标注的不精准，即情感计算系统中的外显信息（如喜悦、悲伤等情感类别）与内隐信息（如各个情感对应的生理信号数据）的联系不连贯。因此，在处理被试者自我报告时，研究人员倾向于采用维度情感度量，并考虑为这些非离散情感分类构建算法，这是他们目前感兴趣的方向之一。

（2）数据难以窗口化

当研究团队使用音乐、视频诱导等方式激发被试者情感时，也许存在诱发不成功、不完全等问题，但情感产生的时间节点与整个情感时间段是已知的，这就有助于将采集到的生理信号数据进行窗口化处理。然而，在自然环境中，被试者往往不知道突发事件的发生时间，换言之，被试者本身对情感产生的时间范畴是不明确的，特别是一些缓慢产生的情感，如悲伤、厌恶等。因此，在处理自然环境中收集到的生理信号数据时，数据窗口化分析是一个难点，处理不当会在数据窗口中产生大量噪声。

（3）数据采样繁琐

设备是生理信号采集中重要的一环。例如，采集脑电信号需要在大脑皮层外部放置电极传感器，为了得到更高精度的信号时会使用湿电极，这就需要专业操作人员在被试者头上涂抹导电膏；采集肌电信号时需要在被试者的相应部位涂上黏合剂和凝胶，然后在皮肤上贴上多个电极。这些繁多的设备与烦琐的操作或多或少会在实验过程中分散被试者的注意力，被试者可能不会产生纯粹真实的反应，这就降低了情感诱导的成功率。而且，采样设备昂贵且不方便携带，这就限制了被试者的数量以及实验的时间长度，为情感生理数据集的创建带来了困难。因此，基于生理信号的情感数据集往往规模较小，且不共享，这使得需要以大量数据作为基础的研究方法受到限制。

（4）数据的处理与计算问题

对原始生理信号数据进行预处理也是十分重要的，有效的预处理可以起到降噪、提高信号质量的作用，有助于特征提取。特征提取种类繁多，不同的生理信号数据具有不同的特征提取方式。例如：脑电信号常用的特征有功率谱密度、微分熵、微分熵的不对称差、离散小波分析、统计特征等；皮肤电信号常用的特征有平均电导率水平、统计特征、定向响应特征等。常用的分类方法可以选择传统的机器学习与深度学习。数据处理与计算的各个阶段都有多种选择，因此，如何对数据进行有效预处理，提取合适的特征或融合不同特征、选择合适的分类器等都会对情感计算模型产生重要影响。这是研究人员一直面临的问题与挑战，也是为提高计算精度和速度而一直努力的方向。

（5）情感和生理信号变化之间存在多对一映射

如果生理信号发生了变化，并不能保证这是由情感引起的。例如，一个被试者在试验期间突然打喷嚏，这会导致瞬时心率、血压和皮肤电反应急剧上升，但这并不代表原本的情绪产生变化。相反，由于个体差异性，有的被试者在情感发作期间可能会发生非情感原因的生理反应。人类并不是线性、时不变系统，不同被试者在生理、心理等方面都存在差异。因此，对于同一段剪辑视频诱发的情感并不一定是相同的，且即使产生相同的情感，其反映出的生理信号也可能不是一致的。针对这类差异性问题，构建泛化能力更好的情感识别模型是一个相对经济的解决办法，提高情感计算技术的泛化能力的有效方法之一是迁移学习（Transfer Learning）。

（6）用户隐私问题

情感计算中采集的脑电、眼动、肌电、皮肤电、心动、呼吸等生理信号属于用户的私人信息，用户个人信息的隐私保护是如今的一个重要伦理问题。因此，在采集数据与技术应用时，如何保证用户信息的安全是一个需要重视的问题。

6.9　应用及展望

近年来，随着可穿戴设备的不断发展，生理信号情感计算在医疗、人机交互、交通等领域展现出广阔的应用前景。

在医疗领域，通过可穿戴设备来获取患者的情感状态，可以让医护人员更好地调节康复训练等方案的内容和强度。如图 6-3 所示，在人体健康监测系统中，首先通过智能手表 / 手环等可穿戴设备采集人体的生理信号，如脉搏信号和心电信号，然后将数据传输到远程服务器上，最后采用生理信号的分析和处理感知人体的健康状态。该人体健康监测系统不仅能够为被监测者提供低负荷和长期连续的日常健康监测，而且缓解了我国人口基数巨大以及老龄化程度不断加深所带来的医疗资源紧缺问题。

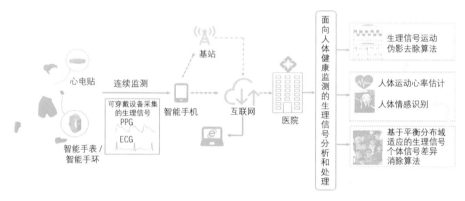

图 6-3　基于生理信号分析和处理的人体健康监测系统

在交通领域，通过可穿戴设备监控司机的情感状态，可以预防因"路怒症"导致的事故。疲劳驾驶和酒驾是导致重大交通事故发生的重要原因，假设汽车能够感知到驾驶员的疲劳情感或者饮酒后的过度兴奋情感而采取相关措施进行干预，那就能够大大降低交通事故的发生率。沈阳工程学院王琳提出了一种基于驾驶员生理信号的非接触便携式的驾驶疲劳检测技术，这是一种实时且简便有效的新技术，可有效预防因疲劳而引起的交通事故。经验证，该模型能较为准确地分类驾驶员的正常和疲劳状态，准确率超过90%。

在情感教学领域，由于传统的教学模式和线上教学的局限性，施教者无法了解学习者上课的真实心理状态，学习者若在课堂上无法理解施教者所教授的内容很容易导致学习效率降低。生理信号的情感识别在该领域的应用可以使施教者很方便地获取学习者上课时的情感状态。当学生遇到不理解的知识点而产生疑惑情感时，教师可以不同程度地调整自己的教授方式、授课进程并且及时解答学习者的疑惑，这能够极大地提高学习者的学习效率。

在人机交互领域，情感计算主要应用于人机交互产品的设计。应用产品如果能够准确识别使用者的情感状态，将会更加智能和友好。在产品设计和用户体验中应用情感识别，可以实时监控用户在使用产品时的情感状态，从而进一步改善用户体验。空军工程大学王崴等提出了基于D-S证据理论的脑电眼动信息融合人机交互意图识别方法，该方法能够识别用户的人机交互意图，平均准确率可达92.34%。北京科技大学潘航人将机器人控制技术与情感计算相结合，设计了面向孤独症辅助康复的交互机器人系统，提出了基于生理信号灵敏度因子的情感计算模型，根据径向基神经网络构建的一种基于多通道生理信号融合的康复认知训练过程。

除了上述领域外，生理信号情感计算在许多其他应用中也发挥着重要作用，如游戏领域、运动领域、辅助测谎等。相较于语音信号、面部表情信号等，脑电信号、心电信号等生理信号不易伪装，更能反映出一个人的情感状态。因此，生理信号情感计算逐渐获得了越来越多专家、学者的关注。

在科学技术飞速发展的当下，生理信号情感计算虽然已经展现出巨大的研究价值和发展潜力，但目前还存在很多不足之处。相信随着科技水平的不断提高，人类能够更好地利用生理信号情感计算技术来提高人们的生活水平。

专注力如何让脑电信号"说实话"

哈尔滨工业大学仪器科学与工程学院孙金玮团队打造了一套基于多元生理信息的专注状态评价系统。他们基于单通道脑电信号模拟采集前端、九轴加速度采集芯片和反射式血氧采集模块,设计了微型化、可穿戴的多生理信号采集节点,实现了对脑电信号、姿态信号和血氧信号的同步采集,解决了传统多通道脑电采集设备的体积局限性。在此基础上,科研团队开展了专注状态诱发实验,建立了专注力客观评价指标。实验表明,进行专注状态分类的准确率最高可达 77.1%,这实现了对专注状态的有效评价。

有了以上多元生理信息的专注力评价系统,学习者即使装出聚精会神的样子,最终也会露出"马脚",因为僵化的面部肌肉与刻意的眼神掩饰不了大脑"吐真言"。从这一点来看,今后团队有望开发手机应用来替代实现现有的终端功能,用于学生专注力的实时评价。具体来说,利用应用程序图形化界面进行脑电信号、姿态及血氧数值的显示,计算出专注力百分比。当学生被判断为专注力明显下降时,应用程序界面会显现脑电信号的形状变化、姿态方向位置的混乱及血氧数值下降的状况,继而引发专注力百分比的"滑坡"。

将专注力百分比与事先设定好的临界值相比较,学生的专注力数值一旦低于临界值,应用程序便会自动借助语音和文本做出提示,及时提醒学生注意听讲、专心写作业等。由此,不论是线下还是线上授课,教师都可以安心讲课,将更多的精力投入课堂的生动性与内容的丰富性上,而不用频繁关注、提醒学生的学习状态。若用于公司企业培训,管理者可根据应用程序判断员工的专注程度,提升培训内容的新颖性和创新度。如此一来,上班"摸鱼"将变得越来越难。

第七章 多模态情感计算

7.1 背景概述

人工智能领域的研究经过多年的探索，在视觉、语音与声学、语言理解与生成等单模态人工智能领域已取得了巨大的突破。特别是视觉领域的目标检测与人脸识别技术、语音领域的语音识别与语音合成技术、自然语言处理领域的机器翻译与人机对话技术在限定场景下已经实现了规模化的应用。然而，人类对周围环境的感知、对信息的获取和对知识的学习与表达都是多模态的。近年来，如何让计算机拥有更接近人类的理解和处理多模态信息的能力，进而实现高鲁棒性的推理决策成为热点问题，受到人工智能研究人员的广泛关注。

多模态信息处理技术打破计算机视觉、语音与声学、自然语言处理等学科间的壁垒，是典型的多学科交叉技术。多模态技术从 20 世纪 70 年代开始发展，美国卡内基·梅隆大学莫伦西等将多模态技术的发展划分为 4 个阶段，即 1970—1980 年的行为时代（Behavioral Era）、1980—2000 年的计算时代（Computational Era）、2000—2010 年的交互时代（Interaction Era）和 2010 年起的深度学习时代（Deep Learning Era）。多模态核心技术又分为：多模态表示（Representation）、多模态融合（Fusion）、多模态转换（Translation）、多模态对齐（Alignment）和模态协同学习（Co-learning）。

在迎接第四次工业革命的进程中，情感计算在模型优化及应用领域不断进步、扩展，推动多模态信息处理技术在用户理解、内容理解和场景理解上不断提出更高的要求，迎接更多的挑战。多模态技术拥有海量的数据和丰富的应用场景，为多模态情感计算领域发展提供丰富的资源和动力。

7.1.1　什么是多模态

模态是指用于情感检测的特定模态。模态被认为与媒介或渠道不同，前者侧重于传达信息的感觉，而后者关注的是信息传播的方式。例如，面部表情和手势是可以通过相同媒介（如视频）进行交流的不同模态。目前的编码方案侧重于模态而不是媒介。模态是身体或情境中一种可衡量的属性，其数据获取与传递以信号通道的方式实现，如麦克风可以对声音（信号通道）进行采样以检测语音（模态）。多模态将多信号通道的源数据进行融合。情感是人类区别于机器的一个重要维度，而人的情感往往又是通过语音、语言、表情、动作等多个模态表达的。

7.1.2　单模态与多模态对比

情感计算旨在检测和处理包含在各模态源中的情感信息。然而，大多数先进的模型都依赖于处理单一的模态，即文本、音频或图像。而且，所有这些系统在满足鲁棒性、准确性和整体性能需求方面都存在局限性，这在很大程度上限制了这些系统在现实应用中的实际应用价值。虽然视觉、语音、文本等单模态数据均能独立地表示一定的情感，但现实中人的独立思考和人与人之间的交流沟通总是通过多模态的综合信息来进行。另外，基于现实情况考虑，由于人的主观原因，当某一个或多个情感信号被掩饰，或单一通道的情感信号由于客观原因导致信号缺失时（如面部表情被遮挡、语音受噪声干扰），情感分析性能将会明显下降。因此，单模态的情感分析对人类在现实环境中对情感的感知与表达模式的还原度较低，单模态信息量不足会显著影响情感计算的效果。多模态融合的情感计算研究能够利用各个模态之间的情感表达的互补性，分析更加完整，具有更好的鲁棒性，增强情感理解与表达能力，得到性能更优的情感计算方法和系统。

一项元分析显示，基于多模态数据的情感识别效果优于单模态数据，其平均准确度提升了 9.83%。因此，利用多模态数据表征已成为情感计算领域的发展趋势。由西尔万·汤姆金斯（Silvan Tomkins）、埃克曼、卡罗尔·伊扎德（Carroll Izard）等 3 位美国著名心理学家提出的经典情感模型假定离散的"情感程序"会产生与特定情感相关的生理、行为和主观认知上的变化。根据这种"基本情感"理论，大脑中的每一种基本情感都有一个专门的回路。激活后，该回路会触发身心的一系列协调反应。换句话说，情感是通过复杂的同步反应来表达的，这种反应结合了周边生理、面部表情、言语、姿势的调节、情感言语和动作。反应系统的这种协调效应解释了多模态情感识别更可靠的原因。

当前，多模态情感测量涉及心理、行为和生理层面，分别包括文本、语音、面部表情、身体姿态、生理信息等多个模态的数据维度。心理测量主要是运用自我报告的方式获取被试者主观的情感体验；行为测量是利用摄像机、麦克风、鼠标、键盘等工具采集相关数据来分析学习情感状态；生理测量是采用传感器捕捉被试者的生理反应。研究的多模态混合形式包括：多种行为表现模态，即面部表情、姿态手势、语音等外在显性表现混合；多种神经生理模态，即脑电信号、血容量搏动、瞳孔变化、肌电、心电、皮肤电、皮温、呼吸等内在的隐性神经生理信号变化混合；神经生理模态与行为表现的模态混合。多模态融合策略涵盖不依赖模型的特征层融合、决策层融合以及模型层融合。研究人员基于不同模态资源及应用场景的要求对情感计算模型不断进行深入研究，取得了一定的成果。

然而，多模态情感计算存在诸多挑战。第一，受限于部分模态信息缺失、跨模态信息不同步以及不同模态行为呈现的情感差异化等问题，多模态情感信息协同表征难，跨模态间情感信息的一致性抽取和呈现受到制约。第二，难以实现细粒度的多模态情感识别，当前主流多模态情感分析主要对正负倾向性或者基本情感进行分类，难以有效对复杂细微情感进行准确跟踪，制约了对情感含义的准确分析。第三，针对多模态数据中语义信息理解不充分的问题，现有融合语义的情感分析主要关注文本中的语义信息，未能有效融合表情姿态和语气语调中的语义线索，影响了多模态语义信息的传递与理解。第四，碎片化、多源异构的跨模态海量数据导致数据价值密度低，难以有效挖掘用户的隐藏情感。第五，标注多模态情感数据集成本高昂，缺乏高质量的标注数据，制约了多模态情感计算的落地应用。

7.1.3 多模态情感计算的概念

情感计算是旨在从数据中以不同方式和不同粒度尺度进行情感识别的技术。例如，粗粒度的情感识别分析通常被认为是一个二元分类任务（积极与消极），而细粒度的情感识别分析则是根据大量的情感标签对数据进行分类。

多模态情感计算是通过采集多模态数据，利用数据融合与建模方法识别整合多通道情感信息，采用多模态数据表征融合算法，发现场景中真实的情感及其变化的过程，辅助研究人员与实践者理解复杂行为，进行多维度的情感测量分析，在此基础上进行情感反馈与扩展的实践。

7.2 代表数据集

多模态情感数据集是指包含多种情感类别的数据集，数据集中包含的常见模态信息有生理信号、语音、视觉、文本等。

目前主流的生理信号多模态情感计算资源主要采用音频、视频刺激的方法诱发情感，同步采集多模态生理信号，进而分析不同情感下中枢神经系统和自主神经系统的反应，以实现基于多模态生理信号的情感识别。常用的计算资源包括 DEAP、DECAF 等数据集。此外，其他收集了生理信号和行为表现的数据集还有 MAHNOB-HCI 数据集，其是记录由情感电影刺激产生神经生理信号和行为表现的多模态数据集。将单模态语音、视觉、文本样本进行融合测试的数据集历经了 10 ~ 20 年的研究历程，经典的数据集如表 7-1 所示。

（1）eNTERFACE' 05

该数据集是一个多种行为表现模态的数据集制作的视听数据集，由 1 277 个视听样本组成，由来自 14 个不同国家的 42 名参与者（8 名女性）完成。每个参与者都被要求连续听 6 篇短篇小说，每一篇都能引起一种特

表 7-1 多模态情感分析数据集

数据集	年份	模态	简要介绍	情感标签
eNTER FACE' O5	2006	语音、视觉	1 277 个视听样本，来自 14 个不同国家的 42 名参与者	愤怒、厌恶、恐惧、快乐、悲伤、惊讶
RML	2008	语音、视觉	720 个视听情感表达的样本，8 名参与者	愤怒、厌恶、恐惧、幸福、悲伤、惊讶
IEM OCAP	2008	语音、视觉、姿势、文本	10 039 段对话: 平均持续时间为 4.5 秒，平均单词数为 11.4; 10 名演员	中性、快乐、悲伤、愤怒、惊讶、恐惧、厌恶、沮丧、兴奋等; 维度标签: 效价、唤醒和支配
AFEW	2012	语音、视觉	1 426 个视频片段	愤怒、厌恶、恐惧、幸福、悲伤、惊讶、中性
BAUM-ls	2016	语音、视觉	1 222 个视频样本，31 名土耳其被试者	快乐、愤怒、悲伤、厌恶、恐惧、惊讶
CHEAVD	2016	语音、视觉	来自电影、电视剧、电视节目的 140 分钟的自发情感片段，238 名说话者	有 26 种非原型的情感状态，前 8 个主要情感为愤怒、快乐、悲伤、担心、焦虑、惊讶、厌恶、中性
CMU-MOSI	2016	语音、视觉、文本	2 199 个评论的话语、93 段说话者视频	消极、积极
RAMAS	2018	语音、视觉、姿势、生理信号	大约 7 小时的高质量特写视频记录，10 位演员	愤怒、厌恶、快乐、悲伤、恐惧、惊讶

（续表）

数据集	年份	模态	简要介绍	情感标签
RAVDESS	2018	语音、视觉	60 段演讲，44 首歌曲，24 位演员	中性、平静、快乐、悲伤、愤怒、恐惧、厌恶、惊讶
CMU-MOSEI	2018	语音、视觉、文本	来自 1 000 多名在线 YouTube 演讲者的 3 837 段视频	快乐、悲伤、愤怒、恐惧、厌恶、惊讶
MELD	2019	语音、视觉、文本	包含了电视剧《老友记》中 1 433 段对话中的 13 000 句话	愤怒、厌恶、恐惧、喜悦、中立、悲伤、惊讶；正面、负面和中性
CH-SIMS	2020	语音、视觉、文本	2 281 个野外视频片段	消极、弱消极、中性、弱积极、积极
HEU-part1	2021	视觉、姿势	19 004 个视频片段，根据数据源分为两部分，共有 9 951 名被试者	愤怒、无聊、困惑、失望、厌恶、恐惧、快乐、中立、悲伤、惊讶
HEU-part2	2021	语音、视觉、姿势		

定的情感。被试者必须对每一种情况做出反应，两位人类学专家判断这些反应是否以明确的方式表达了预期的情感。6 种特定的情感分别为：愤怒、厌恶、恐惧、快乐、悲伤和惊讶。该数据集可以用来测试和评估视频、音频或者视听情感识别算法。

（2）RML

该数据库由 720 个包含视听情感表达的样本组成，每个视频持续 3～6 秒，包含了愤怒、厌恶、恐惧、幸福、悲伤、惊讶 6 种基本情感。录音是在安静明亮的背景氛围中进行的，使用数码相机记录。8 名被试者进行了录音，包含 6 种语言版本，分别为英语、普通话、乌尔都语、旁遮普语、波斯语和意大利语，英语和普通话的不同口音也包括在内。采用

16 位单通道数字化，以 22 050 Hz 的频率记录样本，记录速度被设置为每秒 30 帧。

（3）AFEW

该数据集是在具有挑战性的条件下录制的动作面部表情数据集，由 1 426 个视频片段组成。这些视频片段被标记为 6 类基本情感（生气、高兴、悲伤、惊讶、厌恶、恐惧）和中性情感。该数据集还捕捉了不同的面部表情、自然的头部姿势运动、遮挡物，来自不同种族、性别、年龄的被试者和一个场景中的多个被试者。

（4）BAUM-1s

该数据集是一个视听自发数据集，其中包括来自 31 名土耳其被试者的 1 222 个视频样本。情感标签包含 6 种基本情感（快乐、愤怒、悲伤、厌恶、恐惧、惊讶）以及两种其他情感（无聊和蔑视）。它还包含 4 种精神状态，即不确定、思考、专注和烦恼。为了获得自发的视听表达，该数据集采用了观看电影的情感激发方法。

（5）IEMOCAP

该数据集由美国南加利福尼亚大学的 Sail 实验室收集，包含动作、多模态和多峰值的数据。该数据集包含 10 个说话者在双向对话中的行为，包括视频、语音、面部动作捕捉和文本转录，所有视频中对话的媒介都是英语。它总共包含 10 039 段对话，平均持续时间为 4.5 秒，平均单词数为 11.4。参与者即兴表演或按脚本表演，并被众多注释者标注为中性、快乐、悲伤、愤怒、惊讶、恐惧、厌恶、挫折、兴奋等类别标签和效价、唤醒、支配等维度标签。

（6）CHEAVD

该数据集为中国自然情感视听数据库，提取了 34 部电影、2 部电视剧、2 部电视节目、1 部即兴演讲和 1 部脱口秀节目中的 140 分钟的自发情感片段，其中电影和电视剧占大部分。该数据集有 238 名说话者，覆盖了从儿童到老年人，其中男性占比 52.5%，女性占比 47.5%；总共有 26 种非原型的情感状态，包括基本的 6 种，由 4 个讲母语的人标记。前 8 个主要的情感为愤怒、快乐、悲伤、担心、焦虑、惊讶、厌恶和中性情感。

（7）CMU-MOSI

该数据集是一个情感丰富的数据集，由 2 199 个评论的话语、93 段说话者（含 89 个说话者）视频组成。这些视频涉及大量主题，如电影、书籍等。视频来源于 Youtube 平台，并被分割成基本话语级别。每个分割情感标签由 5 个注释者在 +3（强阳性）到 −3（强阴性）之间评分，将这 5 个注释的平均值作为情感极性，考虑积极和消极两类情感。训练集是数据集中的前 62 段视频，测试集则是后 31 段视频。在训练和测试中分别包含了 1 447 个话语（含 467 个否定话语）和 752 个话语（含 285 个否定话语）。

（8）RAMAS

该数据集是第一个来自俄罗斯的多模态情感数据库。他们认为，专业戏剧演员可能会使用动作模式的刻板印象，因此选用半职业演员在情感情境中表演动作。10 名半职业演员参与了数据收集，年龄为 18 ~ 28 岁，男性和女性各占一半，语言为俄语。半职业演员在设定的场景中表达了一种基本的情感（愤怒、厌恶、快乐、悲伤、恐惧、惊讶）。数据库包含大约 7 小时的高质量特写视频记录，采集了音频、运动捕捉、特写和全景视频、生理信号等多种数据。

（9）RAVDESS

该数据集由 24 位专业演员录制，包括 60 段演讲和 44 首带有情感的歌曲（情感包括中性、平静、快乐、悲伤、愤怒、恐惧、厌恶、惊讶）。每个演员录制的作品有 3 种形式：视听、视觉和语音。录音是在专业工作室录制的，镜头中只有演员和绿色屏幕。为了确保相机能够捕捉演员的头和肩膀，相机的高度随时调整。工作室提供全光谱照明以最小化面部阴影。

（10）CMU-MOSEI

该数据集是迄今为止最大的多模态情感分析和情感识别数据集。数据集包含 1 000 多名 YouTube 演讲者的 3 837 段视频，其中包含 6 种情感：快乐、悲伤、愤怒、恐惧、厌恶和惊讶。它在话语层面进行注释，共有 23 259 个样本。CMU-MOSEI 中的样本包括 3 种模式：采样频率为 44.1 kHz 的音频数据、文本转录和以 30 Hz 的频率从视频中采样的图像帧。该数据集是男性女性各占一半，所有句子随机选择自各种主题的独白视频，视频被转录后标记正确的标点符号。

（11）MELD

该数据集是从 EmotionLines 数据集演变而来的。EmotionLines 只包含电视剧《老友记》（*Friends*）中的对话。MELD 是一个多模态的情感对话数据集，包含语音、视觉和文本信息。MELD 包含了电视剧《老友记》中 1 433 段对话中的 1.3 万句话，每段对话包含两个以上的说话者。由于数据仅从一部电视剧中获得，参与人数有限，84% 的场次从 6 位主演获得。对话中的每一句话都被标记为这 7 种情感标签（愤怒、厌恶、悲伤、喜悦、中立、惊讶和恐惧）中的任何一种。MELD 还对每个话语进行情感（正面、负面和中性）注释。

（12）CH-SIMS

该数据集是一个中文单模态和多模态情感分析的数据集，其中包含 2 281 个经过剪辑的野外视频片段，具有多模态和独立的单模态注释。它允许研究人员研究模态之间的相互作用或使用独立的单模态注释进行单模态情感分析。该数据集只考虑普通话，对口音材料的选择持谨慎态度。剪辑后的视频长度不少于 1 秒，也不超过 10 秒。每个视频只显示演讲者的脸。每个片段包含 15 个单词，平均长度为 3.67 秒。每个视频都由人类注释者根据 5 个情感分数的平均值进行标记，五类分别为消极 $\{-1.0, -0.8\}$，弱消极 $\{-0.6, -0.4, -0.2\}$，中性 $\{0\}$，弱积极 $\{0.2, 0.4, 0.6\}$ 和积极 $\{0.8, 1.0\}$。

（13）HEU Emotion

该数据集包含总共 19 004 个视频片段，根据数据源分为两部分：第一部分包含从 Tumblr、谷歌和 Giphy 下载的视频，包括 10 种情感和两种模式（面部表情和身体姿势）；第二部分包括从电影、电视剧和综艺节目中手工获取的语料，包括 10 种情感和 3 种形式（面部表情、身体姿势和情感言语）。该数据集是迄今为止最广泛的多模态情感数据集，共有 9 951 名被试者，被试者来自不同文化背景（中国、美国、泰国和韩国等）。在大多数情况下，他们说自己的母语，所以该数据集是一个具有多种语言的情感数据集。

自 21 世纪初以来，学术界发展出了以下几类数据集：双模态语音-视觉融合数据集，包括 eNTERFACE0、RML、AFEW、BAUM-1s、CHEAVD、RAVDESS 等；双模态视觉-姿态融合数据集，如 HEU-part1；三模态语音、视觉及文本融合数据集，包括 CUM-MOSI、CMU-MOSEI、MELD 和 CH-SIMS；三模态语音、视觉及姿势融合数据集，如 HEU-part2；多模态语音、视觉、姿势；文本融合数据集，如 IEMOCAP；包含生理信号的多模态融合（语音、视觉、姿势、生理信号）数据集，如 RAMAS。这些数据集的情感标签均依据多种情感维度或情感极性划分。

7.3 融合策略

情感是以非言语方式发生的动态心理生理过程，这使情感识别变得复杂。因此，研究人员尝试结合不同模式的信号，如语音、视觉、文本等信息，以提高情感识别任务的效率和精确度。常见的融合方法有特征层融合（feature-level fusion，又称前期融合）、决策层融合（decision-level fusion，又称后期融合）和模型层融合（model-level fusion）。特征层融合和决策层融合不依赖特定算法，模型层融合在构建学习模型的过程中显式地执行融合操作。对浅层模型来说，常用的模型依赖策略包括基于核函数的融合和基于图的融合；对近期流行的深层模型来说，则有基于神经网络的融合、基于注意力机制的融合、基于张量的融合等。随着 Transformer 架构和多模态预训练模型的兴起，当前主流的信息融合方法主要是基于模型的融合，并使用融合特征向量的方式区分来自不同模态和信息源的特征，从而有效地建模这些复杂特征之间的关系。

7.3.1　特征层融合

特征层融合是将多种模态数据经过提取、构建成相应的模态特征之后，再拼接成一个集成各个模态特征的特征集，如图 7-1 所示。特征层融合也被称为早期融合（Early Fusion，EF），是一种复杂度较低、相对简单的融合方法，考虑了模式之间的相关性。

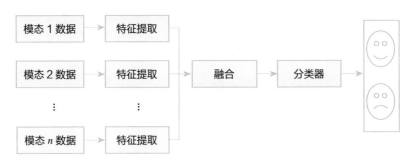

图 7-1　特征层融合

在特征层，常用的融合策略是将经特征提取后全部模态特征数据层联为特征向量后再送入一个情感分类器，用于情感识别。例如，罗马尼亚克卢日-纳波卡技术大学西米娜·埃默里奇（Simina Emerich）等将长度归一化的语音情感特征和面部表情特征层联起来，构造一个特征向量。实验结果表明，语音信息系统提取的特征包含有价值的情感特征，这些特征是无法从视觉信息中提取出来的。当两种模式融合时，情感识别系统的鲁棒性和性能都能有所提高。然而，这种直接层联拼接的方式导致了新特征空间不完备，融合后维数过高，当特征维数达到一定规模后，模型的性能将会下降。为此，南京邮电大学严景杰等提出了一种基于稀疏核降秩回归（sparse kernel reduced-rank regression，SKRRR）特征层融合策略，SKRRR 方法是传统降秩回归（RRR）方法的非线性扩展，将预测量和响应特征向量分别通过两个非线性映射映射到两个高维特征空间中进行核化。openSMILE 特征提取器和 SIFT 描述子分别从语音模态和面部表情模态中提取有效特征，然后使用 SKRRR 融合方法融合两种模态的情感特征。伊朗塔比阿特莫达勒斯大学穆哈兰·曼苏里扎德（Muharram Mansoorizadeh）等提出了一种异步的特征层融合方法，在单个信号测量之外创建一个统一的混合特征空间，他们使用提出的方法从语音韵律和面部表情来识别基本的情感状态。结果表明，与基于单模态人脸和基于语音的系统相比，基于特征层融合的系统性能明显提高。

当模态信息针对同一内容而又不互相包含时，特征层融合方法虽然能最大限度地保留原始信息，在理论上能达到最佳的识别效果，但是其没有考虑到不同模态情感特征之间的差异性。集成多模态模式中不同度量层级的特征将显著增加层级特征向量的维数，容易导致维度过高以至于训练模型困难。

7.3.2 决策层融合

决策层融合指找出各个模态的可信度，再进行协调、联合决策，如图 7-2 所示。决策层融合也被称为后期融合（Late Fusion，LF）。在决策层融合过程中，不同的模态被视为相互独立的，再采用某种决策融合规则，组合多种单模态的识别结果，然后将不同模态数据分别训练好的分类器输出打分（决策）进行融合，得到最终的融合结果。决策层融合相较于其他融合方法的优点是来自不同分类器的决策更易于比较，并且每个模态可以

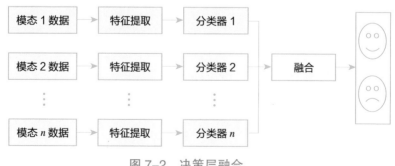

图 7-2　决策层融合

使用其最适合任务的分类器，但关键是要探究各个模态对情感识别的重要度。常用的决策融合规则包括"多数投票""最大""总和""最小""平均""乘积"等。虽然基于规则的融合方法易于使用，但是基于规则的融合面临的困难是如何设计好规则。如果规则过于简单，它们可能无法揭示不同模式之间的关系。

决策层所采用的常见的融合策略有基于统计学规则（基于总和规则、乘积规则、最大/最小/中位数规则等），如最大值融合（max-fusion）、平均值融合（averaged-fusion）、枚举权重、自适应增强，贝叶斯推论，集成学习（ensemble learning）及其推广理论（Dempster-Shafer 理论、动态贝叶斯网络）、模糊积分等。

华南师范大学黄永瑞等同时使用枚举权重以及 adaboost 两种不同类型的决策层融合策略来比较情感识别效果，使用面部表情分类器和脑电图分类器作为增强分类器的子分类器，并分别应用于两个学习任务（效价和唤醒）。结果表明，这两种方法都能给出最后的效价和唤醒结果，在公开数据集 DEAP、MAHNOBHCI 以及在线应用均取得不错的效果。

基于统计规则和概率理论均依赖于所有分类器相互独立的假设，这与实际情况不符。因此，预测结果在一定程度上是不准确的。上海交通大学吕宝粮等采用了一种称为模糊积分的融合策略。模糊积分是关于模糊测度的实函数的积分。实验发现，眼球运动特征和脑电图对情感识别具有互补作用，模糊积分融合策略的最佳准确率为 87.59%，相比于其他融合方式，模糊积分融合能显著提高情感识别的准确性。在通常情况下，多种模态间的信息并非完全独立，决策层融合会丢失不同模态之间的相关性，所以在实际应用环境下识别的结果未必会比单模态识别的效果好。

7.3.3 模型层融合

由于与模型无关的融合方法难以表示多模态数据的复杂情况，模型层融合策略近年来被广泛应用于情感识别任务。模型层融合策略是对每个模态分别建模，同时考虑模态之间的相关性。虽然使用单峰机器学习方法很容易实现与模型无关的方法，但是其使用的技术并非适用于处理多模态数据。因此，模型层融合策略可以考虑不同模态之间的相互关联，并降低这些模态时间同步的需求。模型层模态融合的关键在于找出不同模态在决策阶段的可信程度，但模型层融合并不需要重点去探究各模态的重要程度，而是根据模态特性需要建立合适的能够联合学习关联信息的模型。传统的情感分析主要为基于机器学习和基于词典的方法。一般而言，基于机器学习的情感分析方法是将情感分析问题视作一个典型的文本分类任务，将传统的机器学习方法作为分类器，利用文本数据中的语法特征解决分类问题。常见的模型包括概率模型分类器、线性分类器、决策树分类器和无监督分类器。另一种基于词典的方法通过制定一系列的情感词典和规则，如拆解文本、提取关键词、计算情感值等，最后把情感值作为文本的情感倾向的依据。

由于深度学习的不断发展，基于深度学习的分析方法已经应用到多模态融合中，经典模型有文本卷积神经网络（Text Convolutional Neural Networks，Text CNN）、RNN、LSTM、BiLSTM+Attention，基于 Transformer 的大样本预训练-微调训练模型、张量融合网络（Tensor Fusion Network，TFN）、多注意力循环网络（Multi-Attention Recurrent Network，MARN）和记忆融合网络（Memory Fusion Network，MFN）。针对浅层模型，主要分为基于 SVM 等基于内核的方法和基于图的融合方法；针对深层模型，通常使用基于张量计算、注意力机制和神经网络的方法进行融合。

（1）基于内核的方法

基于内核的方法又名多核学习（Multiple Kernel Learning，MKL），作为核支持向量机（Kernel Support Vector Machines，Kernel-VM）的扩展，允许将不同的核用于数据的不同模态 / 视图。内核可以被视为数据点之间的相似函数，所以 MKL 中特定于模态的内核允许更好地融合异构数据。MKL 方法一直是一种特别流行的融合视觉描述符以进行对象检测的方法，并且直到最近才被用于任务的深度学习方法所取代。MKL 方法的应用包括多模态情感识别、多模态情感分析和多媒体事件检测（MED）。美国纽约大学布雷恩·麦克菲（Brain McFee）等提出使用 MKL 从声学、语义和社会视图数据中执行音乐艺术家相似度排名。澳大利亚阿德莱德大学刘法尧等在阿尔茨海默病分类中使用 MKL 进行多模式融合。MKL 的广泛适用性证明了其在各个领域和不同模式中的优势。

除了内核选择的灵活性之外，多核学习的另一个优点是凸的损失函数，它允许使用标准优化包和全局最优解决方案进行模型训练。另外，多核学习还可用于执行回归和分类。MKL 的主要缺点之一是推理速度慢和内存占用大，主要原因是在测试期间依赖训练数据（支持向量）。

（2）图形模型方法

图形模型是另一种流行的多模态融合方法。大多数浅图模型（Shallow Graphical Models）可以分为两大类：生成式——建模联合概率，判别式——建模条件概率。使用图形模型进行多模态融合最早的方法包括生成模型，如耦合阶乘隐马尔可夫模型以及侧面动态贝叶斯网络。最近出现的多流 HMM 方法提出了 AVSR 模态的动态加权。

可以说，生成模型没有对诸如条件随机场（CRF）之类的判别模型进行普及，但判别模型牺牲了联合概率的建模来获得预测能力。生成模型能够通过结合图像描述的视觉和文本信息更好地分隔图像。CRF 模型已扩展到使用隐藏条件随机场对潜在状态进行建模，并已应用于多模式会议分割。潜在变量判别图形模型的其他多模式使用包括多视图隐藏 CRF 和潜在变量模型。虽然大多数图形模型都针对分类，但是 CRF 模型已扩展到回归的连续版本并应用于多模式设置以进行视听情感识别。图形模型的优点在于能够轻松利用数据的空间和时间结构，适用于时间建模任务，包括 AVSR 和多模态情感识别。

深度图模型（Deep Graphical Models）的应用探索在现阶段也渐渐被行业专家所重视。例如，两位美国知名的电脑科学家尼提什·斯里瓦斯塔瓦（Nitish Srivastava）和萨拉赫丁诺夫就已经在工作中引入了多模态深度信念网络作为多模态成果的展示方式之一。亚马逊公司叶琳金（Yelin Kim）等为每种模态使用了一个深度信念网络，然后将它们组合成用于视听情感识别的联合表示。亚马逊公司黄晶、IBM 托马斯·J. 沃森研究中心布莱恩·金斯伯里（Brian Kingsbury）以及英国谢菲尔德大学吴迪等使用了与 AVSR 类似的模型，用于基于音频和骨骼关节的手势识别。斯里瓦斯塔瓦和萨拉赫季诺夫已将多模态深度信念网络扩展到 DBM。多模态 DBM 能够通过在两个或多个无向图上使用隐藏单元的二进制层合并两个或多个无向图，从多种模态中学习联合表示。由于模型的无向性，它们允许每个模态的低级表示在联合训练后相互影响。

（3）神经网络方法

神经网络已被广泛用于多模态融合的任务。通过构建深度网络模型，建立多层结构进行多模态融合也是目前的模型层融合主要采取的策略。逐层学习能够实现对更加复杂的变换的学习，从而可以拟合更加复杂的特征，增加非线性表达能力。视听语音识别（AVSR）是最早使用神经网络进行多模态融合的例子。现在 AVSR 的应用包括融合信息、视觉和媒体问答、手势识别、情感分析、视频描述生成等。虽然在不同的应用中使用的模式、架构和优化技术可能不同，但是在神经网络的联合隐藏层中融合信息的总体思路一致。

神经网络也被用于通过使用 RNN 和 LSTM 来融合时间多模态信息。早期的此类应用之一使用双向 LSTM 来执行视听情感分类。德国慕尼黑工业大学马丁·沃尔默（Martin Wöllmer）等通过使用 LSTM 模型实现了连续多模态情感识别，该实验证明了 LSTM 相较于图模型和支持向量机的优势。同样，英国帝国理工学院计算机系米哈利斯·尼古拉乌（Mihalis Nicolaou）等使用 LSTM 进行连续情感预测。该实验通过一个 LSTM 融合了声音及面部表情两个模态的 LSTM 的结果。

通过循环神经网络进行模态融合还被应用在图像字幕任务，示例模型包括神经图像字幕，其中使用 LSTM 语言模型解码 CNN 图像表示，LSTM 将图像数据在每个时间步进行句子解码，将视觉和句子数据融合在一个联合表示中。瑞典卡罗琳斯卡医学院希亚姆·孙达尔·拉贾戈帕兰（Shyam Sundar Rajagopalan）等提出的多视图（MV）-LSTM 模型通过显式地对模态特定和跨模态交互进行建模的方法，允许在 LSTM 框架中灵活地融合模态。此类深度神经网络方法在数据融合中的显著优点是它们能够从大量数据中学习。此外，深度神经架构允许对多模态表示组件和融合组件进行端到端训练，相比于非神经网络的系统表现出良好的性能，并且能够学习非神经网络的系统难以解决的复杂决策边界。但是，神经网络的缺点之一是需要大量的训练数据集。目前的深度神经网络方法缺乏可解释性也是深度神经网络的显著缺点之一，即对于预测的依赖因素，以及哪些模式或特征起重要作用难以解释。此缺点对金融、医疗等高精准度需求领域的应用形成了较大阻碍。

模型层融合可以将不同模态特征分别输入不同模型结构再进行进一步特征提取。上海交通大学的郑伟龙等采用将堆叠的受限玻尔兹曼机展开成深度置信网络，首先以手工提取出来的脑电和眼动特征分别作为两个玻尔兹曼机的输入并从神经网络中学习两种模式的共享表示。实验结果表明，基于深度神经网络的模型层融合能显著提高性能。总的来说，模型层融合相较于决策层融合和特征层融合最大的优势在于可以灵活地选择融合的位置。

（4）深度神经网络

天津大学王龙标等提出了一种新的卷积融合方法，称为胶囊图卷积网络（capsule graph convolutional network，CapsGCN）。首先，从语音信号中提取声谱图，通过 2D-CNN 进行特征提取，并对图像进行人脸检测，通过 VGG16 进行视觉特征提取。然后，将提取出的音视频特征输入胶囊网络，分别封装成多模态胶囊，通过动态路由算法有效地减少数据冗余。接着，将具有相互关系和内部关系的多模态胶囊视为图形结构。利用图卷积网络（GCN）学习图的结构，得到隐藏表示。最后，将 CapsGCN 学习到的多模态胶囊和隐藏关系表示反馈给多头自注意力，再通过全连接层进行分类。实验表明，提出的融合方法在 eNTERFACE' 05 上取得了 80.83% 的准确率和 80.23% 的 F1 得分。

在 AVEC 2017 数据库上的实验表明，模型层融合优于其他融合策略。清华大学智能产业研究院首席研究员刘菁菁等提出一种基于 LSTM 网络的多模态情感识别模型。他们对语音提取了 43 维手工特征向量，包括 MFCC 特征、Fbank 特征等，对面部图像选取 26 个人脸特征点间的距离长度作为表情特征。采用双路 LSTM 分别识别语音和面部表情的情感信息，通过 Softmax 进行分类，进行决策层加权特征融合。在 eNTERFACE' 05 数据集上，传统情感六分类的准确率达到 74.40%。另外，模型层特征融合方法采用双层 LSTM 的结构，将情感分类特征映射到唤醒度-效价空间（arousal-valence space），在两个维度上的准确率分别达到 84.10% 和 86.60%。

印度 HashCut 公司的研究人员提出了一种利用跨模态注意力（cross-modal attention）和基于原始波形的一维卷积神经网络进行语音-文本情感识别的新方法。他们使用音频编码器（CNN + Bi-LSTM）从原始音频波形中提取高层特征，并使用文本编码器（词嵌入 Glove+CNN）从文本中提取高级语义信息。接着通过使用跨模态注意力，将其中音频编码器的特征关注文本编码器的特征，再通过 Softmax 进行分类。实验表明，该方法在 IEMOCAP（4 个会话作为训练集，一个会话作为测试集进行交叉验证）数据集上获得了最新的结果。与之前最先进的方法相比，得到 1.9% 的精度绝对提升。

新加坡科技设计大学波里亚等提出了一个能够捕捉话语间上下文信息的基于三模态的情感识别循环模型。他们使用 CNN 进行文本特征提取，将话语表示为 word2vec 向量的矩阵；使用 OpenSMILE 提取音频特征，提取的特征由几个底层描述符组成，如声音强度、音调及其统计数据；用 3D-CNN 对视频中图像序列进行特征提取。他们还提出了一个基于上下文注意力的 LSTM（CAT-LSTM）模型来模拟话语之间的上下文关系，之后引入了一种基于注意力的融合机制（attention-based fusion，AT-Fusion），它在多模态分类融合过程中放大了更高质量和信息量的模式，最后通过 Softmax 进行分类。结果显示，该模型在 CMU-MOSI（训练集、测试集划分与说话人无关）数据集上比最先进的技术提高了 6% ~ 8%。

天津大学聂伟志等提出了一种新的交互式多模态注意网络（Interactive Multimodal Attention Network，IMAN）用于对话中的情感识别。利用 OpenSMILE 对语音信息提取声学特征（IS13 ComParE），利用 3D-CNN 提取视觉特征，提取 Glove 词嵌入作为文本特征。IMAN 引入了一个跨模态注意融合模块来捕获多模态信息的跨模态交互，并采用了一个会话建模模块来探索整个对话的上下文信息和说话者依赖性，最后通过全连接层得到分类结果。在 IEMOCAP（前 4 个会话作为训练集，最后一个为测试集）数据集上的实验结果表明，IMAN 在加权平均精度和 F1 分值方面分别达到了

0.4% 和 0.2% 的提升。

香港科技大学戴文亮等提出了一个完全端到端的模型（multimodal end-to-end sparse model，MESM）将特征提取和多模态建模这两个阶段连接起来，并对它们进行联合优化。他们对语音和视觉模态中的每个光谱图块和图像帧采用 CNN 进行特征提取，对文本采用 Transformer 进行编码。为了减少端到端模型带来的计算开销，研究人员引入了稀疏跨模态注意力（cross-modal attention）进行特征提取，最后通过前馈网络得到分类结果。在 IEMOCAP（将 70%、10% 和 20% 的数据分别随机分配到训练集、验证集和测试集）和 CMU-MOSEI（随机划分）上的实验结果表明，完全端到端模型明显优于基于两阶段的现有模型。此外，通过添加稀疏的跨模态注意力，该模型可以在特征提取部分以大约一半的计算量保持相当的性能。

（5）基于 Transformer 建模和注意力机制的多模态融合方法

为了实现视觉、音频模态融合，亚马逊公司黄晶等提出利用 Transformer 在模型层面上融合视听模式。利用 OpenSMILE 提取声学参数集（eGeMAPS）作为音频特征，视觉特征由几何特征构成，包括面部地标位置、面部动作单位、头部姿态特征和眼睛注视特征。多头注意力在编码音视频后，从公共语义特征空间产生多模态情感中间表征，再将 Transformer 模型与 LSTM 相结合，通过全连接层得到回归结果，进一步提高了性能。

中国科学院自动化研究所郑连等提出了一个用于会话情感识别的多模态学习框架（conversational transformer network，CTNet），使用 Transformer 来实现多模态特征之间的模态内和跨模态信息交互。他们利用 OpenSMILE 提取 88 维的声学特征（eGeMAPS），在 Common Crawl and Wikipedia 数据集上训练的 300 维词向量作为文本特征。为了建模上下文敏感和说话人敏感的依赖关系，研究人员使用了基于多头注意力的双向 GRU 网络和说话人嵌入，通过 Softmax 进行分类。在 IEMOCAP（前 4 个会话用作训练集和验证集，第五个会话用作测试集）和 MELD（十折交叉验证）数据集上的实验结果表明了该方法的有效性，在加权平均 F1 得分上为 0.021 ~ 0.062，与其他方法相比有 2.1% 至 6.2% 的性能提升。

新西兰奥克兰大学萨曼内·西里瓦达纳（Shamane Siriwardhana）等首次使用从独立预训练的自监督学习（self-supervised learning，SSL）模型中提取的 SSL 特征来表示文本（采用 RoBERTa）、语音（采用 Wav2Vec）和视觉（采用 Fabnet）的 3 种输入模态。鉴于 SSL 特征的高维特性，他们引入了一种新的 Transformer 和基于注意力的融合机制，最后通过 Softmax 获得最终分类结果。该机制可以结合多模态 SSL 特征并实现多模态情感识别任务的最新结果。他们对该方法进行了基准测试和评估，在 4 个数据集 IEMOCAP（前 4 个会话作为训练集，第五个会话作为测试集）、CMU-MOSEI（使用 CMU-SDK 中提供的标签和数据集拆分）、CMU-MOSI（使用 CMU-SDK 中提供的标签和数据集拆分）、MELD 上的结果表明该方法优于最先进的模型。

亚马逊公司阿帕纳·哈雷（Aparna Khare）等将自监督训练扩展到多模态情感识别中，对一个基于 Transformer 训练的掩码语言模型进行预训练，使用音频（声学特征）、视觉（VGG16 提取的深度特征）和文本（Glove 词嵌入）特征作为输入，最后通过全连接层进行分类。该模型对情感识别的下游任务进行了微调。在 CMU-MOSEI 数据集上的研究结果表明，与基线水平相比，自监督训练模型可以提高高达 3% 的情感识别性能。来自不同模态的信息对最终情感识别性能的贡献是不同的，模型应该更加关注融合过程中提供更多信息的模态。传统的特征融合和决策融合方法无法考虑模态之间的交互影响，因此近年来多模态融合方法的趋势逐渐从传统融合方法走向模型层融合。随着注意力机制的不断改进，考虑到注意力机制能够学习不同模态对识别性能的影响，注意力机制在多模态融合中扮演的作用日益显著。

近年来，主流的模态融合方法是基于注意力机制的方法和基于张量的方法。张量可以将所有模态的特征投影到同一空间获得一个联合表征空间，从而能够便于计算模态间的交互作用，其背后原因是注意力机制在模态融合中寻找最优权值时发挥的重要作用。一些研究人员已经将张量引入模态融合中，并计算了模态间的交互作用。

美国卡内基·梅隆大学阿米尔·扎德（Amir Zadeh）等提出一种 TFN

模型，该模型通过 3 种模态嵌入子网络分别对语言、视觉和声学模态进行模态内动力学建模，明确地聚合了单模态、双模态和 3 种模态的相互作用，可以端到端地学习模态内和模态间的动态特性。

澳大利亚悉尼科技大学桑尼·维尔马（Sunny Verma）等提出了一种深度高阶序列融合网络（deep higher order sequence fusion，Deep-HOSeq），该模型将张量的方法和一些神经网络结合起来，通过从多模态时间序列中提取两种对比信息进行多模态融合。该模型的信息融合有两种方法：第一种是模态间信息和模态内信息的融合；第二种是多模态交互的时间粒度信息融合。Deep-HOSeq 先用 LSTM 从每个单模态中获得模态内信息，然后将每个模态内信息合并为多模态张量，并取其外积。接下来，利用前馈层从每个单模态中获得潜在特征，然后在每个时间步骤中获得模态内的作用，用卷积层和全连接层进行特征提取，最后通池化操作统一来自所有时态步骤的信息。获得这两种信息后，研究人员就可以将信息与一个融合层相结合来进行情感分析。

7.4 技术挑战

目前，多模态情感计算面临五大挑战。一是数据缺失：脑电图传感器可能会记录到有噪声的信号，甚至无法记录到任何信号，例如，摄像机在夜间无法捕捉到清晰的人脸表情，用户可能会发布一条只包含图片（没有文字）的推文。二是标签缺失：数据量庞大，却只有很少甚至没有情感标签的问题。尤其是随着情感需求的日益多样化和细粒度，可能某些情感类别有足够的训练数据，其他情感类别却没有。三是标签噪声：一种替代人工标注的解决方案是利用社交推文的标签或关键词作为情感标签，但这种标签是不完整且有噪声的。四是模态失衡：不同的模态可能对诱发情感有不同程度的贡献，如一篇在线新闻可能文字长度很长，包含很多详细信息，但只有一两张插图。五是模态不一致：实验可能会为情感明显的文章选择中性的插图，如人脸表情和语言很容易被抑制或隐藏以逃避检测，但由中枢神经系统控制的 EEG 信号可以反映人类无意识的身体变化。

除上述挑战之外，情感分析在落地应用层面还存在 3 个挑战。一是如何利用多模态信息提升效果，如何利用领域迁移技术减少标注量，以及如何利用细粒度情感分析为用户提供更加实用的情感分析结果。二是从不同角度可以把情感分析方法做不同的归纳。按照对情感的划分方式，情感分析方法可以分为情感极性分析、情感类别分析和情感程度分析。三是按照对象粒度分，情感分析方法可分为会话级情感分析、句子级情感分析以及实体级情感分析等。具体分类因所处理的场景和问题而不同。

多模态可以在以下几个方向深入研究。一是情感识别与标注，多模态比单模态情感识别系统更复杂，为保证模型效果，对数据集有更高的标注要求。二是表征统一性，多个模态同时存在的情况下，针对具体任务动态进行模态内不同级别特征信息使用，利用注意力机制选择特征，利用生成对抗网络对形式和内容进行表征解耦的能力。三是协同与融合：支持不同融合策略的对比，融合动作本身可以支持动态适配；研究时序特征和非时序特征的映射对齐策略；通过协同学习，做到多模态之间的有效信息传递；结合多任务学习，增强原模型的表征能力，降低过拟合风险，适应随机噪声。多模态基础模型具有强大的语义表征和模态融合能力。现有模型存在跨域困难的问题，同时由于标注成本高，在实际应用落地中难度较大。

7.4.1　标注问题

情感标注可以分为 4 种类型：主客观分类，情感极性分类（包括正面、负面、中性分类规则），情感类别分类（包括范畴、维度或语言学理论分类规则），细致观点分类（包括实体、情感、观点持有者等分类规则）。为满足现代应用，情感标注向细粒度化的分类发展，对数据集的标注处理从粗粒度的文档级情感分析、句子级情感分析发展到方面级情感分析（LARA-Latent Aspect Rating Analysis）。

然而，标签仍然存在噪声和缺失的问题。由于主观性的存在，情感标注通常需要统计多位参与者的投票，通常自动地获取网络上的标记或关键词作为标注。在这种情况下，标签通常包含很多噪声。标签噪声广泛存在于计算机视觉、自然语言处理等多个领域。有监督学习方法往往对训练数据的标签质量有着较高的要求，有标签噪声的数据可能会极大地降低模型的泛化性能。常见的噪声成因包括以下几种情况：一是标注算法本身质量/精度较低，或在大规模标注数据中，即使标注算法质量较高，获取的标签也可能存在噪声问题；二是编码问题或数据集处理过程也有可能导致样本标签出现错误；三是标注过程中可获取的信息不够充分，实例特征不足以充分描述目标类别；四是标注样本任务本身具有主观性，不同标注人员从不同角度出发会给出不同的标签；五是标记样本自身可辨识度较低，对于一些难以标记的样本，即使专家也无法给出正确标注。

标注结果也因标注用途不同而导致标注方式有所区别。在实际的情感标注过程中，可能会遇到一词多义的情况，这时既要考虑到横向的不同场景、上下文中的多义，又要考虑到纵向的随着年代变化的多义。因此，在做情感标注时，需要结合项目规范及语义场景来进行标注。具体来说，在某一特定场景（如金融保险客户情感分析）下，训练的模型往往不能直接用在其他场景（如快销品运营商客服）。这是由于情感表达本身依赖于场景，在一个场景下的表达可能在另外一个场景下蕴含着不同的情感态度。同时，不同场景对情感态度判读的界定也会有差别。采用多模态方法，需要对不同模态的数据都进行标注，并且需要在标注过程中综合考虑各模态表达的信息的一致性和独立性。这类数据获取的难度和标注成本也对多模态情感模型的实际应用有影响。在情感分析应用场景中，用户需要的不仅仅是"正向""负向"这种简单的感情标签，而是更希望知道感情投射的对象。例如，针对句子"虽然服务态度还不错，但我的问题还是没有解决"，对客户来说更加有价值的是给出不同对象不同方面的情感分析结果，如"服务态度-正向；问题没解决-负向"。在实际落地使用中，多模态模型需要对多个模态进行建模。因此，模型的体量及样本数量通常都比单模态模型大，模态性能也随之受到挑战。

NLP标注、实体标注和文本标注是情感分析中常见的数据标注方式。通过基于人工智能的情感分析模型，使视频中的文本、音频或语音等数据能够被理解。数据标注能够训练机器读懂人类的情感，并在下次判断中分析不同人的情感。为了尽可能地减少人为错误，标注团队需要经过严格的培训和考核。特别是在情感分析的情况下，往往没有正确或错误的答案，因此很难衡量准确性。可以通过 Cohen's kappa（κ）、Fleiss' kappa（K）或 Krippendorff's alpha 指标来衡量标注人员之间的一致性，这些指标可用于分析标记的数据集和标注标准，以改善标注过程碰到的一系列标注疑难。然而，对大规模数据来说，标注成本过高的问题仍然存在。

7.4.2　跨模态问题（表征与融合）

（1）表征（representation）

表征是"将实体概念化、可视化或物化为另一种形式或模式的转换"，是一种认知方式，是知识呈现的主要途径。多模态模型的数据是指描述同一对象的数据记录在不同类型的媒体中，如文本、图像、视频、声音和图形。在表征学习领域，"模态"一词指编码信息的特定方式或机制。

情感模态的表征是存储和利用模态信息的基础。关于文本信息，词语表示是分析文本内容的基础。目前主要通过词到向量（word to vector，word2vec）、全局向量（global vectors，GLOVE）和基于变换器的双向编码器表示技术（bidirectional encoder representations from transformers，BERT）等训练方法获取词语的表示向量。关于音频信息，先转换成频谱图等图形化的表示，再用卷积神经网络提取特征的方法在很多大规模任务中有很好的表现。关于图像信息，关注图像情感区域的表示方法有很好的竞争力。另外，如果图像中包含人脸信息，那么人脸表情就是一个很有用的线索。关于视频信息，由于包含一段有序的图像，最近很多工作使用加入时序的三维卷积提取特征。关于生理信号，脑电图是其中最有代表性的一种信号。脑电图由多个通道组成，加入通道注意力的卷积神经网络可以更有效地提取表示信号的特征。然而，现阶段的技术痛点在于如何抽取有效的特征参数并运用恰当的模型来表达这些特征参数和情感之间的关联性。跨模态表征现存以下难点。一是如何组合来自不同模态的数据，如何结合异质性的来源的数据；二是如何处理不同模态不同程度的噪声，原因是不同模态产生的噪声是不同的；三是如何处理缺失数据。

为了便于讨论如何缩小异质性差距，我们将深度多模态表征学习框架表示方法分为以下几类。

① 联合表征

联合表征（又称单塔模型或统一表征），是将多个单模态特征表示映射到一个统一的共享语义子空间中（多模态向量空间），以利于融合多模态特征。联合表征将单模态用函数投射到同一多模态表示空间。主要用于在训练和推理过程中都存在多模态数据的任务中。联合表征主要包括基于神经网络的模型、基于图的模型和基于序列的模型。联合表征在视频分类、事件检测、情感分析和视觉问答等显示了较好的应用前景，长期以来被实验采用。

融合多模态特征最简单的方法是直接连接它们。然而，这个子空间大部分是由一个不同的隐藏层实现的，在该隐藏层中，将添加转换的特定模态向量，从而将来自不同模态的语义组合起来。在获得单模态信息（如图像与文本）的联合概率分布后，利用两组模态（文本模态为事件 A，图像模态为事件 B），利用条件概率（A｜B）生成文本特征，可以得到图片相应的文本描述，反之亦然。

联合表征的优点之一是可以方便地融合多种模态，因为不需要显式协同模态。另一个优点是联合表征的公共子空间趋向于模态不变，这便于将新知识从一个模态转移到另一个模态。该框架的缺点之一是它不能用于推断分离结果的每种形态的表征。

② 协同表征

协同表征（又称双塔模型）将多个单模态分别映射到各自的表示空间，旨在学习协同子空间中每个模态的分离和受限表示，但映射后的向量之间需要满足一定的相关性约束。

协同表征分别对每个模态进行处理，添加相似性约束（即投影函数一般为最小化余弦距离、最大化相关性以及在结果空间之间强制执行部分阶），将其映射到一个协调的多模态空间，而进入多模态空间的投影对于每个模态都是独立的，但由此产生的空间在它们之间是协调的。值得注意的是，协同表征框架在某些约束条件下学习每个模态的分离但协同表示，而不是学习联合子空间中的表示。因为不同模态中包含的信息是不平等的，学习分离表征有助于保持独有的有用模态特定特征。协同表征主要包括基于相似性的模型和基于结构化的模型。在有约束类型的条件下，协同表示方法可分为两组，基于跨模态相似性的和基于跨模态相关性的。基于跨模态相似性的方法可以直接测量向量与不同模态的距离，而基于模态相关的方法使来自不同模态的表征的相关性最大化。

跨模态相似方法是学习相似性度量约束下的协同表示。利用协同学习到的特征向量之间能够满足算数运算的特性，以图像和文本为例，可以依照文本语义对图像进行检索。该模型的学习目标是保持模态间和模态内的相似结构，期望与相同语义或对象相关的跨模态相似距离尽可能小，而与不同语义相关的距离尽可能大。

协同表征的优点在于在每种模态都倾向于保持唯一和有用的模态特征，每个模态的表征可以进行独立推断，其原因是不同的模态编码在分离的网络中。这一特性也有利于跨模态知识迁移学习。协同表征的缺点在于大多数情况下难以学习两种以上模态的表示。

（2）融合（Fusion）

多模态情感融合的关键在于实现了跨模态之间的有效整合以获得多模态信息的互补，从而比单模态情感识别具有更大的优势。需要注意的是，情感是一个时序变化的行为，其演变都会经历一定的时间，需要考虑情感信息的前后依赖性。在模型中引入注意力机制，通过全局上下文信息自动学习不同帧对于情感识别的重要性得到相匹配的权重系数，可以实现更有针对性的情感建模，显著提高情感识别的性能。在多模态融合方面，第一个挑战是跨模态不一致，例如，在社交平台上，用户发表的图像与文本信息有时并无语义上的关联。第二个挑战是数据缺失，在获取数据的阶段，由于传感器的故障等难以避免的情况，经常出现特定模态的数据不完整的问题。第三个挑战是跨模态信息不均衡，例如，新闻通常包含很大篇幅的文本内容和少数的几幅图像。

多模态融合是为分类或回归任务整合来自多种不同模态的信息。对于深度神经网络等模型，多模态表示和融合之间的界限已经模糊，其中表示学习与分类或回归目标常常交织在一起。多模态融合的难点在于：一是信号可能并不是时序对齐的（temporally aligned），同一时刻有的模态信号密集，有的模态信号稀疏，也可能是密集的连续信号和稀疏的事件（例如，一大段视频只对应一个词，整个视频只对应稀少的几个词）；二是多个不同模态在不同的时间点可能表现出不同的类型和不同等级强度的噪声；三是融合模型很难利用模态之间的互补性；四是在模态信息缺失、互斥、冗余等条件下，如何设计高效的融合算法来整合不同模态的信息以提高多模态情感分析的准确率；五是基于多模态信息对情感表达含义进一步理解，如何有效融合语义信息进行多尺度情感的准确理解，实现在认知层面的情感分析。

多模态情感计算在模态融合方面，包括了基于特征层的融合、基于决策层的融合和基于模型层的融合。基于模型层的融合策略得到了更多关注。在建模方法方面，随着深度学习技术的发展和数据资源的扩增，基于深度神经网络的多模态情感识别方法在学术界和工业界广泛应用，在建模过程中通过有效融合场景、个体差异、时序上下文等先验信息，进一步提升情感分析系统的性能。在应用场景方面，除了当前最为主流的情感和倾向性分析之外，面向压力、精神状态、维度情感、专注度、言语置信度等多模态情感计算问题近年来得到了广泛关注，在教育、安全、医疗、金融等领域有着广泛的需求。

7.4.3　多模态情感计算的新挑战

如何由可测值推断情感是多模态情感计算的新挑战之一。对所提取的特征的衡量和感知到的高级情感间的不一致性会导致情感鸿沟产生。情感鸿沟比客观的多媒体分析任务存在的语义鸿沟更有挑战性。即使语义鸿沟已经被解决，情感鸿沟可能仍然存在。例如，盛开的玫瑰和凋谢的玫瑰都包含玫瑰，却能唤起不同的情感。对于同一个句子，不同的语音语调可能对应完全不同的情感。提取具有区分性的高级特征，特别是与情感有关的特征，可以帮助弥补情感上的差距。

情感主观性产生于不同个体在不同时段针对相同刺激物也可能会产生不同情感反馈。由于许多个人、环境和心理因素的影响（如文化背景、个性和社会环境），不同的人对同一刺激可能有不同的情感反应。例如，ASCERTAIN 数据集中的 36 个视频被 58 个被试者标记为 7 个不同的价值和唤醒尺度。结果表明，部分被试者对同一刺激物有相反的情感反应。即使情感相同，生理和心理变化也会有很大差异。以一段有暴风雨和雷声的短视频为例，有些人可能因为从未见过这种极端天气而感到敬畏，有些人可能因为巨大的雷声而感到恐惧，有些人可能因为捕捉到这种罕见的场景而感到兴奋，有些人可能因为不得不取消旅行计划而感到悲伤等。即使是同样的情感（如兴奋），也会有不同的反应（如人脸表情、步态、行为和语言）。对于主观性带来的挑战，一个直接的解决方案是为每位个体学习个性化的模型。其他挑战还包括情感抽象性、隐藏隐喻性（如数据的哪些局部子元素蕴含情感）、情感模糊性，同一刺激物可能蕴含或激发人的多种情感等。

7.5　应用及展望

多模态情感计算在未来有广阔的发展前景和应用场景。从实验研究的视角来看，多模态情感识别需要不断创新。例如，基于预训练过程加入多样化的环境信息及先验知识，包括实用服务场景和对话对象的年龄、知识水平、文化背景、个性化特征等信息。结合显性（语言表达，面部表情等）和隐形（生理信号）情感模态能够进一步提升情感计算的准确性和认知深度。基于以往的研究经验，显性模态容易受到环境影响产生较多噪声，或难以收集提取稳定信息，而隐形模态则存在无法实时读取的瓶颈。将两种类型的模态融合互补是一个有望进一步对模型进行优化的研究方向。对应用领域来说，高稳健度和高准确度的模型为实践落地提供了坚实的基础。广阔的应用场景为多模态情感技术提供了充分的发展空间，但无疑也要面对应用转化的重重挑战。例如，由于手机、摄像头等边缘设备的计算能力不足，需要考虑模型部署时出现的计算资源限制问题。目前，多模态情感计算所使用的深度神经网络模型的高维深度网络形成"黑盒子"，该可解释性问题使模型的社会接受度和可用性受到限制。进一步提升深度神经网络的可解释性，实现可信任的人机协作，也是多模态情感计算重要的发展方向之一。

7.5.1 应用场景

多模态情感计算技术正大规模应用于政府、商业、金融、教育、医疗、娱乐等各类型行业。与此同时，基于源数据及产业结合驱动，企业与学界的联系逐渐密切。据 ACL（Association for Computational Linguistics）、EMNLP（Empirical Methods in Natural Language Processing）、COLING（International Conference on Computational Linguistics）、NAACL（North American Chapter of the Association for Computational Linguistics）等会议的论文统计，近年来百度、腾讯、阿里巴巴、华为、科大讯飞、新浪等众多公司在多模态情感计算领域都取得了优秀的学术研究成果。此外，企业发挥自身优势，建立了大量的校企实践基地，联合实验室等进行人才培养和技术储备，同时利用企业资源开放情感计算大模型平台，构建各类情感计算垂直任务的标准数据集等，取得了良好的效果。

多模态在情感计算应用领域起到了引领的作用。在充沛的数据资源支持下，更多的企业开展了面向多模态情感计算的研究。例如：北京知微公司围绕政企客户需求，探索文本、图片、音视频多模态情感计算技术及应用；拓尔思信息技术股份有限公司利用不同信源的多种模态信息进行跨语言跨媒体的事件追踪分析；华为公司研发了一套云情感计算工具，集成了文本、语音、图像、多模态情感识别和情感合成等技术；腾讯音乐结合音频文本进行细粒度情感属性抽取，并对用户进行音乐的精准推荐。

多模态情感计算技术正进入产业不断拓宽和研究深入融合的阶段。近几年，各行业对智能化业务处理要求的上涨加速了情感计算技术与传统行业的融合。多模态技术有着非常广泛的应用落地，如舆情分析、搜图检索、AI 字幕、AI 虚拟数字人、虚拟人交互、智能助手、数字员工，商品推荐和信息流广告、视频帧的图向量检索、语音交互，多模态融合的感知自动驾驶系统等。

在政府政务领域，情感计算技术在文本内容敏感性研判、政策影响调研、上访事件处理、社会情感洞察、舆情分析、智能文本生成，以及智能决策支持等众多方面有效地辅助政府工作者提升政务处理效率和准确性。多模态情感分析技术的优化能够提升智能虚拟人数字大脑在交互状态下的情感分析能力，从而实现交互质量的提升。虚拟数字人主要有播报虚拟人、问答虚拟人、服务虚拟人、智审虚拟人等类型，实现数字员工性能的进一步优化。政务办公场景能够实现回应关切播报、政务公开、政策解读、政策问答、办事咨询、政民互动、政务大厅服务、智能行政审批、申请表单审核内容比对、政务办公等。不同类型的数字虚拟人员工将以不同职能的呈现方式应用到各行各业。

虚拟人交互能力的提升还将进一步促进元宇宙产业发展。元宇宙中的语义智能应用发展从电子化、结构化，到知识化、个性化，再到智能化：语言处理技术进化从专家库（规则）、统计模型，到深度学习、大模型，再到具有扩展性的通用人工智能（AGI）。多模态情感计算是推动元宇宙智能实现的重要技术支撑，具体职能包括人机智能融合体的养成（交互、对话、学习）、感知（态势、仿真、生成）、人机智能群体沟通协同、数字孪生、源生算法模型（拟像、认知生成）等。

在商业智能应用领域，情感计算技术在企业口碑评价、产品细粒度抽取、产品精准推荐、消费辅助决策，以及商战情报分析等方面有效地辅助目标企业不断提升产品质量和企业形象。此外，多模态情感计算将颠覆现有的市场营销和消费者行为分析策略。例如，现在大多数服装电子零售商使用人体模型或模特来展示产品。模特的表情和形体姿态对消费者行为有显著影响。具体来说，对于情感接受能力强的参与者，微笑的表情通常是最容易引起共鸣的方式。此外，研究人员还基于刺激-机体-反应框架研究在线商店的专业化如何影响消费者的愉悦和唤醒程度。情感识别也可以用于客服中心，目的是检测呼叫者和接线员的情感状态。该系统通过语调节奏、相应对话转换所得的文本来识别涉及的情感。基于此，可以得到关于服务质量的反馈。服务产业智能化对人工智能技术而言是巨大的机遇和挑战。在电子商务领域，在业务不断拓展的背景下，电商产业面临的是超大规模的数据应用和零售全链条复杂人机交互的场景，需要对 10 亿级别的用户提供个性化和高效率的零售服务体验，所以大规模复杂任务导向多模态智能人机交互技术突破也将为更广泛的服务产业的智能化提供支撑。

在金融领域，情感计算技术为量化投资提供了热点事件挖掘、舆情分析、情感属性细粒度抽取等多项重要因子，基于内容的用户画像、标签抽取等技术为大数据风险控制提供了重要支持，智能客服等产品也广泛应用于整个行业。此外，多模态的生物识别技术（包含 OCR、指纹、人脸等）有助于降低金融诈欺所造成的损失，或将成为金融科技未来发展的关键趋势之一。多模态的方式显著优于单一生物识别，能够进一步确保用户信息和数据安全，加强人工智能金融市场监管。然而，全国银行分支网点以十万计，从后台服务系统搭建到产品形态规划，整个谋划准备、推动落地工作体量较大，需要一定时间去研究摸索、实验、实现项目推广落地。

在教育领域，多模态情感计算技术在智能助教、学情分析、教学分析、教评考核等环节都发挥了重要作用，为全方位提升教育教学的智能化程度提供了重要的技术支持。将多模态情感计算以模块化的方式嵌入学习系统中，可以增强系统的情感感知能力，进一步提升学习体验与优化学习交互。在自适应学习系统中，中国台湾台南大学林豪锵（Hao-Chiang Koong Lin）等整合面部表情、语义信息与皮肤电信号来提升系统的情感识别能力，并以学习仪表盘的方式呈现情感分析结果，帮助教师及时掌握学习状态与调整教学策略。华东师范大学教育学部教育信息研究员薛耀锋等采集在线学习过程中面部表情、文本和语音信息，赋能在线学习平台的情感识别能力。在教育机器人中，通过采集儿童与机器人交互过程中的语言信息（文本、语音）与非语言信息（面部表情、身体位置、头部姿态），以实现对儿童学习情感状态的自动分析，可提升儿童与机器人之间的学习交互体验。可以说，多模态情感计算在赋能自适应学习系统、在线学习平台、教育机器人等方面具有可观的应用潜能。多模态情感计算技术还能够支持学习干预与决策。由于基于学习成绩或学习行为开展教学干预存在一定局限，诸多研究尝试从情感角度进行学习干预。

在医疗健康领域，医疗决策支持、抑郁症患者自动检测及心理引导、孤独症儿童筛查、病例智能抽取、问诊机器人等方面也深度集成了多模态情感计算技术。例如，如果观察到某用户持续地分享负面信息（如悲伤），就有必要跟踪他／她的精神状态，以防止心理疾病甚至自杀行为的发生。多模态情感计算技术还可以用来监测和预测各类人的疲劳状态，如司机、飞行员、装配线上的工人和教室里的学生，既能防止危险情况的发生，又有利于工作／学习效率的评估。情感状态还可以被纳入各种安全应用中，如作为公共场所（如公共汽车、火车、地铁站、足球场）潜在攻击行为的监测系统。此外，一种有效的辅助系统被引入儿童孤独症谱系障碍（ASD）的诊断和治疗过程中，以协助收集病理信息。为了帮助专业临床医生更好更快地对 ASD 患者进行诊断和治疗，该系统对被认为是早期筛查孤独症重要指标的人脸表情和视线特征进行分析。随着情感计算技术的不断发展，企业的应用领域不断增加，服务范围进一步拓宽，并逐步满足用户实际需求。

此外，多模态在工程应用是工业 4.0 话题下的重点，主要有以下 3 个方面内容。

（1）多模态情感数据的获取与处理

要实现具有一定情感识别功能的人机交互应用，建立自然的人机交互过程，需要满足数据高质量获取、识别过程中准确性和鲁棒性、在线识别的时效性这 3 个方面的要求。因此，在实际工程应用方面，我们针对数据的获取与处理、系统应用模型泛化设计、实时在线系统设计等方面的挑战，提出了操作性建议以及在实践应用中需要考虑的问题。

在情感识别的实际应用过程中，如何快速准确地采集高质量的多模态信号进行多模态情感数据的获取与处理是一个关键问题。德国柏林工业大学的脑机接口研究团队在 2017 年已经发布了一款可同时采集脑电和近红外光谱信号，以及其他常规生理参数（如心电、肌电）的无线模块化硬件架构。类似的高精准、便携式、具有可扩展性的多生理参数采集硬件架构的实验设计和量化生产，是多模态情感识别研究走向工程应用的先决条件。

（2）系统应用模型泛化设计

情感刺激反应普遍存在个体差异性和非平稳特性。不同个体面对同一刺激产生的情感反应不一定相同，存在个体差异性；同一个体在不同时间面对同一刺激的情感反应也不一定相同，存在不稳定性。从这种差异中寻找稳定的情感反应与模态特征之间的对应关系，构建普适的稳健的情感模型是当前工程应用研究中急需解决且具有挑战性的问题。西班牙瓦伦西亚大学米格尔·阿雷瓦利洛-埃拉斯（Miguel Arevalillo-Herráez）提出了一种归一化数据转换方法，去除模态信号中依赖于个体的分量，构建不依赖于个体的共用特征空间，从而消除模态数据特征个体差异性所带来的影响，实现了跨被试者、可迁移的非个体依赖的情感生理状态识别，提出了更接近实际应用的情感识别方法。

目前，大多数的情感识别模型训练需要花费大量前期时间进行系统标定，这极大地限制了工程应用的场景。同时，获取无标签多模态数据相较于有标注多模态数据来说难度降低，并能够满足实际应用中大规模数据的分析要求。因此，基于无标签样本的多模态学习对工程应用具有重要意义。中国科学院自动化研究所类脑智能研究中心杜长德等提出了一个多视角深层生成多视图情感识别模型，将无标签的半监督分类问题转化为一个专门的缺失数据输入任务，其中丢失的视图被视为一个潜在变量，并在推理过程中被整合出来。

（3）多模态在线系统设计

当我们需要借助多种模态对情感状态进行综合分析时，首先工程应用过程中多种模态数据采集仪器设备分别记录的每种模态信号在时间上必须准确对应或同步。最直接的方式是保证每种模态采集的频率一致，但在工程应用中要保证异质多源模态数据采集频率一致是不现实的。清华大学高小榕等使用伪随机序列编码信号同步方法，同时标记视频和脑电信号的数据，完成了眼动仪与脑电同步采集平台的搭建。

与多模态情感识别离线算法分析不同，在实际的工程应用中更强调多模态情感识别系统需要实时针对当前新的样本，不断学习实时样本中的新特征，基于保存的大部分已经学习到的知识，适当调整模型结构，从而不断提升模型的泛化能力。大连理工大学赵亮等提出一种多模态数据增量共聚类融合算法，设计了3种增量聚类策略，即簇创建、簇合并和聚类划分，对多模态数据进行增量聚类融合，同时设计一种自适应的模态权重机制，在共聚类融合过程中对模态权重进行动态调整以应对多模态数据处理的实时性问题。

经过近年来的发展，情感计算技术已经被越来越多的行业应用，多模态情感计算技术在性能上取得了突破，在实际应用中不断落地，在未来拥有巨大的发展潜力。一切新技术的应用都需要做到标准先行。从保护用户权益、维护行业稳定、保障经济平稳健康发展的角度来看，制定切实有效、明确可行的规范标准是多模态计算规模化应用的重要"关口"。

7.5.2 未来方向

情感计算研究旨在为传统计算机（包括应用现有智能计算方法的计算机）增添具有感性思维的情感，结合情感认知的计算模型是在人工智能框架的一个质的进步。基于情感认知的语音情感、面部表情、文本情感以及生理信号等情感研究，情感计算能赋予计算机拟人化的思维方式。从实验广度来说，它包容并扩展了情感智能，而在研究深度这一方面，情感计算在人类智能思维与反应中体现了一种更高层次的智能。因此，深入研究多模态情感认知识别技术能够促进情感计算的研究，进一步提升计算机的应用能力。

数据是训练算法模型的源泉，对于数据收集困难、缺乏数据的问题，零样本学习（zero-shot learning，ZSL）是一种较好的解决方法。例如，大多数基于身体姿势的情感识别数据集只包含几百个样本，且大部分收集的是实验者在实验室环境中执行的行为。这种收集方法大多由实验设计者预先指定，且姿势种类较少。然而，人们表达情感的方式是不同的，随之产生不同的身体姿势。当在模型测试过程中出现一个新的身体姿势时，算法很容易识别错误。解决小样本问题的一种方法是扩展训练数据集，以包括尽可能多的情感身体姿势。然而，收集所有类别的标记数据需要巨大的工作量。ZSL 可以通过属性和语义向量的等边信息建立可见类别和不可见类别之间的关联。例如，它为身体姿势这个问题提供了一个解决方法，可以使用它们的语义描述来识别新的身体姿势类别，然后从身体姿势标签中推断出情感类别。因此，在情感识别任务中，对小样本学习方法的深入研究及不断改进是一个未来值得探索的方向。

通过模拟人类的核心认知能力，实验首先使用大规模多模态数据对人工智能模型进行预训练和训练。随着互联网上的用户数据和工业领域的生产数据大规模涌现，如何利用从互联网上获取的大规模多模态数据进行模型训练，如何对巨量级大规模生产数据进行规范化处理，已经成为相关业界的研究热点。如何能有效地利用有效数据，对大规模的、不断变化的网络数据来说是一个巨大的挑战，依赖详细的人工标注无法实现高效的实际应用价值。解决方法之一是利用复杂的预训练目标和大量的模型参数。预训练模型可以有效地获得无标记数据中的丰富知识。预训练语言模型能够从不断变化的大规模无标注数据中学习通用知识，再在下游任务上用少量的标注数据进行微调。目前，预训练方法已经成为自然语言处理领域成熟的新范式。从 2019 年开始，预训练语言模型，包括谷歌 AI Language 的 BERT、OpenAI 的 GPT-3、脸书的 BART 和 Google Research 的 T5 等，相继被扩展到多语言和多模态等场景。相对于文本预训练语言模型，多模态预训练模型更好地对细颗粒度的多模态语义单元（词或者目标）间的相关性进行建模。简言之，多模态预训练的目标是通过对齐不同模式的大规模数据，模型能够将所学知识迁移到各种下游任务中，实现通用人工智能的触达。

表征符号系统是探究知识结构的根本，只有做好表征符号系统的本体研究，才能促进人工智能和其他领域的发展。因此，未来相关研究方向还需从语言角度加强形式化和算法的研究。例如，参考现当代自然科学的前沿成果，如通过认识量子理论和复杂理论的核心知识，从而设计多维度的复杂算法，也是今后表征研究努力的一个重要方向。目前的一些语义融合策略，如多视图融合、迁移学习融合和概率依赖融合，在多模态数据的语义融合方面取得了一些进展。因此，将深度学习和语义融合策略（包括强相关与弱相关）结合起来，可能给多模态情感计算带来一个新的研究方法。如何平衡联合表征和协同表征（即单塔和双塔模型）的有效性和效率是未来的重要问题。目前方法有两种：对于联合表征模型，可以在跨模式融合模块之前放置协同表征体系结构，以减少巨大的检索延迟，同时尽可能保持高性能优势；对于协同表征模式，可以考虑建立更精细 / 更紧密的模式相关性的学习目标，以提高其性能，同时保持高效率的优势。

目前，文本情感计算的文本情感分析、情感文本生成、情感图谱构建等方面的研究已得到了广泛的关注。随着深度学习技术的不断精进，基于情感知识的推理分析模型已经得到广泛应用探索和实践落地。这方面的例子包括用户/产品评论的分析/生成、融入文本情感信息的推荐系统建模及其可解释性生成。这类应用基于带有情感的知识试图实现面向目标任务的推理，实现一些较为复杂的决策过程。随着情感分析性能的提升，基于情感知识实现推理和决策将会是未来文本情感计算的一个重要方向，具有较大的发展空间和潜力。

深度学习方法已经成功地应用于学习高级特征表示以进行情感特征识别。一些深度学习方法通常优于基于手工标注特征的其他方法。然而，深度学习技术具有大量的网络参数，导致其计算复杂度高。在保持模型精度的同时，需要考虑如何使模型变得更小、更快、性能更好。这需要一系列方法对深度学习模型进行压缩和精简。模型压缩的方法目前有4类，分别为模型量化、模型剪枝、低秩近似和知识蒸馏。不同模型压缩方法能够针对一个模型配合使用，经过结构化剪枝之后，由于模型的整体结构没有发生重要变化，能够在低秩近似，减少参数量和计算量，再通过参数量化进一步减少参数量并加速。尽管就各种特征学习任务的性能衡量而言，深度学习已经成为一种最先进的技术，但是黑盒问题的存在阻碍了模型的实际应用。由于其多层非线性结构，深度学习技术通常被认为不透明，其预测结果往往无法被人追踪。为了解决这个问题，直接可视化学习到的特征已经成为理解深度模型的广泛使用的方式。然而，这种可视化的方式并没有真正应用理论来清晰解释算法的运行机制。从多模态情感识别的理论角度探讨深度学习技术的可解释性仍然是一个重要的研究方向。

简言之，多模态情感计算的发展趋势集中体现在以下3个方面。一是融合语义信息进行多尺度情感准确理解，从多个维度（如倾向性、情感状态、心理压力、精神状态、专注度等）进行多模态情感分析，实现从情感感知到情感认知的跨越。二是增强复杂环境下情感计算的鲁棒性，实现在非协作开放模式下，面向高维碎片化开源数据，实现对目标对象情感状态的精准识别；与预训练及多任务联合训练等方法结合，实现更广泛场景下的多模态情感计算。三是探索通用的多模态情感计算模型，通过适配多场景应用，实现多模态情感计算应用零成本迁移。具体包括加强情感计算的个性化表达能力，适配不同个体的情感状态，融入用户画像、人格特质等个性化特征，实现对不同对象情感的准确理解，满足个性化的情感计算需求，实现与人共情的突破；以及探索场景用例，在下游应用端，更实用的设置包括自然场景多模态情感识别、边缘设备部署多模态情感识别算法和群组情感识别等。在场景结合算法的丰富组合下，更多的情感分析解决方案将被用来更好地解决更加多样的实际问题，探索复杂交互情境下的多模态信息处理和用例实现是多模态领域未来最重要的研究方向。其他未来可能遇到的挑战还包括如何在将多模态情感识别算法部署于真实场景时产生实质的经济价值效益，或者是在利用可穿戴设备简单快速且准确地收集情感数据的同时，考虑到情感计算数据采集过程中的安全性、隐私性、伦理性和公平性等道德和法律层面的原则和规则。

智能设备如何帮助残障群体：转听为"看"，由看及"听"

瑞士初创公司（Evra）发明了一种可穿戴设备——Horus。这款可穿戴设备可以帮助盲人解决出行问题。Horus 由两个部分组成：一个部分是骨传导耳机，它的右侧带有两个全高清的移动摄像头，可以把外界的环境完全录入设备，然后转为文字叙述说给佩戴者；另一个部分是一颗英伟达 Tegra K1 芯片，里面配置有能够满足一整天续航的电池，因此无须担心在使用途中设备突然没电而导致盲人独自在街上行走。这一设备还能帮助盲人阅读，设备可以扫描书本的内容，通过立体声反馈给盲人。

除了看，听，也是我们捕获信息、感知世界的重要能力，更是帮助人与人之间沟通交流的重要输入形式。世界卫生组织的《世界听力报告》显示，在全球范围内超过 15 亿人口存在一定程度的听力下降。第二次全国残疾人抽样调查结果显示，目前我国听力障碍人数接近 3 000 万人，是国内数量最大的残障群体，其中约有 739 万人听力完全丧失。亮亮视野公司的"听语者"AR 眼镜，将环境声音实时转写成可视化文字。在输入上，"听语者"采用了高性能多麦克风阵列模组、降噪模块，可以实现精准收音，麦克风灵敏度高达 −36 dB，动态范围达到超高的 132 dB，并且支持 20 ~ 20 kHz 全频谱响应，在噪声中也不会影响用户社交。"听语者"还配备了精准高速的语音识别算法、转写算法、智能校正算法、降噪算法等，能做到毫秒级转写，保证信息能够又快又准确地传递。同时，该算法支持智能断句，根据说话人的语气、语境，自动切分长段语句，让用户的阅读体验更加友好。

视觉、听觉、图像及语言、文本与语音信息的多模态融合策略真正为视觉障碍、听力障碍或者语言障碍的群体提供了有效的科技工具。多模态协同及相互转化能够让残障群体通过科技助手服务工具进行转化表达，这将极大地提升残障群体的生活质量，让残障群体拥有更好的服务与生活体验，体现了科技创新的重要社会价值与意义。

第八章
拟人情感对话系统

8.1 背景概述

自然语言处理是人工智能和语言学领域的重要分支学科，包括自然语言认知与理解和自然语言生成等多个部分。近年来，自然语言处理技术发展迅速，逐渐被引用到各个领域，如语义分析、文本情感分析与提取、机器翻译、问答系统等。其中，自然语言处理技术离人类最近的一项重要的子任务当属自然语言对话任务，因为对话是人类活动最基本且重要的沟通表达方式。

对话系统是人工智能领域的重要研究内容，它可以最大限度地模仿人与人的交互，使人与机器能够以一种更加自然的方式进行交互，受到学术界和产业界的广泛关注。通过对话系统，机器可以帮助人类完成指定的工作、为人类提供特定的服务，以及与人类进行情感上的交互。20 世纪 50年代，图灵为了研究计算机模拟人类对话的能力进行了图灵测试，以验证其智能程度，对话系统由此受到了研究人员的关注。最早的聊天机器人可追溯到 1966 年的美国，艾莉莎（Eliza）是第一个应用在现实中的聊天机器人，用于对患有心理疾病的患者进行辅助治疗。艾莉莎得到了众多使用者的好评，甚至很多患者反馈，艾莉莎比医生更懂得自己。实际上，艾莉莎采用的是相当原始的方法，依赖指定的规则进行回复，这种方法可解释性强，但需要耗费大量的人力、物力，并且几乎不具备领域迁移能力。

随着人机交互技术的发展，网络上的用户数据以及用户对机器智能化交互的需求日益增长，能与用户进行实时交互的对话系统快速兴起。在工业界和学术界，人们致力于研发可用性强、能与用户进行流畅对话的对话系统，亚马逊、微软与百度等公司都推出了面向大众的闲聊机器人，对话系统成了近年来富有挑战性的研究课题。

按应用场景划分，对话系统可分为任务型对话系统和非任务型对话系统。任务型对话系统在对应的业务场景下，能够迅速识别用户的需求并为用户提供相应的服务，主要应用场景为虚拟个人助理、网站客服，并且有着明确的目标，即通过较少的对话轮数帮助用户完成预定任务。非任务型对话系统则面向开放领域，主要通过基于检索的方法和生成式的方法构建，主要应用场景为闲聊机器人、智能客服以及个性化推荐等，回复内容具有主题一致性、语言多样性以及个性化的特点。

然而，人类在交换信息的过程中，不仅包含语法和句法信息，还包含情感信息与情感状态，人工智能的长期目标是使机器能够理解情绪和情感。2010 年，奥地利林茨大学马尔钦·斯考伦（Marcin Skowron）开发出一款能够监测情感的对话系统，该系统能够检测对话内容中包含的情感类别，旨在感知用户的情感状态，并在内容和情感相关性上产生对用户来说更有意义的回复。微软公司在 2014 年推出的闲聊机器人小冰通过大数据学习具有较强的对话能力，在应用期间曾吸引上百万的用户与其交互，在交互的同时也产生了更多有价值的对话数据。

现有的研究表明，在对话系统中加入情感信息会提高用户的满意度，并且情感信息有助于使机器和人之间的交流更加自然。随着经济的发展，现代社会生活节奏急剧加快，人类对沟通交流有着强烈的需求，闲聊机器人通过与用户对话，可以提供合理的反应和娱乐，调节快节奏现代生活的紧张感，为用户提供一定的情感陪护功能。例如，针对新冠疫情期间的心理健康问题，在线心理自助干预系统被开发出来，包括抑郁症、焦虑症、失眠症的在线认知行为治疗。此外，一些人工智能方案已经投入使用，作为流行病流行期间心理危机的干预措施。例如，人工智能程序"树洞救援"可以通过监测和分析微博上发布的信息来识别有自杀倾向的个人，并提醒指定的志愿者采取相应行动。

因此，如何处理用户的情感信息，并且设计能够与用户进行正常情感交互的对话系统非常重要。随着人工智能技术的快速发展，自动对话领域的相关算法和技术也取得了长足的进步。深度学习技术在自然语言领域的突破性发展极大促进了自动对话系统的发展。深度学习是数据驱动的学习方式，需要大量的数据进行训练，模型才能够学习到有价值的特征。因此，生成式对话系统的发展也离不开大型语料的发展。近年来，随着社交网络的发展，人们在社交网络上产生了大量对话，如微博、贴吧、豆瓣等社区都包含大量有价值的人类真实对话，这些对话可用于对话系统的模型训练，使模型可以学习到人类真实对话的规律，从而更好地模仿人类对话。

技术的成熟、语料的丰富为对话系统的研究打下了坚实的基础。经过几十年的发展，任务导向型机器人有很多成功的商用产品，相关技术不仅在学术上成熟，更是经受住了市场的考验，而闲聊机器人仍处于比较初级的阶段。目前，国内已经进入"万元美金社会"，为了调和生产力的快速发展和落后的精神文化之间的矛盾，人们对对话系统的需求已经不仅仅是最开始的完成特定信息服务，而是更多转移到了沟通交流的需求，人们不仅希望对话系统可以完成自己指定的任务，更倾向于对话系统能够理解自己言语以及其中蕴含的情感。随着科技的发展以及人们生活水平的提高，未来有望产生更具备"智能"的对话系统。

8.2　系统框架

在日常生活中，人与人之间除了依靠语言进行交流沟通，面部表情、身体动作等都承载着独特的信息。虽然这些信息形式是截然不同的，但在现实情境中，这些多方位信息并不会让人产生杂乱无章的感觉，而是构成了统一的多感觉体验。大脑可以恰当地处理这些信息，使我们获取的内容达到"总体大于部分之和"的效果，相应的情感识别结果就更为精确、高效。例如，当一个孩子在犯错后撒谎时，其慌张的语调、不安的肢体动作、飘忽不定的眼神与其口头表述的信息内容是相违背的，在观察这个孩子时，我们可以轻而易举分辨出这是一个紧张的说谎过程，这比只是分析其传达出的文本信号、肢体信号等都要来得准确与迅速。这种分析与理解交流对象的情感状态和其他社会信号的能力是社会和情感智力的核心，我们常常称这样的能力为一个人的"情商"，它被公认为是在社会生活中不可或缺，甚至是占据重要地位的。如果给计算机也赋予这样的"情商"，那么计算机就可以更自然、更可信地适应和响应用户的需求，顺应用户的情感状态。

8.2.1　多模态感知模块

对计算机来说，人类所具备的多感官知觉能力可被视为多模态感知功能，即不同模态对应人体各种感官通道，不同模态数据对应不同感官信息，如图像和视频帧序列对应视觉信息，音频对应听觉信息。基于多模态的情感计算系统往往比单模态的来得更高效与可信，曼苏里扎德等研究发现，相对于单模态的基于人脸图像与语音的情感计算系统，融合两者的多模态系统的情感计算的能力有显著提升。基于多模态技术在人机交互系统中的优良表现，多模态感知界面能够与计算机进行丰富、自然、高效的交互，这一交互方式符合对话机器人的形态特点、满足用户期待，加之如今用户对拟人情感对话系统的便利性、准确性与自然性都提出了更高的要求，因此多模态感知模块在人机交互系统的发展中起着至关重要的作用。

通过不同的输入设备，人机交互系统可以采集到不同模态的数据。通过语音采集设备（如麦克风等）可以实时采集用户的话语、声音语调和语义信息，提取有助于判断用户情感状态的特征信息；通过视觉设备，如利用高分辨率摄像机捕捉人脸表情图像，利用深度摄像机感知肢体姿态的实时变化、利用眼动仪等运动跟踪设备采集人的运动数据等。如日本东京工业大学研发的 Mascot 机器人系统，就是由目前日本最大的公共研发管理机构（New Energy and Industrial Technology Development Organization，NEDO）资助而开发的情感人机交互系统，它同时配备有视觉与语音感知模块，以实现在家居环境中机器人与人之间的随意交流。

进一步地，有的情感机器人配备有触觉传感器，可以检测到接触面上的触觉感受，如温度、形状、压感、纹理材质等，目前主流的触觉传感器有压阻式、电容式、压电式、光学式等。嗅觉与味觉感知具有易于记忆与识别的优势，利用气味可识别事物的类别信息、气流流速及温度等，基于目前嗅觉、味觉传感器的研究进展，主要有以下几种技术：基于光学检测、电化学检测、声波检测的仿生传感技术。日本早稻田大学开发了一款情感表达人形机器人 WE-4R Ⅱ，它利用两个 CCD 摄像机、麦克风、触觉传感器（型号 406）与 4 个半导体气体传感器来完成视觉、听觉、触觉与嗅觉感知，实时收集多模态数据以实现机器与人之间的情感交互。

随着各种穿戴式传感设备的发展，生理信号输入设备也逐渐流行。目前，国际上可穿戴交互主要包括手势交互、触控交互与皮肤电子交互，利用数据手套、智能心率带、肌电采集分析仪等穿戴式装备捕捉与情感变化相关的人体生理数据。美国华盛顿大学和微软研究院的联合项目推进了肌电信号（electromyogram，EMG）在手势界面中的应用，该研究在识别不同手臂姿势时存在通用性。

8.2.2 语义理解

"多模态深度语义理解"是指对文字、声音、图片、视频等多模态数据和信息进行深层次多维度的语义理解，包括数据语义、知识语义、视觉语义、语音语义一体化和自然语言理解等多方面的语义理解技术。人机交互中的交互信息主要分为表层交流信息和深层认知信息。表层交流信息主要是指一些在交流过程中可以直接看到、听到、被传感器直接检测到的信号，如实时语音、手势、表情等；深层认知信息则不能直接被传感器检测到，但其中承载的信息又与当前语义信息紧密相关。这两者共同构成了人类复杂的心理活动。

基于表层交流信息，对语音语义来说，首先要满足的就是持续的音频流识别。作为面向持续识别的语音交互方案，不可避免要吸收很多无效的语音，这时需要通过语义拒识技术实现对噪声和无关语音的过滤。经过端点检测得到音频之后，就可以进行语音识别得到文本。

文本语义理解的方法，首先是对当前文本进行预处理，得到标注词性的文本，然后对文本进行特定模式的抽取，得到文本的固定词性搭配，再结合词语情感值计算方法计算抽取出来的词语的情感值，最后通过文本情感计算获取文本的情感倾向性。SVM 是较为经典的用于文本情感计算的模型，随着深度学习的盛行，CNN 网络也常常被应用于文本的特征抽取，从而可得到较好的情感计算效果。

图像语义理解则以图像为对象，以知识为核心，研究图像中目标与目标场景之间的关系，进而构建图像的语义。早期的图像语义理解方法主要是基于模板的方法，先对图像中的对象、动作、场景等信息进行检测，然后将对应的词汇填入格式固定的句子模板中，从而转换成自然语言描述。美国伊利诺伊大学厄巴纳-香槟分校阿里·法哈迪（Ali Farhadi）等采用检测的方法推理出一个三元场景元素，通过模板将其转化成文本，从而用自然语句输出描述内容。

然而，基于模板的图像语义理解方法使描述语言缺少多样性，随着深度学习的发展，人们提出了基于编码-解码的图像语义理解模型，使用端到端的训练方法，模型将图像语义理解任务分为两部分，首先用 CNN 提取图像特征，再用 RNN 作为解码器生成语言文字。这类方法生成的描述语句不依赖于单一的语言模板，结构清晰易理解，但不足之处是难以解释生成的单词与图像中对象的位置关系。

（1）基于上下文敏感性的语义理解

为了更正确、更"人性化"地理解用户的语言意图，交互系统需要考虑得更广泛与全面，挖掘其深层认知信息，如空间（用户周围的环境）、时间（之前发生的事情）、与用户本身相关的因素（国籍、性别、年龄、爱好、宗教信仰、性格等）。爱尔兰都柏林理工学院凯茜·恩尼斯（Cathy Ennis）等对行人场景进行预判，通过应用场景上下文信息的规则，将个人的背景信息加入模型，由此计算得到的人群感知真实感大大提升了。因此，若要试图提高拟人情感对话系统的情感计算功能的性能与鲁棒性，尤其当一些模块当下的实时感知数据不充分或没有解释贡献价值时，上下文敏感性就十分重要。

① 基于单模态数据的语义理解

基于文本数据的上下文敏感性，模型大致可以分为两类：非层次模型和层次模型。非层次模型直接将上下文句子和输入句子串联起来作为模型输入，句子数量的选择取决于串联效果。然而，串联上下文和输入会极大增加输入的长度，即使循环神经网络适合处理序列，过长的输入仍然会使模型遗漏掉一些重要信息。在层次模型中，话语级模型捕捉每个句子的含义，内部语言模型集成上下文和输入信息进行处理。因此，层次模型的效果往往要好于非层次模型。

以层次模型为例，处理上下文敏感性首先需提取上下文信息，并对信息向量进行处理。常用的方法主要有词向量相加、拼接、使用模型对上下文向量进行编码，赋予不同时刻隐向量权重后相加或拼接生成上下文向量。接着，使用合适的模型对多轮对话的上下文信息进行利用，如神经语言网络、N-gram 模型等。加拿大蒙特利尔大学尤利安·塞尔班（Iulian Serban）等提出了一种新的分层循环神经网络结构 HRED，HRED 在传统的端对端的模型上增加了一个编码器，以对上下文进行建模，减少相邻句子之间的计算步骤，有助于编码解码过程中信息的传递。

处理语音数据上下文信息的方法包括拼接相邻帧、RNN 时序连接、时间维度卷积的 CNN 等。上下文依赖关系模型有条件随机场（CRF）、长短时记忆网络（LSTM）、双向长短期记忆神经网络（BLSTM）等。电子科技大学蓝天等发现注意力机制具有选择相关信息的能力，在各种序列到序列的学习任务上都取得了较好的结果，因此提出了基于注意力机制的深度递归神经网络模型。该模型可以充分利用上下文信息，获得更好的语音质量和理解力。

图像信息中人的表情、肢体、场景等信息都影响着计算机的情感识别结果。加拿大温莎大学斯蒂芬妮·纳尔多内（Stephanie Nardone）证明了顺序对处理情感的重要性，那么情感识别的上下文信息顺序就很重要。因此，对于图像数据，建立合适的时序感知机制模型是关键一环。使用循环情感特征与门控机制可捕捉上下文时序信息，RNN 家族，包括 GRU 和 LSTM 等模型在时序建模上取得较好的效果。香港中文大学赵恒爽等则在引入了上下文特征和全局特征后，以多尺度特征融合进行级联操作，提出 PSPNet 网络解决语境信息不匹配的问题，这种全局的先验信息能够有效地在场景语义分析中获得高质量的结果。该网络使用了金字塔池化模块（SPP）对特征图进行级联，以得到上下文特征与全局特征的融合，最后在融合的特征图上进行采样，得到最终语义分割结果。

② 基于多模态数据的语义理解

在多模态数据之间实现上下文敏感性的一个关键挑战是上下文特征表示，即对不同类型上下文之间或上下文与不同模式之间的关系进行建模与编码。莫伦西等研究了一种基于上下文的识别框架，他们提出了编码字典的概念，基于个体和联合影响自动选择最佳特征，该框架整合了参与与会话的用户信息，以改进视觉手势识别。马耳他大学埃克托尔·马丁内斯（Héctor Martínez）等提出了一种基于频繁序列挖掘特征提取方法，该方法适用于采集到的用户多模态信息数据。他们融合了游戏调查数据集中的生理信号和游戏信号，分析其获得的序列并作为用户影响的预测器，用于在游戏场景中进行自动情感识别。英国伯明翰大学吉内夫拉·卡斯特拉诺（Ginevra Castellano）等训练了几个 SVM 模型，可从人机交互实验中收集的一组上下文日志中提取不同特征，并探索了编码任务、游戏情景和两者之间的实时关系。他们调查了整体特征与基于游戏回合特征的使用，整体特征在交互层面以独立的方式捕获游戏和社会背景，基于回合的特征对游戏和社会环境在每个回合的相互依赖性进行编码。实验结果表明，将基于游戏和社交上下文的特征与编码其相互依赖关系的特征集成可以带来更高的识别性能。

目前，一些研究在努力解决人机交互中基于上下文敏感性的情感识别问题。例如，美国麻省理工学院媒体实验室阿希什·卡普尔（Ashish Kapoor）等将用户的面部表情与姿势变化的多模态感官信息与用户的任务活动信息（如学习难度水平和游戏状态）结合起来，使用多模态高斯过程方法，从而识别学习环境中用户的兴趣程度。英国考文垂大学迪迪埃·格兰让（Didier Grandjean）等使用眼睛和头部方向模拟用户与机器的互动，在交互过程中适当考虑对用户的注视，以在与用户进行交互时提供解释与参考。

（2）基于用户信息的语义理解

一些学者的研究则将语义理解分解为意图识别与槽值提取两个任务，意图识别用于识别用户语句的目的，槽值提取则是给句子中有用的信息标记上不同的语义标签。传统上解决语义理解问题的方法一般是将意图识别与槽值提取分开处理或合并到一个流程中。对于意图识别，研究人员往往使用分类算法，如 SVM、AdaBoost 等。美国 AT&T 公司帕特里克·哈夫纳（Patrick Haffner）等利用 SVM 模型提出了一个基于最优信道通信模型的全局优化过程，该模型允许组合不同的二进制分类器，该模型成功地将 AT&T 公司的一个自然对话系统的呼叫类型分类错误率降低了约 50%。第二军医大学耿一兵等将文本检索会议语料库第五版（Text REtrieval Conference，TREC-5）的《人民日报》新闻作为数据集，利用 AdaBoost 算法进行中文文本分类，实验发现其结果优于大多数其他报告中的中文文本分类算法。

对于槽值提取，条件随机场与隐马尔可夫模型等较为常用。美国卡内基·梅隆大学约翰·拉弗蒂（John Lafferty）等将条件模型的优点与随机场模型的全局归一化结合，提出了条件随机场，其特点在于可以对序列分割和标记进行区别训练模型，结合过去和未来的任意、重叠和聚集观测特征，基于动态规划的高效训练和解码，并且参数估计保证找到全局最优。美国 AT&T 公司费尔南多·佩雷拉（Fernando Pereira）等则提出了最大熵马尔可夫模型，该模型允许将观测值表示为任意重叠特征（如单词、大写、格式、词性），并定义了给定观测序列的状态序列的条件概率。实验表明，该模型在将 FAQ 分割成问题和答案的任务表现上比隐马尔可夫模型或无状态最大熵模型表现得好得多。

随着深度学习模型的普及，递归神经网络（RNN）模型在自然语言处理中被广泛使用，在语义理解任务中，通过 RNN 模型特征表示的强大能力，研究人员通过共享用户语句的语义表示将意图识别模型与槽值提取模型相结合，以做到模型相互交流、一起训练。微软公司石杨杨等提出了一种使用 RNN 的上下文口语理解方法，可以将意图识别和槽值提取组合到一起，并使用该方法在航空旅行信息系统语料库（ATIS）中取得了较好的结果。美国三星研究院王宇等设计了一种新的基于 Bi-model 的 RNN 语义框架解析神经网络结构，利用两个有关联的双向 LSTM（BLSTM）将它们之间的相互影响考虑进去，共同完成意图检测和槽值填充任务，并在微软公司的第四届对话系统技术挑战赛的数据集上达到了当时最先进的水平。

8.2.3 情感识别

情感识别是人机交互的关键技术之一，在远程医疗、智能家居等多种场景中拥有广泛的应用。人们每天都会产生大量具有丰富情感的多模态数据，如语音、面部表情、肢体语言等，情感识别技术则使计算机拥有了从感知到的多模态数据中识别与理解人类当前情感状态的能力，这一技术具有重要的研究价值与应用意义。

有关交互系统的情感识别分类方法有两种：基于静态与动态分类、基于离散与连续分类。

（1）基于静态与动态的情感识别

基于静态的情感识别也称为基于帧的情感识别，这种方法是利用采集到的多模态数据中某一帧的特征进行情感计算分析。常用的静态分类器有支持向量机、神经网络和决策树等。

基于动态的情感识别也称为基于序列的情感识别，这种方法是利用采集到的多模态数据中帧序列的顺序特征（如时间序列）进行情感计算分析。常用的动态分类器有动态贝叶斯网络、隐马尔可夫及其扩展（如耦合隐马尔可夫模型）等。例如，美国贝克曼先进科学技术研究所艾拉·科恩（Ira Cohen）等利用不同的贝叶斯网络分类器对视频中的信息进行分类，并提出了一种新的 HMM 架构，用于从视频序列中自动分割和识别人脸表情。该架构使用由 HMM 层和马尔可夫模型层组成的多级架构自动执行面部表情的分割和识别。

基于动态与静态的情感识别的准确率在不同情况下有所不同。考恩等在研究中认为动态分类器更适合于人的面部表情识别，因为动态分类器对外观变化方面的差异和个体之间时间模式的差异更敏感。然而，澳大利亚悉尼科技大学哈蒂杰·居内斯（Hatice Gunes）等则认为在检测时间段内基于面部和身体模式的实验中，基于帧的分类优于基于序列的分类。总的来说，两种情感识别方法的有效性取决于其特征表示（基于帧与基于序列的特征表示）和具体的情感识别任务。

（2）基于离散与连续的情感识别

对于情感识别的结果一般有两种：离散的与连续的。离散的情感计算结果包括喜悦、愤怒、悲伤等基本情感状态，这是在自动情感识别领域中对多模态数据进行识别情感的传统方法。但是，这样的情感计算结果往往被认为是不符合实际的，因为离散的情感状态并不能捕捉人类在日常互动中的非基本和微妙的情感状态。因此，研究人员开始采用连续的情感识别方式，即对人类情感采用维度描述。效价和唤醒度这两个维度被认为足以捕捉大多数情感的可变性，其中效价是指情感的积极或消极程度，唤醒度是指情感引起内心的激动程度或引起的身体的激动反应。

对于基于离散的情感识别，分类器的选择主要取决于情境上下文和具体的应用程序。一般来说，较为常用的离散情感检测和识别的分类方法包括 SVM、MLP、KNN、NB、径向基函数网络、CRF、HMM 和 LDA，以及它们的变体（如耦合 HMM 或异步 HMM）。例如，英国伦敦帝国理工学院米哈利斯·尼科拉乌（Mihalis Nicolaou）等基于面部表情、肢体动作与语音数据进行情感识别，他们利用隐马尔可夫模型进行单线索分类，并利用二链和三链耦合的隐马尔可夫模型融合多个线索和模态进行实验，再利用支持向量机作为判别分类器。实验结果表明，似然空间分类提高了最大似然法分类的性能。另外，他们在似然空间中引入了融合的概念，该方法被证明优于通常使用的模型级融合，达到 94.01% 的分类精度，并进一步改进了所有先前的结果。

对于基于维度的情感识别（即连续的情感识别），较常用的分类器包括支持向量回归、相关向量机和长期短期递归神经网络等。例如，尼科拉乌等提出了一种新颖的输出关联相关向量机（OA-RVM）回归框架，该框架通过学习非线性输入和输出依赖性来增强传统的相关向量机回归，该框架可以捕获过去、当前和未来的上下文信息，并针对面部表情数据进行了维度情感识别的实验。实验结果表明，OA-RVM 回归在预测精度上优于传统的 RVM 和 SVM 回归方法，生成了更鲁棒、更准确的模型。总体而言，对于连续输入的自动情感分析，学界在很多方面还没有确定的结论，例如，如何建模维度情感识别，哪个分类器更适合连续情感输入的自动多模态分析等。

另外，结合多分类器优点的各种框架也在学者的探索中。尼科拉乌等基于面部表情数据研究了维度情感预测与分类，提出了一种新颖的多层混合框架，该框架能够对维度间相关性进行建模。英国布鲁内尔大学孟鸿鹰等将维度级别分类问题转换为 HMM 框架中的最佳路径查找优化问题。他们通过多阶段分类方法，第一阶段分类的输出被用作第二阶段分类的观察序列，建模为基于 HMM 的框架，然后使用决策融合工具来提高整体性能。实验证明，多分类器系统优于传统方法，同时可以降低计算要求。

8.2.4 共情回复

共情是一种包含认知、情感和行为等多个维度的个体"情商"能力。对于拟人情感对话系统，要想做到"人性化"，其共情回复能力是至关重要的。共情回复是指系统在理解和识别出用户的隐含感受与意图后，能根据语境做出适当的回应，让用户有被理解的感觉。当用户表达出"开心""自信"等正面情感时，系统会做出积极的答复，强化用户的正面情感；当用户表达出"失落""伤感"等负面情感时，系统会综合分析语境，挖掘负面情感产生的缘由，从而进行恰如其分的安抚，纾解用户负面情感。例如，众所周知的人工智能语音助手"小爱同学"，其研究团队以心理学为基础，打造了共情回复策略，以做到对不同事件引发的情感采取不同的答复，并研发出基于常识图谱的共情回复算法，这使"小爱同学"情感对话的用户体验有了大幅提升。

目前的研究主要从两个方面优化共情回复策略：一是促进模型的情感理解，二是改进回复生成策略。对于促进模型的情感理解，一个典型的代表是日本奈良先端科学技术大学院大学努尔·卢比斯（Nurul Lubis）等构建了一个完全由数据驱动的聊天对话系统，该系统可利用神经网络架构动态模拟情感人机互动。他们提出了一个序列到序列的反应生成器，使对话的情感背景考虑进模型，并将情感编码器与整个网络一起训练，以在整个对话过程中编码和维护上下文。实验结果表明，该方法能更自然地引发用户的积极情感。山东大学李沁桐等为解决共情对话系统难以感知隐含情感、学习情感互动的问题，首先通过与外部知识共同互动来丰富对话历史，构建情感情境图，并从中学习情感情境表示、提炼情感信号，最后提出一种情感交叉关注机制，从情感情境图中学习情感依赖性，以产生共情回复，实验发现通过该方法可以进一步提高性能。

对于改进回复生成策略方面，香港科技大学申家明（Jamin Shin）等提出了情感展望，使用用户情绪的前瞻来模拟共情回复生成，并通过强化学习改进共情回复模型。新加坡科技设计大学纳沃尼尔·马宗达（Navonil Majumder）等提出了一种模仿用户情感的方法，考虑极性的情感集群，并将随机性引入情感混合中，从而可以产生比以前更多样化的情感共鸣反应。

8.2.5 内容生成

现阶段对话系统根据任务应用场景的不同，可以分为两类：任务型对话和非任务型对话（图 8-1）。任务型的对话系统旨在特定场景下，能够迅速识别用户的诉求意图并完成对应的任务，如线上智能客服等；非任务型的对话系统面向开放性领域，在不限定主题的前提下，与用户自由地聊天，保证对话内容的一致性和丰富性，实现完全拟人化。这种特定场景下的应用使得融入情感在非任务型对话中的应用更加广泛。

图 8-1 对话系统的分类

（1）任务型对话

现阶段，实现任务型对话系统的方法主要有两类：管道方法（pipeline）和端到端方法（end-to-end）。

基于管道的方法是一种流程式方法，对话系统首先获取用户输入，然后将用户输入信息转换为对话状态表示，系统根据对话状态进行数据库查询，获取外部信息，然后用于系统决策，最后根据对话历史、系统决策生成自然语言作为回复输出给用户。整个过程一共分为三大步骤：自然语言理解（Natural Language Understand，NLU）、对话管理（Dialogue Management，DM）和自然语言生成（Natural Language Generation，NLG）。其中，对话管理又可分为对话状态跟踪（Dialogue State Tracking，DST）和对话策略学习（dialogue policy，DP）。整体的框架图如图 8-2 所示。

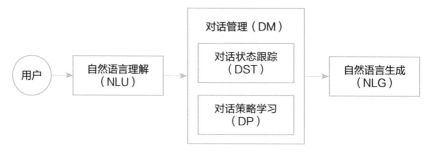

图 8-2　管道方法的三大步骤

本节重点关注 NLG 模块，它用于将系统生成的对话动作转化为用户可以理解的自然语言回复。管道方法中的自然语言生成方法可以分为：基于规则模板/句子规划的方法、基于语言模型的方法和基于深度学习的方法。

其中，基于模板的方法是一种根据人工设计的模板直接生成自然语言的方法，通过输入的对话、动作选择合适的模板，再根据对话动作中的信息填充槽位。IBM 公司托马斯·J. 沃森研究中心斯科特·阿克塞尔罗德（Scott Axelrod）等在 IBM 公司的航班信息系统中加入基于模板的对话系统。基于句子规划的方法，通过引入句法树的结构自动加入语言结构的信息，使生成的句子更加流畅，且可以生成复杂的语言结构。

在基于语言模型的方法中，基于类的方法是一种统计方法。此方法先构建话语类和单词类的集合，并为语料库中的语料标注话语类和单词类，然后将处理好的语料库依次输入两个模块：内容规划模块和表层生成模块。基于类的方法由美国卡内基·梅隆大学爱丽丝·吴（Alice Oh）等于 2000 年首次提出，他们在表层生成中使用了语言模型，减少了标记工作，增加了生成语言的速度。基于短语的方法是一种基于统计的数据驱动型方法，将人工工作从模板的设计和维护转移到数据标注上。该方法在训练前需要对训练集中的句子以短语为单位进行对齐标注；训练时，将标注的结果，即一系列无序的强制语义堆送给语言生成模块生成自然语言回复。基于短语的方法由英国剑桥大学弗朗索瓦·梅莱斯（Francois Mairesse）等于 2010 年首次提出，他们构造了一个统计语言生成器 BAGEL，并使用贝叶斯网络进行学习，在小部分数据训练中和人类评估的效果接近。

基于管道方法的任务型对话系统将一个复杂的任务拆解为多个模块，每个模块单独训练，降低了模型构建的难度，但同时也导致了许多问题。一方面，由于各个模块单独构建，模块之间相互依赖，模块之间的信息传播导致误差积累；另一方面，模块过多，一个模块的调整带动所有模块的调整，难以协调。

为简化对话生成过程，自然语言生成方法的研究趋势从需要大量特征工程的传统方法转移到端对端的方法上来。端到端的方法直接对历史对话文本进行训练，自动学习对话状态的分布式向量表示，最终检索或生成系统。端到端模型中所有内容都与联合目标函数一起学习，这样的方式使模型不再依赖于对话状态机构和额外的人工标签，从而使模型更易于扩展。英国剑桥大学文宗宪（Tsung-Hsien Wen）等首次将基于解码器的方法应用到自然语言生成任务中，提出了循环生成模型（Recurrent Generation Model）。之后，他又提出了模块化的端到端模型，其中每个组件使用神经网络建模，使模型端到端可微。脸书 AI 研究部门安托万·博尔德斯（Antoine Bordes）等用端到端模型和记忆网络模型相结合的方法弥补了端到端模型不适用于任务型对话系统的缺点。新加坡国立大学雷文强提出了一个两步 Seq2Seq 生成模型，该模型绕过了结构化的对话行为表示，只保留对话状态表示。他们首先对对话历史进行编码，然后使用 LSTM 和 CopyNet 生成对话状态，在给定状态后，模型生成最终的自然语言响应。

（2）非任务型对话

根据回复生成方法的不同，非任务型的对话系统可以划分为检索式和生成式两类。

① 检索式

基于检索式的非任务型对话系统的主要思想是从事先构建好的对话语料库中选择一个语义合适的话语作为最终的回复输出。检索的本质就是计算输入的话语与回复语句的匹配度，根据匹配度选择对应的回复语句。根据对话轮次的不同可以分为单轮对话和多轮对话。

单轮检索对话仅对输入的一个询问进行回复，而不涉及历史对话信息，不具有记忆功能，是很多对话机器人设计中最为基本、实用的一种方式。例如，客服机器人只需一轮对话即可满足对话者当前的需求。此类对话一般为问答对话，同时也可以收集特定语料，完成一定程度的开放域闲聊。一般来说，需要事先构造询问回复数据对库，一个询问对应了一个或多个回复。对于输入的查询语句，在询问回复数据对库中，检索出跟询问语句最相关的询问回复数据对，将其作为回复语句输出，从而完成一次单轮对话。

多轮检索对话结合历史对话信息，针对对话者的询问，从候选回复中选取最相关的回复。与单轮检索对话不同，对话的上下文语境的连续语义关系是询问检索必不可少的信息。常使用的方法是将上下文语境词语输入循环神经网络中，提取最后一层隐藏层作为上下文信息去匹配候选回复。但是，这种方法忽略了作为一个单独的整体带来的信息。百度公司周向阳等通过使用两个 GRU 模型提取多语境下单词序列和话语序列两个维度的信息，解决多轮检索上下文信息语境信息不足的问题，但仍然存在颗粒度信息不足的问题。上海交通大学张倬胜等对 SMN 模型进行了改进，提出了 DUA 模型，强调了语境的重要性，并进行了深度编码。他们认为，最后一个语境很重要，应将最后一个语境的信息补充到其他语境和回复里面。DUA 模型将最后一个语境的 GRU 嵌入 GRU Embedding 与其他语境和回复连接，接入带有注意力机制的 GRU 去提取关键信息和去除冗余信息，再进行词语和句子匹配矩阵构建，计算匹配得分。

② 生成式

基于生成式的非任务型对话旨在从大规模语料库中学习对话的模式。生成式对话机器人利用端对端的模型和大量的对话语料训练，学习人类对话的模式和特征，从而面对对话者的自然语言可以依据语境生成回复。生成式的对话生成受到机器翻译任务的启发，模型的一般范式是编码解码模式，通过编码器学习语义特征，利用解码器进行回复生成。这样的好处是具有很高的泛化性，即使对话不在已知语料库中，仍然可以生成普适性的回答。以是否利用上下文信息为依据，生成式对话又可以分为单轮生成式对话和多轮生成式对话。

单轮生成式对话大多以编码-解码的端到端的模型为基准进行构建。编码器对输入信息进行语义解码，将语义编码传递给解码器用于回复生成。例如，华为诺亚方舟实验室尚立峰等提出了一种基于神经网络的短文本对话响应生成器 NRM，其编码和解码都通过 RNN 实现，并使用注意力机制，得到全局语义向量和局部语义向量，加权输入解码器机芯解码。他们基于新浪微博构建语料库，实验表明 NRM 可以对超过 75% 的输入文本生成语法正确的和适当内容的响应，在相同设置下的表现优于最先进的响应，包括基于检索和基于 SMT 的模型。

多轮生成式对话依据上下文，对当前输入进行生成回复。与单轮生成式对话最大的区别是其需要对上下文语境信息进行建模，适当地利用上下文语境之间的内在联系提升对话质量。谷歌伊利亚·萨茨克弗（Ilya Sutskever）等提出了一种通用的端到端的序列学习方法，使用多层 LSTM 将输入序列映射到一个固定维度的向量，根据上下文语境进行编码，获得历史语义特征，再使用另一个深层 LSTM 从向量解码目标序列，这样生成词语直到生成终止符为止，生成的语句作为多轮对话的回复。清华大学王义达等收集并清晰整理出目前最大的中文多轮对话数据集，并在 GPT 模型的基础上提出 CDial-GPT 方法，将多轮对话进行串联后输入 GPT 模型，进行多轮对话训练，并在多轮生成式对话上取得了优异的成果。之江情感识别和计算平台建成世界上规模最大的多模态中文情感数据集，涵盖 28 种情感类型、1 600 分钟的跨媒体数据，并基于预训练语言模型、主题自适应增强模型、检索与生成双驱动策略攻克多轮情感对话难题，使用测试集数据平均对话轮次达到 10 轮，在长时间对话情况下主题识别率达到 85% 以上、回复满意度达到 75% 以上。

8.2.6 情感表达

（1）文本的情感表达

情感对话生成本质上是一类生成式任务，生成语义相关且富有情感色彩的回复。相关文献显示，早期的带有情感色彩的回复用到的是规则匹配算法，由开发者人为制定规则，并用对应的匹配算法进行匹配获得最终的回复输出。然而，现有的情感对话生成的研究工作大多以对话数据为驱动，基于生成式对话模型实现对话的生成。根据情感信息引入方法的不同，情感对话生成可以分为三类：规则匹配算法、指定回复情感的生成以及不指定回复情感的生成。

① 规则匹配算法

早期带有情感色彩的回复生成往往是基于规则匹配模板来实现的。系统事先根据不同的对话场景制定不同的模板和规则，然后利用这些模板和规则学习对话回复策略。第一款聊天机器人 Eliza 于 1966 年问世，可用于治疗心理疾病等。此后，美国斯坦福大学发明了聊天机器人 Parry，它能够模拟人类的情感并与人对话。这两款聊天机器人的回复都依赖于手工制定的规则库，并没有真正理解用户对话中的语义信息，这使得生成的回复往往存在着语义不连续、不合理等问题。为解决这一普遍性问题，加拿大渥太华大学法泽尔·凯什特卡尔（Fazel Keshtkar）等根据用户的选择模式以及句子规划器来生成包含情感的句子。斯考伦提出了在对话中进行情感监测的想法，在内容和情感相关层面上对用户的话语做出有意义的回应。

② 指定回复情感

指定回复情感的生成是根据事先设定好的情感类别来产生相应的回复语句，情感融入模型前需要先进行量化。情感可以进一步分为离散型情感模型和维度情感模型。离散情感模型是用标签的形式来表征情感类别；维度情感模型是将情感映射到多维空间中，利用连续数值来描述情感。瑞士洛桑联邦理工学院谢雨波等在Seq2Seq模型的基础上，利用LIWC（linguistic inquiry and word count）情感词典对6种离散情感进行处理，通过空间映射转换成高维的连续型情感变量，然后嵌入解码阶段中。复旦大学宋珍巧等认为有两种方法进行文本情感表达：一是通过使用明确的、强烈的情感词汇来描述情感状态；二是通过在上下文语境中隐含地组合中性词来增加情感体验的强度。他们使用6种离散情感进行情感表示，在Seq2Seq的基础上引入了基于字典的注意力机制，用以生成显示情感词实现情感表达，同时将上下文信息加入解码阶段得到隐式情感状态。卢比斯等利用维度情感模型，将情感映射到二维空间觉醒价（valence-arousal，VA）上，并且在分层递归编码器-解码器（hierarchical recurrent encoder-decoder，HRED）的对话编码阶段引入了情感变量编码器，并将预测情感标签造成的误差加入模型整体的损失函数中。

③ 不指定回复情感

不指定回复情感的生成认为在上文语境中已经蕴含回复所需的情感信息，不再需要人为指定回复的情感类别。用该模型生成的语句中所蕴含的情感具有灵活性和可控性。美国南加利福尼亚大学萨彦·戈什（Sayan Ghosh）等提出了基于LSTM语言模型的扩展，提出的模型Affect LM能够通过一个额外的设计参数定制生成句子中情感内容的程度，实验表明Affect LM能够在不牺牲语法正确性的情况下生成自然的情感对话。

北京市交通数据分析与挖掘重点实验室梁云龙等提出了一个基于异类图的情感对话生成模型，用异构图形神经网络来表示对话内容（即对话历史的情感信息、用户面部表情及其个性），然后预测合适的情感以进行反馈。之后，他们利用解码器将编码图形表示、编码器预测的情感和当前说话人的个性作为输入，生成一个不仅与会话上下文相关，而且与适当情感相关的响应。实验结果表明，该模型能够有效地接收来自多源知识的情感，并产生令人满意的响应，明显优于以前的先进模型。

（2）语音的情感表达

在实现语音的情感表达中，最主要的是语音合成。语音合成的目的是使机器人能够说话，主要着重语音词汇的准确表达，如果能在语音合成的过程中结合情感因素，将富有表现力的情感加入传统的语音合成技术，就会使语音表达的质量和自然度提高许多。常用的方法包括基于波形拼接的合成方法、基于韵律特征的合成方法和基于统计参数特征的合成方法。

① 基于波形拼接的语音合成

基于波形拼接的合成方法首先要建立一个包含不同情感状态的大型情感语料库，然后对输入的文本进行文本分析和韵律分析，根据分析结果得到合成语音基本的单元信息，如半音节、音节、音素、字等，按一定的规则在先前标注好的语料库中选择合适的语音单元，根据需求进行一定的修改与调整，将这些片段进行拼接处理得到想要的情感语音。虽然通过该方法可以把拼接单元的语音特征完美保存下来，但是只能得到情感语料库中所包含的相应情感说话人有限的情感语音，对于语料库之外的其他说话人、其他文本内容不起作用，扩展性较差。另外，基于波形拼接的语音合成方法得到的情感语音自然度欠佳，合成单元不能做任何改变，无法根据上下文调节其韵律特征。

针对这一问题，法国国家通信研究中心埃里克·莫林斯（Eric Moulines）等提出了基于波形拼接的基音同步叠加（PSOLA）算法，先对待合成语音的韵律特征参数进行修改，并达到最优的效果，再通过波形拼接方法合成最终需要的语音。PSOLA 算法根据句子的语义，以基音周期的完整性为前提，对每个基音周期的波形进行适当的修改，使频谱和波形能够平滑和连续。PSOLA 算法在对基音拼接时可以自如地修改音长和音高等韵律特征参数，对原始发音的主要音段特征能够恰到好处地保持不变，较好地改善了波音拼接技术合成语音的自然度，促进了合成技术的发展。

② 基于韵律特征的语音合成

在语音中，全局的韵律学参数常常被认为是能够几乎完全表达情感的。因此，通过改变无情感倾向语句的韵律特征，可以表达出特定的情感。

语音韵律特征变化对情感表达的影响是至关重要的，其中基频、时长和能量这 3 个特征在不同的情感表达中是不同的。

基频是反映情感的重要特征之一，基频均值、基频曲线的变化情况不仅受到情感因素的影响，也与用户本人及其说话内容密切相关，在情感语音合成中较难把握。时长是指语速的特征，当用户处于不同的情感状态时，语速会有相应变化，如在激动状态时，对话时的语速较于平常更快。能量表现在语音信号的振幅特征上。对于高兴、害怕、惊讶等情感，信号振幅的幅度值往往较高，而悲伤情感的幅度值较低。

针对韵律修改的不同方面，常用的算法有时域基音同步叠加（TD-PSOLA）、频域基音同步叠加（FD-PSOLA）和线性预测基音同步叠加（LP-PSOLA）等。其中 TD-PSOLA 算法计算效率较高，被广泛应用，是一种经典算法。印度甘露大学阿坎克什·巴萨瓦拉杰（Akanksh Basavaraju）等使用 TD-PSOLA 算法，探讨了一种在综合语音中相互转换情感的技术，并在英语数据库上进行了韵律修改演示。

③ 基于统计参数特征的语音合成

随着对语音信号的参数化表征和统计建模方法的日益成熟，基于建模的参数语音合成方法被提出，这可以实现语音合成系统的自动训练与构建。该方法基于一套自动化流程，对输入的语音参数化并对声学特征进行建模，利用训练得到的统计建模构 3 种类型，分别是基于 HMM、基于深度学习模型与基于混合模型。

基于隐马尔可夫模型的统计参数语音合成方法发展较好，其包括两个阶段：模型训练与语音合成。在模型训练阶段，首先需要对隐马尔可夫模型的参数进行设置，包括建模单元的尺度、隐马尔可夫模型的拓扑结构、状态数目等，接着需要进行数据准备，数据主要包括声学数据与标注数据，声学数据利用特征提取算法得到，标注数据包括音素切分和韵律标注。在语音合成阶段，首先需要对输入的文本进行分析，得到所属的上下文属性，然后根据这些上下文属性与频谱、基频和时长的决策树得到相应的模型序列，接着利用参数生成算法生成相应的普参数和基频，利用合成器合成最终的情感语音。

  然而，隐马尔可夫模型中决策树的聚类会导致数据碎片，无法描述语言和声学参数之间复杂的依赖关系，因此许多深度学习算法被应用在语音合成中。一些研究表明，在语音合成方面，使用深度模型尝试自适应后，给出了比基于 HMM 的模型更好的结果。英国爱丁堡大学语音技术研究中心武执政等对基于 DNN 的语音合成中不同层次的说话人自适应进行了实验分析，使用语言特征作为输入，执行模型自适应以缩放隐藏的激活权重，并在输出层执行特征空间变换以修改生成的声学特征。实验结果表明，在自然度和说话人相似性方面，DNN 比 HMM 基线具有更好的自适应性能。上海交通大学范雨晨等采用具有 BLSTM 单元的 RNN 来捕获语音语句中任意两个瞬间之间的相关或共现信息，用于参数化文本语音合成。实验结果表明，DNN 和 BLSTM-RNN 的混合系统在客观和主观方面都优于传统的基于决策树的 HMM 或 DNN-TTS 系统。BLSTM-RNN 生成的语音轨迹相当平滑，不需要动态约束。

  在统计参数语音合成中，有一些工作利用了统计框架与传统的基于单元选择合成方法的优点来合成自然语音，这样的方法被称为混合合成。这种建模的主要目的是从传统语音合成方法的原始语音片段中获得自然度和统计框架，以选择一些片段，并获得在连接点的平滑连接。例如，以色列理工学院斯塔斯·提奥姆金（Stas Tiomkin）等使用 Viterbi 算法选择 REVIEW 自然段和 HMM 生成的参数，以使所选单元中的失真最小。该方法能够生成较为自然的语音，并在许多商业应用中使用。另外，我国语音及语言信息处理国家工程实验室陈凌辉等在前端文本处理、后端声学建模和上下文嵌入中都使用了基于 LSTM-RNN 的模型，以帮助声学建模和单元选择，可以更好地进行韵律建模，从而丰富合成语音的表达能力。

8.3 代表系统

  拟人情感对话系统在实际生活中具有广泛的应用场景，如运用于医疗、家庭、公共服务等，是未来情感计算商业化的重中之重。因此，我们特选择中国最具代表性的之江情感对话系统进行说明，以了解具备情感抚慰功能的情感对话系统如何在医疗与家庭服务中发挥优势，如何突破传统心理医生及心理诊所的时空限制，建立自助式的心理服务平台，实现全天候的对话情感陪护。

之江情感识别和计算平台由之江实验室人工智能研究院跨媒体智能研究中心研发。跨媒体智能研究中心聚焦"跨媒体智能"主线，综合利用视觉、听觉、语言等多维度感知信息，突破以往单一模态信息处理的局限，挖掘不同模态媒体数据之间的关联，实现模态统一表征和贯通融合智能处理，进而完成分析、识别、检索、推理、设计、创作、预测等功能。之江情感识别和计算平台依托于国家自然科学基金重点项目和浙江省实验室重点项目开展技术攻关，研究面向跨媒体数据的融合情感智能计算理论，构建新一代情感分类理论模型、多模态融合情感识别、情感因果推理、共情交互策略学习等相关模型算法，突破人机交互中的情感深度理解及共情反馈等瓶颈问题。

（1）平台优势

之江情感识别和计算平台技术优势主要体现在以下几个方面。

在数据集建设方面，建成世界上规模最大的多模态中文情感数据集，数据集涵盖了 28 种情感类型、1 600 分钟的跨媒体数据。另外，1 800 分钟面向中文安抚对话的语音合成数据集，2 000 分钟针对"语音-文本-图像"3 个模态的情感识别数据集，20 万段面向情感抚慰的对话文本数据集在抓紧建设。

在情感识别算法方面，突破多模态融合情感识别关键技术，依托于 In-Situ Hybridization 融合算法、多粒度-多视角对话上下文建模算法等，有效提升了多模态对话上下文建模效果，使七分类情感识别准确率达到 87%。

在对话生成方面，攻克多轮情感对话难题，基于预训练语言模型、主题自适应增强模型、检索与生成双驱动策略，使长时间对话情况下主题识别率达到 85% 以上、回复满意度达到 75% 以上，使用测试集数据平均对话轮次达到 10 轮，使用实际场景广泛主题测试数据的平均对话轮次达到 5

轮以上。

在语音合成方面，基于对比学习方法，提升情感语音合成鲁棒性，实现语音合成质量 MOS 评分达到 4.3。

在虚拟人动画生成方面，提出了一种跨语言的音频驱动 3D 人脸动画生成方法，通过提取不同语种的共性，赋予虚拟人多语言表达的能力。

在视频行为识别方面，提出一种高效的结构化时空建模方法。实验表明，相对于已有方案，该方法数据依赖性更低，泛化能力更强，其 TOP1 准确率和 TOP5 准确率分别达到了 92.04% 和 98.14%。

（2）平台应用

之江实验室跨媒体智能研究中心基于心理学的相关理论，以之江情感识别和计算平台在人机交互、情感计算等领域具有的技术和算法优势，研发了人工智能驱动的个性化虚拟现实心理服务平台。该平台与网站系统、虚拟现实平台相结合，通过感知用户的语音、文本、表情等多种模态信息进而精确分析用户的心理状态，从而为用户提供个性化的心理咨询等服务，方便了用户了解自身心理健康状况。同时，系统根据心理学的相关原理，设计了虚拟现实的交互场景，为用户提供了一个压力释放空间，引导其向正向的心理状态发展。

之江实验室跨媒体智能研究中心从知识层、技术层、应用层、分析层 4 层布局人工智能驱动的个性化虚拟现实心理服务平台，包括 AI 交互模块和心理安抚模块。其中 AI 交互模块的核心是多维感知智能对话交互系统，心理安抚模块的核心是虚拟现实情感安抚系统。人工智能驱动的个性化虚拟现实心理服务平台的架构如图 8-3 所示。

在 AI 交互模块上，通过包含视频、语音和对话内容的多媒体信息对用户情感进行更加准确的分析。系统通过跟踪用户情感，发现用户的消极情感，及时触发的情感抚慰的对话功能。该功能是基于用户情感和对话内容，根据心理学抚慰相关的理论为指导，生成对应的抚慰文本内容，然后以富含情感的语音与用户进行对话，干预用户消极情感，引导、激发用户的正面情感。

在 AI 交互模块的基础上，心理安抚模块根据用户特征，使用虚拟现

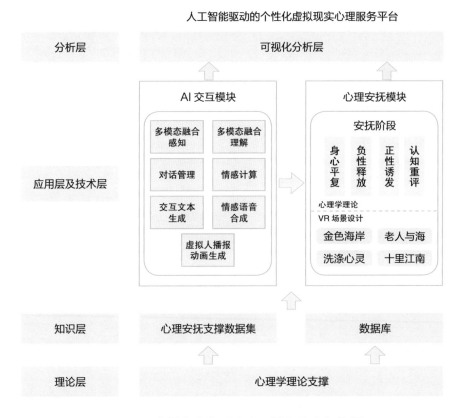

图 8-3 个性化虚拟现实心理服务平台架构图

实的技术，依据心理学的有关原理，通过身心平复、负性释放、正性诱发、认知重评 4 个阶段，设计不同的虚拟现实交互场景，为其提供个性化的情感安抚。

多维感知智能对话系统（图 8-4）针对高吞吐、低延迟的智慧人机交互需求，突破现阶段人机对话数据感-存-算时延大、多模态数据利用少、智能化程度低和拟人化效果差等瓶颈问题，为数字经济产业发展提供应用技术支撑和系统平台基础。其关键核心技术包括：基于数据-知识驱动的多模态感知融合理解技术、基于深度语境理解的拟人化对话生成技术、面向海量异构数据计算-存储的协同加速引擎。该系统可以广泛应用于智慧

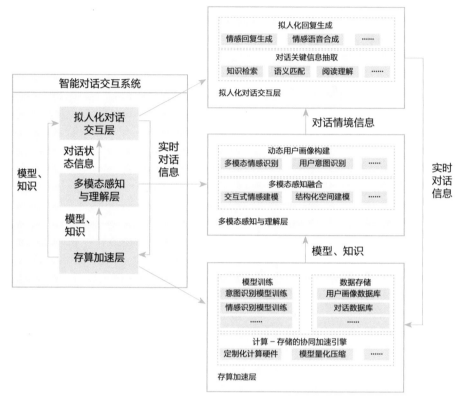

图 8-4　多维感知智能对话交互系统

客服、企业大脑、智能助手等各领域。

　　多维感知智能对话交互系统主要具有以下特点及优势：在智能对话的模型算法的基础上，实现了基于数据-知识驱动的多模态感知融合理解、深度语境理解的拟人化对话生成等核心关键技术，突破了人机对话数据感-存-算时延大、多模态数据利用少、智能化程度低和拟人化效果差等难点，并创新性地构建了基于多模态感知与理解、拟人化对话交互多维感知智能对话交互系统。多模态感知与理解层以文本、语音、图像等多模态数据为输入，利用深度神经网络模型，理解用户行为、意图、情感等多维信息，对用户画像进行动态、立体刻画；拟人化对话交互层基于多模态感知与理解层的输出，利用大数据预训练模型，并融合知识和情境，从主题信息抽取、多维情境表征嵌入、模型融合等方面，重点突破多轮对话、精准回复生成、情感语音合成等技术，实现拟人的智能人机对话。

人工智能驱动的个性化虚拟现实情感安抚系统（图 8-5）利用沉浸式虚拟现实设备，在虚拟现实场景中，基于多模态融合感知和情感计算方法，实现根据用户情感状态的 AI 心理医生主动拟人化安抚引导。

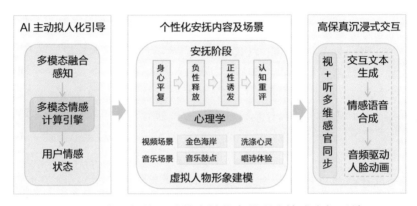

图 8-5　人工智能驱动的个性化虚拟现实情感安抚系统

人工智能驱动的个性化虚拟现实情感安抚系统以人工智能情感计算为主线介入个体的心理援助工作，主要可以发挥以下 4 个方面的关键优势。

一是 AI 心理医生主动引导。通过语音、文本信息，识别个体实时情感状态，诊断并预测个体的心理问题和行为倾向，实现基于用户情感识别的 AI 心理医生主动安抚引导。

二是个性化安抚内容及场景生成。以心理学理论依据为指导，生成个性化的安抚内容、抚慰文本以及对应的虚拟现实安抚场景，实现身心平复、负性释放、正性诱发、认知重评四阶段的心理抚慰过程。

三是多维感官融合的高保真沉浸式交互。基于人工智能技术，构建对话生成、情感语音合成、人脸动画生成等模型算法，实现视觉、听觉、触觉等多维感官融合的沉浸式交互体验。

四是突破情感安抚的时空和场景限制。基于虚拟现实技术，突破传统心理医生及心理诊所的时空限制，建立自助式的心理服务平台，实现全天候的对话情感陪护。

8.4　应用场景

随着拟人情感对话系统的广泛应用，其市场日益成熟，在生活中的很多场景都出现了情感机器人的身影。目前，常见的应用方向有医疗服务、家庭服务、公共服务等。

（1）医疗服务

情感机器人在医疗上的最广泛应用之一就是对儿童孤独症的治疗。《中国国民心理健康发展报告（2019—2020）》数据显示，我国青少年抑郁检出率为24.6%，其中重度抑郁为7.4%。世界卫生组织的数据显示，2021年全球大约每160名儿童就有1名被诊断为孤独症。美国耶鲁大学实验研究表明，搭载人工智能的机器人能有效治疗儿童的孤独症谱系障碍（Autism Spectrum Disorders，ASD）。在实验中，机器人可以通过眼神接触和模仿一些社交行为，通过讲故事和互动游戏的方式陪伴12名6～12岁的儿童，在30天研究后科学家再次对孩子进行了基准测试。结果表明，参与研究的孤独症儿童的社交行为有了显著改善，包括在6项互动游戏方面的得分都有了提高。目前，具有代表性的孤独症陪护机器人有NAO和Milo。

NAO是软银集团自主研发的一款人形机器人，它拥有红外探测器，额头和鼻子中有两个摄像头，除了可以识别语音外，还可以分析用户面部表情。它精通描绘情感，拟人对话时能使用特定的声调、做出相应的动作与面部表情，与人亲切地互动。NAO在通过用户的语音语调感受到对方心情的变化后，可形成反馈并通过邮件发送，有助于医护随时掌握患者的变化情况。

Milo是用来帮助孤独症儿童的仿生机器人，是一款以与孩子互动为主、可以让家长和老师参与治疗的孤独症干预机器人。Milo的脸可以活动，以此模仿人的喜怒哀乐等各类表情，Milo的语速也比正常语速慢了20%以上，可以更好迎合孤独症孩子的认知理解能力。

（2）家庭服务

进入21世纪，世界人口老龄化与留守儿童问题日益突出。统计显示，我国自 2005 年以来 65 周岁以上人口数量不断增加。第七次全国人口普查主要数据显示，我国 60 岁及以上人口的比重达到 18.7%，其中 65 岁及以上人口比重达到 13.5%。截至"十三五"末，全国共有农村留守儿童 643.6 万名。随着拟人情感对话技术的发展，具有情感交互功能的陪伴型机器人可以从物质和精神上照顾老人与儿童，为解决养老问题与照顾留守儿童做出一定的贡献。

日本产业技术综合研究所研发的海豹型机器人 Paro 有助于痴呆患者的护理，Paro 能够对光线、声音、触觉、温度和姿势进行感应，可以与老人进行交流，智能地识别用户内心的想法，并随之做出反应。通过与老人的肢体接触，可以唤醒痴呆患者过去养育子女、饲养宠物的记忆。如今，Paro 机器人已经作为医疗器械通过了美国食品药品监督管理局的认证，在包括美国、日本在内的部分国家得到了推广。

（3）公共服务

情感机器人也常常用于公共服务领域，如客服机器人、迎宾机器人等。客服机器人的宗旨是解决用户常规的重复性提问，减少人工客服的投入，提高工作效率。但是，早期的客服机器人存在许多弊端，常常不能理解用户的意思，使开发者与使用者都颇为头疼。随着拟人情感对话技术的日益成熟，客服机器人得到了全方位的升级，除了能够快速识别与响应用户问题外，还具有多轮对话、智能打断、上下文语义理解、情感识别等功能，这使得对话更灵活，更接近真人自由对话，便于企业定制不同种类的智能客服语音机器人，满足客户多种应用场景需求。例如，科大讯飞的智能客服机器人，其服务能力得到持续强化。客服 NLP 在科大讯飞华南人工智能研究院被确定为重点研究方向之一，开放平台已汇聚超过 160 万名开发者，以推动智能客服在更广泛的行业中应用落地。

除了客服机器人外，迎宾机器人、导购机器人的应用场景也较为广泛，如在展览会会场、办公大楼、旅游景点等为客人提供信息咨询服务，在商城、房地产销售大厅提供购物引导等。例如，日本软银集团研发的 Pepper 人形机器人可综合考虑周围环境，积极做出反应，与人类进行交流。在咖啡店，Pepper 可以依靠强大的客户信息收集及人脸识别比对功能让老顾客享受到额外优惠、接受下单指令，并回答关于咖啡的各种问题。在旅游景点，Pepper 可以询问客户喜欢的景点种类，进行相关内容推荐，并根据地图信息提供相应的行程指南。

除了以上几种应用场景，拟人情感对话系统的应用范围还有很多，如教育、游戏、辅助驾驶等。相信在未来，各类情感机器人会愈来愈多地出现在我们生活中，为人类世界提供更多的陪伴与便捷服务。

8.5　技术挑战

尽管情感计算与拟人情感对话技术的研究与应用已经取得了一定的进展，并已服务于我们生活的方方面面，但由于其涉及心理学、脑科学、认知科学与人工智能技术交叉学科领域，要使情感机器人完全做到与用户无障碍互动沟通仍存在许多问题与挑战。

一是情感数据的收集与注释。大多数交互系统进行语义分析、情感识别等都需要大量语料库与数据库进行训练，而如何得到大量在自然环境下有效的多模态数据是人机交互的一个难题。其一，在公众场合采集用户的面部表情、肢体动作、语音信息等都涉及法律上的隐私权问题。其二，在自然环境中采集到的数据需要克服各种噪声、光线与角度不同的干扰，这给实时情感识别与数据预处理增加了难度。其三，情感的分类需要人工标注，这会耗费大量的人力与时间，并存在不可避免的标注错误问题。另外，若在实验室环境中对被试者进行情感诱发，如采集生理信号等数据，则需要保证使用定义严格的方法来激发被试者一系列情感。

二是多模态数据的特征选择与融合。在多模态环境中，语音、面部表情、手势、生理信号等各种模态信号彼此依赖，却往往并不能做到时间上的完全同步，并且在特定的场合中不同模态的信号可能重要性不同，而在情感识别与意图分析时又会参考训练样本中固定人物的个人信息等。因此，提取稳定的情感特征并将其有效融合，是情感识别面临的一大难题。

三是共情回复。为了增强人工智能的共情能力，人们对共情表达进行了多种类型的研究。然而，现有的共情对话模型更关注情感依赖性回复，大多数缺乏同理心意图，这样仅使用情感来回复是粗粒度的，使得共情主题对话模型和人类之间的共情主体分布存在偏差，从而导致了单调的共情，而共情回复模型更需要向包含共情意图信息发展。例如，当用户表达悲伤时，现有模型往往产生同情的反应，如"我很抱歉听到这个消息"，但同理心与同情心不同，模型不应仅产生具有同情心意图的回复，而且是更具相关性、互动性与多样性的回复。

四是多轮对话。多轮对话是指在人机交互中，系统根据上下文内容，进行连续的、以解决某一类特定任务为目的的对话。尽管现有模型已为之做出很多努力，在许多对话理解方面取得了令人印象深刻的成果，但仍存在各种挑战，如缺乏逻辑一致性。目前，人机交互对话系统通常侧重于捕捉上下文信息和响应之间的语义相关性，但常常忽略对话系统中的逻辑推理能力。值得注意的是，大规模的开放检索效率并不高，当前主流的对话任务通常假设对话上下文或背景信息是为用户查询提供的，在"现实=场景"中，系统需要检索各种类型的相关信息，如从大型语料库中检索类似的对话历史，或从知识库中检索必要的支持证据，以交互方式响应查询。因此，与开放域 QA 任务相比，开放检索对话在效率和有效性方面提出了新的挑战。

五是虚拟人技术。拟人情感对话系统在网络平台的落地往往是以虚拟人的形式，将情感对话技术、人脸建模、视位模型等一系列前沿技术结合起来，构筑成栩栩如生的情感虚拟形象。但是，目前虚拟人规模化落地还面临几大难点，例如：虚拟人产业链各个节点相对割裂，不能高效协同，导致虚拟人在制作和调优上存在较高技术壁垒；在硬件方面，虚拟人体模型数据量十分巨大，往往一项工作任务需要由网络中数台机器节点共同承担和完成，计算机的内存容量、运算速度是主要的制约因素；在数据显示方面，为了增强观看时的真实感和沉浸感，大规模数据空间的虚拟现实漫游或者实时立体显示都是将来研究的主要方向，同时也就对立体显示的分辨率等提出了较高的要求。

8.6 应用及展望

拟人情感对话系统的发展包含 3 个重要模块：多模态感知、语义理解与情感识别、内容生成与情感。多模态感知模块通过多种的输入设备采集数据，如麦克风、摄像机、触觉传感器等设备可采集语音、图像、触觉等不同模态数据。数据采集完成后进入语义理解与情感识别模块，该功能可对多模态数据和信息进行表层与深层认知理解，揣测出用户的隐含感受与真实意图。最后，系统需要做到"人性化"回复，生成适当的回复内容与合理的情感表达，提升对话系统的表达质量与自然度，进而提升用户体验感。

随着技术迭代，以之江情感对话系统为代表的拟人情感对话系统将在实际生活中开发出日益丰富的应用场景。目前常见的拟人情感对话系统有医疗、家庭、公共服务等。例如，之江情感对话系统就具备情感抚慰功能，可在医疗与家庭服务中发挥优势，它基于虚拟现实技术，突破传统心理医生及心理诊所的时空限制，建立自助式的心理服务平台，实现全天候的对话情感陪护。

尽管拟人情感对话技术的研究已经取得一定的进展，但仍然存在一些未解决的问题，如情感数据的收集与注释困难、多模态数据的特征选择与融合困难、共情回复与多轮对话技术的挑战、虚拟人技术落地的几大难点等。带着这些未解决的技术问题，拟人情感对话系统仍需要进一步研究，期待在不久的将来，情感对话技术能做到真正无障碍与人沟通，更好地为人类社会服务。

参考文献

[1] 仇德辉. 数理情感学[M]. 长沙: 湖南人民出版社, 2001.

[2] 傅小兰. 开展情感计算研究构建和谐电子社会[J]. 科技与社会, 2008, 5: 456.

[3] 李佳源. 情感计算的研究现状与认知困境[J]. 自然辩证法通讯, 2012, 34(2): 23–28, 125.

[4] 饶元, 吴连伟, 王一鸣, 等. 基于语义分析的情感计算技术研究进展[J]. 软件学报, 2018, 29(8): 2397–2426.

[5] 赵广立. 智能, 还是情感? [N]. 中国科学报, 2014–01–17(11).

[6] 张迎辉, 林学间. 情感可以计算: 情感计算综述[J]. 计算机科学, 2008(5): 5–8.

[7] CHEN Y L, JOO J. Understanding and mitigating annotation bias in facial expression recognition[C/OL]. //Proceedings of 2021 IEEE/CVF International Conference on Computer Vision.Montreal. Canada: IEEE, 2021: 14960–14971.

[8] Damasio A R. Descartes' error: Emotion, reason and the human brain[M]. New York: Gosset Putnam Press, 1994.

[9] Ekman P, Friesen W V. Constants across cultures in the face and emotion[J]. Journal of personality and social psychology, 1971, 17(2): 124.

[10] Ivanović M, Radovanović M, Budimac Z, Mitrović D, Kurbalija V, Dai WH, Zhao WD. Emotional Intelligence and Agents: Survey and Possible Applications. ACM Press, 2014: 1–7.

[11] Katz D. The functional approach to the study of attitudes[J]. Public opinion quarterly, 1960, 24(2): 163–204.

[12] Minsky M. The Society of Mind[M], Columbia: Simon &Schuster, 1985.

[13] Moriyama T, Ozawa S. Emotion recognition and synthesis system on speech[C]// Proceedings IEEE International Conference on Multimedia Computing and Systems. IEEE, 1999, 1: 840–844.

[14] Pang B, Lee L, Vaithyanathan S. Thumbs up? Sentiment classification using machine learning techniques[C]//Proceedings of the 2002 Conference on Empirical Methods in Natural Language Processing（EMNLP 2002）. Association for Computational Linguistics，2002：79–86.

[15] Ekman P, Friesen W V. Nonverbal leakage and clues to deception[J]. Psychiatry. 1969 Feb；32（1）：88–106.

[16] Picard R W. Affective computing[M]. MIT press，1997.

[17] Picard R W. Affective Computing：Challenges[J]. International Journal of Hnman Computer Studies，Vol. 59，July 2003：55–64.

[18] Steffen Steinert, Orsolya Friedrich. Wired Emotions：Ethical Issues of Affective Brain–Computer Interfaces[J]. Science and Engineering Ethics，2020，26：351.

[19] Turney P D. Thumbs up or thumbs down? Semantic orientation applied to unsupervised classification of reviews[C]//Proceedings of the 40th Annual Meeting of the Association for Computational Linguistics. Association for Computational Linguistics，2002：417–424.

[20] Yacoob Y, Davis L S. Recognizing human facial expressions from long image sequences using optical flow[J]. IEEE Transactions on pattern analysis and machine intelligence，1996，18（6）：636–642.

[21] 刘烨，陶霖密，傅小兰.基于情绪图片的PAD情感状态模型分析[J].中国图像图形学报，2009，14（5）：753–758.

[22] 彭聃龄.普通心理学：第4版[M].4版北京：北京师范大学出版社，2012.

[23] 傅小兰.情绪心理学[M].上海：华东师范大学出版社，2016.

[24] 理查德·格里格，菲利普·津巴多著，Richard J.Gerrig, Philip G.Zimbardo, 王垒等译. 20 心理学与生活=Psychology and life：人民邮电出版社，2016.

[25] 清华大学人工智能研究院.人工智能之情感计算[M]. 2019.

[26] 汪子嵩.希腊哲学史[M]. 人民出版社，1997.

[27] 威廉·冯特. Grundriss der Psychologie，心理学大纲，1896.

[28] 燕国材.我国古代的关于情感的几种学说[J]. 心理科学通讯，1982（6）.

[29] 周辅成.西方论理学名著选辑 上卷[M]. 商务印书馆，1964.

[30] Abdelwahab M, Busso C. Ensemble feature selection for domain adaptation in speech emotion recognition[C]//2017 IEEE International Conference on Acoustics, Speech and Signal Processing（ICASSP）. New Orleans, LA, USA：IEEE, 2017：5000–5004.

[31] AMiner. 清华权威报告告诉你：人工智能的情感计算是什么？ [R]. 北京：电子技术设计，2019.

[32] Paiva A，Leite I，Ribeiro T，Emotion Modeling for Social Robots[M]//Rafael Calvo. Sidney D'Mello，Jonathan Gratch，Arvid Kappas. The Oxford Handbook of Affective Computing. Oxford University Press，2021.

[33] Yu W M，Xu H，Meng F Y，et al. CH–SIMS：a Chinese multimodal sentiment analysis dataset with fine–grained annotation of modality[M]//Proceedings of the 58th Annual Meeting of the Association for Computational Linguistics. Association for Computational Linguistics，2020：3718–3727.

[34] Charles D，The Expression of the Emotions in Man and Animals[M]，Harper Perennial，2009.

[35] Fu XH，Liu G，Guo YY，Guo WB. Multi–Aspect topic sentiment analysis of Chinese blog[J]. Journal of Chinese Information Processing，2013，27（1）：47–55.

[36] Grimm M，Kroschel K，Narayanan S. The Vera am Mittag German audio–visual emotional speech database[C]//Proceedings of 2008 IEEE International Conference on Multimedia and Expo. Hannover，Germany，2008：865–868.

[37] Hatzivassiloglou V，Mckeown KR. Predicting the semantic orientation of adjectives[C]//In Proceedings of the 35th Annual Meeting of the Association for Computational Linguistics and Eighth Conference of the European Chapter of the Association for Computational Linguistics. USA：Association for Computational Linguistics，1997：174–181.

[38] Höök K. Affective loop experiences：designing for interactional embodiment[J]. Philos Trans R Soc Lond B Biol Sci. 2009，364（1535）：3585–3595.

[39] Izard C E. Human emotions[M]. New York：Plenum，1977.

[40] Ji R R，Chen F H，Cao L J，Gao Y.2019.Cross–modality microblog sentiment prediction via bi–layer multimodal hypergraph learning. IEEE Transactions on Multimedia,21（4）：1062–1075.

[41] Jin Q，Li C，Chen S，Wu H. Speech emotion recognition with acoustic and lexical features[C]//In：Proc.of the 2015 IEEE Int'l Conf. on Acoustics，Speech and Signal Processing（ICASSP）. South Brisbane，QLD，Australia：IEEE，2015：4749–4753.

[42] Koelstra S，Muhl C，Soleymani M，et al. DEAP：a database for emotion analysis；using physiological signals[J]. IEEE Transactions on Affective Computing，2012，3（1）：18–31.

[43] Poria S, Cambria E, Hazarika D, et al. Context-Dependent Sentiment Analysis in User-Generated Videos[C]//Proceedings of the 55th Annual Meeting of the Association for Computational Linguistics (Volume 1: Long Papers). Vancouver, Canada: Association for Computational Linguistics, 2017: 873-883.

[44] Li S, Deng WH. Blended Emotion in-the-Wild: Multi-label Facial Expression Recognition Using Crowdsourced Annotations and Deep Locality Feature Learning[J]. Int J Comput Vis, 2019, 127: 884-906.

[45] Li S, Deng W H. Reliable crowdsourcing and deep localitypreserving learning for unconstrained facial expression recognition[J]. IEEE Transactions on Image Processing, 2019, 28(1): 356-370.

[46] Liang J, Chai YM, Yuan HB, Gao ML, Jiu HY. Polarity shifting and LSTM based recursive networks for sentiment analysis[J]. Journal of Chinese Information Processing, 2015, 29(5): 152-159.

[47] Liang X, Qian Y, Guo Q, Cheng H, Liang J. AF: An Association-Based Fusion Method for Multi-Modal Classification[J]. IEEE Trans Pattern Anal Mach Intell, 2022, 44(12): 9236-9254.

[48] Mai S J, Hu H F, Xu J, Xing S L. Multi-fusion residual memory network for multimodal human sentiment comprehension[J]. IEEE Transactions on Affective Computing, 2022, 13(1): 320-334.

[49] Minsky M. The Emotion Machine: Commonsense Thinking, Artificial Intelligence, and the Future of the Human Mind[M]. Simon & Schuster, 2007.

[50] Mase K, Pentland A. Automatic lipreading by optical flow analysis[J]. Systems and Computers in Japan, 1991, 22(6): 67-76.

[51] Mehrabian A. Framework for a comprehensive description and measurement of emotional states[J]. Genetic, Social, and General Psychology Monographs, 1995, 121(3): 339-361.

[52] Ortony A, Clore GL, Collins A. The congnitive Structure of Emotions[M]. Cambridge University Press, 1990.

[53] Osgood C E. Dimensionality of the semantic space for communication via facial expressions[J], Scandinavian Journal of Psychology, 1966, 7(1): 1-30.

[54] Ekman P, Emotions Revealed: Understanding Faces and Feelings[M], Weidenfeld & Nicolson, 2003.

[55] Poria S, Cambria E, Hazarika D, Majumder N, Zadeh A, Morency LP. Context-

dependent sentiment analysis in user-generated videos[C]//Proceedings of the 55th Annual Meeting of the Association for Computational. Vancouver, Canada: Association for Computational Linguistics, 2017: 873-883.

[56] Qian Q, Huang M, Lei JH, Zhu XY. Linguistically regularized LSTMs for sentiment classification[C]//In: Proc.of the 55th Annual Meeting of the Association for Computational Linguistics (ACL 2017). Vancouver, Canada: Association for Computational Linguistics, 2017: 1679-1689.

[57] Calvo R, D'Mello S, Gratch J, Kappas A. The Oxford Handbook of Affective Computing[M]. Oxford University Press, 2015.

[58] Descartes R. The passions of the soul[M], Dover, 1955.

[59] Plutchik R. Theories of Emotion[M]. New York: Academic Press, 1980: 3-33.

[60] Picard R. The promise of Affective Computing[M]. Oxford University Press, 2015.

[61] Russell J A. A circumplex model of affect[J].Journal of Personality and social psychology, 1980.

[62] Scherer KR, Ekman P. On the nature and function of emotion: A component process approach. In: Approaches to Emotion. Psychology Press, 1984.

[63] Socher R, Perelygin A, Wu JY, Chuang J. Recursive deep models for semantic compositionality over a sentiment Treebank[C]//Proceedings of the 2013 Conference on Empirical Methods in Natural Language Processing. Seattle, Washington, USA: Association for Computational Linguistics, 2013: 1631-1642.

[64] Steidl S. Automatic classification of emotion-related user states in spontaneous children's speech[M]. Erlangen, Germany: University of Erlangen-Nuremberg, 2009: 1-250.

[65] von Ahn L. Games with a purpose[J]. Computer, 2006, 39(6): 92-94.

[66] Wang K, Peng X J, Yang J F, Lu S J, m, Qiao Y. Suppressing uncertainties for large-scale facial expression recognition[C]//Proceedings of 2020 IEEE/CVF Conference on Computer Vision and Pattern Recognition. Seattle, USA: IEEE, 2020: 6896-6905.

[67] Wang J, Geng X. Label distribution learning by exploiting label distribution manifold[J]. IEEE Transactions on Neural Networks and Learning Systems, 2023, 34(2): 839-852.

[68] Xu LH, Lin HF. Text affective computing from cognitive perspective[J]. Computer Science, 2010, 37(12): 182-185(in Chinese with English abstract).

[69] Xu N，Mao W J，Chen G D. Multi-interactive memory network for aspect based multimodal sentiment analysis[C]//Proceedings of the33rd AAAI Conference on Artificial Intelligence. Palo Alto，USA：AAAI，2019：371-378.

[70] Xu RF，Zou CT，Zheng YZ，Xu J，Gui L，Liu B，Wang XL. A new emotion dictionary based on the distinguish of emotion expression and emotion cognition[J]. Journal of Chinese Information Processing，2013，27（6）：82-89（in Chinese with English abstract）.

[71] Xu T，White J，Kalkan S，Gunes H. Investigating bias and fairness in facial expression recognition[M]//Proceedings of 2020 European Conference on Computer Vision. Glasgow，UK：Springer，2020：506-523.

[72] Yang J F，She D Y，Lai Y K，Rosin P L，Yang M H. Weakly supervised coupled networks for visual sentiment analysis[M]//Proceedings of 2018 IEEE/CVF Conference on Computer Vision and Pattern Recognition. Salt Lake City，USA：IEEE，2018：7584-7592.

[73] Yan W J，Li S，Que C T，Pei J Q，Deng W H. RAF-AU database：in-the-wild facial expressions with subjective emotion judgement and objective AU annotations[M]//Proceedings of the 15th Asian Conference on Computer Vision. Kyoto，Japan：Springer，2020.

[74] Zadeh A A B，Liang P P，Poria S，Cambria K，Morency L P. Multimodal language analysis in the wild：CMU-MOSEI dataset and interpretable dynamic fusion graph[M]//Proceedings of the 56th Annual Meeting of the Association for Computational Linguistics. Melbourne，Australia：Association for Computational Linguistics，2018：2236-2246.

[75] Zhao J F，Mao X，Chen LJ. Speech emotion recognition using deep 1D & 2D CNN LSTM networks[J]. Biomedical signal processing and control，2019，47：312-323.

[76] 程翔，刘娅瑄，张玲娜. 金融产业数字化升级的制度供给特征——基于政策文本挖掘[J]. 中国软科学，2021（S1）：87-98.

[77] 邓春林，周舒阳，杨柳. 大数据环境下公共安全突发事件微博用户评论的归因分析[J]. 情报科学，2021，39（1）：48-55,80.

[78] 邓钰. 面向短文本的情感分析关键技术研究[D]. 电子科技大学，2021.

[79] 洪巍，李敏. 文本情感分析方法研究综述[J]. 计算机工程与科学，2019，41（4）：750-757.

[80] 姜富伟，孟令超，唐国豪. 媒体文本情绪与股票回报预测[J]. 经济学（季刊），

2021, 21（4）: 1323–1344.

[81] 王婷, 杨文忠. 文本情感分析方法研究综述[J]. 计算机工程与应用, 2021, 57（12）: 11–24.

[82] 许雪晨, 田侃. 一种基于金融文本情感分析的股票指数预测新方法[J]. 数量经济技术经济研究, 2021, 38（12）: 124–145.

[83] 朱晓霞, 宋嘉欣, 张晓缇. 基于主题挖掘技术的文本情感分析综述[J]. 情报理论与实践, 2019, 42（11）: 156–163.

[84] 赵睿, 李波, 陈星星. 基于文本量化分析的金融支持科技成果转化政策的区域比较研究[J]. 中国软科学, 2020（S1）: 155–163.

[85] 曾子明, 万品玉. 融合演化特征的公共安全事件微博情感分析[J]. 情报科学, 2018, 36（12）: 3–8, 51.

[86] 曾子明, 万品玉. 基于双层注意力和Bi-LSTM的公共安全事件微博情感分析[J]. 情报科学, 2019, 37（6）: 23–29.

[87] Abbasi A, France S, Zhang Z, et al. Selecting attributes for sentiment classification using feature relation networks[J]. IEEE Transactions on Knowledge and Data Engineering, 2010, 23（3）: 447–462.

[88] Agarwal A, Xie B, Vovsha I, et al. Sentiment analysis of twitter data[C]//Proceedings of the workshop on language in social media（LSM 2011）, 2011: 30–38.

[89] Akhtar M S, Gupta D, Ekbal A, et al. Feature selection and ensemble construction: A two-step method for aspect based sentiment analysis[J]. Knowledge-Based Systems, 2017, 125: 116–135.

[90] Akhtar M S, Ekbal A, Cambria E. How intense are you? Predicting intensities of emotions and sentiments using stacked ensemble[application notes][J]. IEEE Computational Intelligence Magazine, 2020, 15（1）: 64–75.

[91] Amplayo R K, Kim J, Sung S, et al. Cold-start aware user and product attention for sentiment classification[C]//Proceedings of the 56th Annual Meeting of the Association for Computational Linguistics（Volume 1: Long Papers）. Melbourne, Australia: Association for Computational Linguistics, 2018: 2535–2544.

[92] Bengio Y, Ducharme R, Vincent P, Jauvin C. A Neural Probabilistic Language Model[J]. J. Mach. Learn. Res, 2003, 3（Feb）: 1137–1155.

[93] Araque O, Corcuera-Platas I, Sánchez-Rada J F, et al. Enhancing deep learning sentiment analysis with ensemble techniques in social applications[J]. Expert Systems with Applications, 2017, 77: 236–246.

[94] Vaswani A, Shazeer N, Parmar N, et al. Attention Is All You Need[C]//In Proceedings of the 31st International Conference on Neural Information Processing Systems(NIPS'17). NY, USA: Curran Associates Inc., 2017: 6000-6010.

[95] Awwalu J, Bakar A A, Yaakub M R. Hybrid N-gram model using Naïve Bayes for classification of political sentiments on Twitter[J]. Neural Computing and Applications, 2019, 31(12): 9207-9220.

[96] Baccianella S, Esuli A, Sebastiani F. Sentiwordnet 3.0: An enhanced lexical resource for sentiment analysis and opinion mining[C]//Proceedings of the Seventh International Conference on Language Resources and Evaluation(LREC'10). Valletta, Malta: European Language Resources Association(ELRA), 2010.

[97] BERT: Pre-training of Deep Bidirectional Transformers for Language Understanding[C]//Proceedings of the 2019 Conference of the North American Chapter of the Association for Computational Linguistics: Human Language Technologies. Minneapolis, MN, USA: Association for Computational Linguistics, 2019: 4171-4186.

[98] Bovet A, Makse H A. Influence of fake news in Twitter during the 2016 US presidential election[J]. Nature communications, 2019, 10(1): 1-14.

[99] Cambria E, Hussain A, Havasi C, et al. Sentic computing: Exploitation of common sense for the development of emotion-sensitive systems[M]//Development of multimodal interfaces: active listening and synchrony. Berlin, Heidelberg: Springer, 2010: 148-156.

[100] Cambria E, Hazarika D, Poria S, et al. Benchmarking multimodal sentiment analysis[C]//International conference on computational linguistics and intelligent text processing. Springer, Cham, 2017: 166-179.

[101] Cambria E, Hussain A. Sentic album: content-, concept-, and context-based online personal photo management system[J]. Cognitive Computation, 2012, 4(4): 477-496.

[102] Cambria E, Speer R, Havasi C, et al. Senticnet: A publicly available semantic resource for opinion mining[C]//2010 AAAI fall symposium series. Arlington, VA, USA: AAAI Press, 2010: 14-18.

[103] Cambria E, Havasi C, Hussain A. Senticnet 2: A semantic and affective resource for opinion mining and sentiment analysis[C]//Twenty-Fifth international FLAIRS conference. AAAI Press, 2012: 202-207.

[104] Chen H, Sun M, Tu C, et al. Neural sentiment classification with user and product attention[C]//Proceedings of the 2016 conference on empirical methods in natural language processing. 2016: 1650–1659.

[105] Chen P, Sun Z, Bing L, et al. Recurrent attention network on memory for aspect sentiment analysis[C]//Proceedings of the 2017 conference on empirical methods in natural language processing. 2017: 452–461.

[106] Chen T, Xu R, He Y, et al. Improving sentiment analysis via sentence type classification using BiLSTM–CRF and CNN[J]. Expert Systems with Applications, 2017, 72: 221–230.

[107] Chung J, Gulcehre C, Cho K, et al. Empirical evaluation of gated recurrent neural networks on sequence modeling[DB/OL]. (2014–12–11) [2023–06–30]. https: // arxiv.org/abs/1412.3555.

[108] Cohen R, Ruths D. Classifying political orientation on Twitter: It's not easy![C]// Proceedings of the International AAAI Conference on Web and Social Media. 2013, 7(1): 91–99.

[109] Deng S, Sinha A P, Zhao H. Adapting sentiment lexicons to domain–specific social media texts[J]. Decision Support Systems, 2017, 94: 65–76.

[110] Ding Y, Yu J, Jiang J. Recurrent neural networks with auxiliary labels for cross-domain opinion target extraction[C]//Proceedings of the AAAI Conference on Artificial Intelligence. 2017, 31(1).

[111] Do H H, Prasad P W C, Maag A, et al. Deep learning for aspect–based sentiment analysis: a comparative review[J]. Expert systems with applications, 2019, 118: 272–299.

[112] Dong L, Wei F, Tan C, et al. Adaptive recursive neural network for target-dependent twitter sentiment classification[C]//Proceedings of the 52nd annual meeting of the association for computational linguistics (volume 2: Short papers). 2014: 49–54.

[113] Dragoni M, Petrucci G. A neural word embeddings approach for multi–domain sentiment analysis[J]. IEEE Transactions on Affective Computing, 2017, 8(4): 457–470.

[114] Esuli A, Sebastiani F. SentiWordNet: a high–coverage lexical resource for opinion mining[J]. Evaluation, 2007, 17(1): 26.

[115] Felbo B, Mislove A, Søgaard A, et al. Using millions of emoji occurrences to

learn any–domain representations for detecting sentiment, emotion and sarcasm[C]. Proceedings of the 2017 Conference on Empirical Methods in Natural Language Processing. Copenhagen, Denmark: Association for Computational Linguistics, 2017: 1615–1625.

[116] Ganu G, Elhadad N, Marian A. Beyond the stars: improving rating predictions using review text content[C]//WebDB. 2009: 1–6.

[117] Giachanou A, Crestani F. Like it or not: A survey of twitter sentiment analysis methods[J]. ACM Computing Surveys (CSUR), 2016, 49(2): 1–41.

[118] Giatsoglou M, Vozalis M G, Diamantaras K, et al. Sentiment analysis leveraging emotions and word embeddings[J]. Expert Systems with Applications, 2017, 69: 214–224.

[119] Go A, Bhayani R, Huang L. Twitter sentiment classification using distant supervision[J]. CS224N project report, Stanford, 2009, 1(12): 2009.

[120] Grave E, Bojanowski P, Gupta P, et al. Learning word vectors for 157 languages[C]// Proceedings of the Eleventh International Conference on Language Resources and Evaluation (LREC 2018). Miyazaki, Japan: European Language Resources Association (ELRA), 2018.

[121] Stone, P. J., Dunphy, D. C., & Smith, M. S. The general inquirer: A computer approach to content analysis[M]. M.I.T. Press. 1966.

[122] Grinberg N, Joseph K, Friedland L, et al. Fake news on Twitter during the 2016 US presidential election[J]. Science, 2019, 363(6425): 374–378.

[123] Gui L, Xu R, Lu Q, et al. Negative transfer detection in transductive transfer learning[J]. International Journal of Machine Learning and Cybernetics, 2018, 9(2): 185–197.

[124] Guibon G, Ochs M, Bellot P. From emojis to sentiment analysis[C]//WACAI 2016. Lab–STICC; ENIB; LITIS, Jun 2016, Brest, France.

[125] Hinton G E, Salakhutdinov R R. Reducing the dimensionality of data with neural networks[J]. Science, 2006, 313(5786): 504–507.

[126] He Y, Zhou D. Self–training from labeled features for sentiment analysis[J]. Information Processing & Management, 2011, 47(4): 606–616.

[127] Hochreiter S, Schmidhuber J. Long short–term memory[J]. Neural computation, 1997, 9(8): 1735–1780.

[128] Jiang L, Yu M, Zhou M, et al. Target–dependent twitter sentiment classification[C]//

Proceedings of the 49th annual meeting of the association for computational linguistics: human language technologies. 2011: 151–160.

[129] Kaji N, Kitsuregawa M. Building lexicon for sentiment analysis from massive collection of HTML documents[C]//Proceedings of the 2007 joint conference on empirical methods in natural language processing and computational natural language learning (EMNLP–CoNLL). 2007: 1075–1083.

[130] Kalchbrenner N, Grefenstette E, Blunsom P. A convolutional neural network for modelling sentences[DB/OL]. (2014–04–08) [2023–06–30]. https://arxiv.org/abs/1404.2188.

[131] Khatua A, Khatua A, Cambria E. Predicting political sentiments of voters from Twitter in multi–party contexts[J]. Applied Soft Computing, 2020, 97: 106743.

[132] Kim M, Shin H. Pinpointing sentence–level subjectivity through balanced subjective and objective features[M]//Advances in Natural Language Processing. Springer International Publishing, 2014: 311–323.

[133] Kim Y. Convolutional Neural Networks for Sentence Classification[C]//Proceedings of the 2014 Conference on Empirical Methods in Natural Language Processing. Doha, Qatar: Association for Computational Linguistics, 2014: 1746–1751.

[134] Kralj Novak P, Smailović J, Sluban B, et al. Sentiment of emojis[J]. PloS one, 2015, 10(12): e0144296.

[135] Li D, Rzepka R, Ptaszynski M, et al. A novel machine learning–based sentiment analysis method for Chinese social media considering Chinese slang lexicon and emoticons[C]//AffCon@ AAAI. 2019.

[136] Li X, Bing L, Li P, et al. Aspect term extraction with history attention and selective transformation[DB/OL]. (2018–05–02) [2023–06–30]. https://doi.org/10.48550/arXiv.1805.00760.

[137] Li S, Wang Z, Zhou G, et al. Semi–supervised learning for imbalanced sentiment classification[C]//Twenty–Second International Joint Conference on Artificial Intelligence. 2011.

[138] Li X, Bing L, Lam W, et al. Transformation networks for target–oriented sentiment classification[DB/OL]. (2018–05–03) [2023–06–30]. https://arxiv.org/abs/1805.01086.

[139] Lin Z, Feng M, Santos C N, et al. A structured self–attentive sentence embedding[DB/OL]. (2017–05–09) [2023–06–30]. https://arxiv.org/

abs/1703.03130.

[140] Liu B. Sentiment analysis：Mining opinions，sentiments，and emotions[M]. Cambridge university press，2020.

[141] Liu F，Lu H，Lo C，et al. Learning character-level compositionality with visual features[DB/OL].（2017-05-06）[2023-06-30]. https：//arxiv.org/abs/1704.04859.

[142] Liu F，Zheng L，Zheng J. HieNN-DWE：A hierarchical neural network with dynamic word embeddings for document level sentiment classification[J]. Neurocomputing，2020，403：21-32.

[143] Liu P，Qiu X，Huang X. Dynamic compositional neural networks over tree structure[DB/OL].（2017-05-11）[2023-06-30]. https：//arxiv.org/abs/1705.04153.

[144] Liu S，Li F，Li F，et al. Adaptive co-training SVM for sentiment classification on tweets[C]//Proceedings of the 22nd ACM international conference on Information & Knowledge Management. 2013：2079-2088.

[145] Lo S L，Cambria E，Chiong R，et al.Multilingual sentiment analysis：from formal to informal and scarce resource languages[J]. Artificial Intelligence Review，2017，48（4）：499-527.

[146] Lu K，Wu J. Sentiment analysis of film review texts based on sentiment dictionary and SVM[C]//Proceedings of the 2019 3rd international conference on innovation in artificial intelligence. 2019：73-77.

[147] Ma D，Li S，Zhang X，et al. Interactive attention networks for aspect-level sentiment classification[DB/OL].（2017-09-04）[2023-06-30]. https：//doi. org/10.48550/arXiv.1709.00893.

[148] Maas A，Daly R E，Pham P T，et al. Learning word vectors for sentiment analysis[C]//Proceedings of the 49th annual meeting of the association for computational linguistics：Human language technologies. 2011：142-150.

[149] Martín-Valdivia M T，Martínez-Cámara E，Perea-Ortega J M，et al. Sentiment polarity detection in Spanish reviews combining supervised and unsupervised approaches[J]. Expert Systems with Applications，2013，40（10）：3934-3942.

[150] Melville P，Gryc W，Lawrence R D. Sentiment analysis of blogs by combining lexical knowledge with text classification[C]//Proceedings of the 15th ACM SIGKDD international conference on Knowledge discovery and data mining. 2009：1275-1284.

[151] Metallinou A，Wollmer M，Katsamanis A，et al. Context-sensitive learning for

enhanced audiovisual emotion classification[J]. IEEE Transactions on Affective Computing, 2012, 3(2): 184–198.

[152] Mikolov T, Sutskever I, Chen K, et al. Distributed representations of words and phrases and their compositionality[J]. Advances in neural information processing systems, 2013, 26.

[153] Miller G A. WordNet: a lexical database for English[J].Communications of the ACM, 1995, 38(11): 39–41.

[154] Mittal T, Bhattacharya U, Chandra R, et al. M3er: Multiplicative multimodal emotion recognition using facial, textual, and speech cues[C]//Proceedings of the AAAI conference on artificial intelligence. 2020, 34(2): 1359–1367.

[155] Mullen T, Collier N. Sentiment analysis using support vector machines with diverse information sources[C]//Proceedings of the 2004 conference on empirical methods in natural language processing. 2004: 412–418.

[156] Ohana B, Tierney B. Sentiment classification of reviews using SentiWordNet[J]. Proceedings of IT&T, 2009, 8.

[157] Ortigosa–Hernández J, Rodríguez J D, Alzate L, et al. Approaching sentiment analysis by using semi–supervised learning of multi–dimensional classifiers[J]. Neurocomputing, 2012, 92: 98–115.

[158] Pang B, Lee L. Seeing stars: Seeing stars: Exploiting class relationships for sentiment categorization with respect to rating scales[DB/OL]. (2005–06–17)[2023–06–30]. https://arxiv.org/abs/cs/0506075.

[159] Pang B, Lee L. A sentimental education: Sentiment analysis using subjectivity summarization based on minimum cuts[DB/OL]. (2004–09–29)[2023–06–30]. https://arxiv.org/abs/cs/0409058.

[160] Peng H, Ma Y, Poria S, et al. Phonetic–enriched text representation for Chinese sentiment analysis with reinforcement learning[J]. Information Fusion, 2021, 70: 88–99.

[161] Peng H, Ma Y, Li Y, et al. Learning multi–grained aspect target sequence for Chinese sentiment analysis[J]. Knowledge–Based Systems, 2018, 148: 167–176.

[162] Pepino L, Riera P, Ferrer L, et al. Fusion approaches for emotion recognition from speech using acoustic and text–based features[C]//ICASSP 2020–2020 IEEE International Conference on Acoustics, Speech and Signal Processing(ICASSP). IEEE, 2020: 6484–6488.

[163] Pontiki M, Galanis D, Papageorgiou H, et al. Semeval-2016 task 5: Aspect based sentiment analysis[C]//International workshop on semantic evaluation. 2016: 19-30.

[164] Poria S, Cambria E, Gelbukh A. Aspect extraction for opinion mining with a deep convolutional neural network[J]. Knowledge-Based Systems, 2016, 108: 42-49.

[165] Poria S, Cambria E, Hussain A, et al. Towards an intelligent framework for multimodal affective data analysis[J]. Neural Networks, 2015, 63: 104-116.

[166] Poria S, Cambria E, Gelbukh A. Deep convolutional neural network textual features and multiple kernel learning for utterance-level multimodal sentiment analysis[C]// Proceedings of the 2015 conference on empirical methods in natural language processing. 2015: 2539-2544.

[167] Poria S, Majumder N, Hazarika D, et al. Multimodal sentiment analysis: Addressing key issues and setting up the baselines[J]. IEEE Intelligent Systems, 2018, 33(6): 17-25.

[168] Priyasad D, Fernando T, Denman S, et al. Attention driven fusion for multi-modal emotion recognition[C]//ICASSP 2020-2020 IEEE International Conference on Acoustics, Speech and Signal Processing(ICASSP). IEEE, 2020: 3227-3231.

[169] Rana T A, Cheah Y N. Aspect extraction in sentiment analysis: comparative analysis and survey[J]. Artificial Intelligence Review, 2016, 46(4): 459-483.

[170] Ruder S, Ghaffari P, Breslin J G. Insight-1 at semeval-2016 task 5: Deep learning for multilingual aspect-based sentiment analysis[DB/OL]. (2016-09-22)[2023-06-30]. https://arxiv.org/abs/1609.02748.

[171] Saeidi M, Bouchard G, Liakata M, et al. Sentihood: Targeted aspect based sentiment analysis dataset for urban neighbourhoods[DB/OL]. (2016-10-12)[2023-06-30]. https://arxiv.org/abs/1610.03771.

[172] Schler J, Koppel M, Argamon S, et al. Effects of age and gender on blogging[C]// AAAI spring symposium: Computational approaches to analyzing weblogs. 2006, 6: 199-205.

[173] Schouten K, Frasincar F. Survey on aspect-level sentiment analysis[J]. IEEE Transactions on Knowledge and Data Engineering, 2015, 28(3): 813-830.

[174] Shopping Reviews sentiment analysis | Ldy's Blog(buptldy.github.io).

[175] Agga A, Abbou A, Labbadi M, et al. Short-term self consumption PV plant power production forecasts based on hybrid CNN-LSTM, ConvLSTM models[J]. Renewable Energy. 2021, 177(C): 101-112.

[176] Sokolova K, Perez C. Elections and the twitter community: The case of right-wing and left-wing primaries for the 2017 french presidential election[C]//2018 IEEE/ACM International Conference on Advances in Social Networks Analysis and Mining (ASONAM). IEEE, 2018: 1021-1026.

[177] Socher R, Karpathy A, Le Q V, et al. Grounded compositional semantics for finding and describing images with sentences[J]. Transactions of the Association for Computational Linguistics, 2014, 2: 207-218.

[178] Socher R, Lin C C, Manning C, et al. Parsing natural scenes and natural language with recursive neural networks[C]//Proceedings of the 28th international conference on machine learning(ICML-11). 2011: 129-136.

[179] Sun Y, Lin L, Yang N, et al. Radical-enhanced chinese character embedding[C]//International Conference on Neural Information Processing. Springer, Cham, 2014: 279-286.

[180] Su T R, Lee H Y. Learning chinese word representations from glyphs of characters[DB/OL]. (2017-08-16) [2023-06-30]. https://arxiv.org/abs/1708.04755.

[181] Tai K S, Socher R, Manning C D. Improved semantic representations from tree-structured long short-term memory networks[DB/OL]. (2015-05-30)[2023-06-30]. https://arxiv.org/abs/1503.00075.

[182] Wang B, Liakata M, Zubiaga A, et al. Tdparse: Multi-target-specific sentiment recognition on twitter[C]//Proceedings of the 15th Conference of the European Chapter of the Association for Computational Linguistics: Volume 1, Long Papers. 2017: 483-493.

[183] Wang S, Mazumder S, Liu B, et al. Target-sensitive memory networks for aspect sentiment classification[C]//Proceedings of the 56th Annual Meeting of the Association for Computational Linguistics(Volume 1: Long Papers). 2018.

[184] Wang Y, Huang M, Zhu X, et al. Attention-based LSTM for aspect-level sentiment classification[C]//Proceedings of the 2016 conference on empirical methods in natural language processing. 2016: 606-615.

[185] Wang Y, Song W, Tao W, et al. A systematic review on affective computing: Emotion models, databases, and recent advances[J]. Information Fusion, 2022.

[186] Wu C H, Liang W B. Emotion recognition of affective speech based on multiple classifiers using acoustic-prosodic information and semantic labels[J]. IEEE

Transactions on Affective Computing, 2010, 2（1）: 10-21.

[187] Xiong C, Merity S, Socher R. Dynamic memory networks for visual and textual question answering[C]//International conference on machine learning. PMLR, 2016: 2397-2406.

[188] Xu J, Chen D, Qiu X, et al. Cached long short-term memory neural networks for document-level sentiment classification[DB/OL]. （2016-10-17）[2023-06-30]. https://arxiv.org/abs/1610.04989.

[189] Yang Z, Yang D, Dyer C, et al. Hierarchical attention networks for document classification[C]//Proceedings of the 2016 conference of the North American chapter of the association for computational linguistics: human language technologies. 2016: 1480-1489.

[190] Zhang B, Khorram S, Provost E M. Exploiting acoustic and lexical properties of phonemes to recognize valence from speech[C]//ICASSP 2019-2019 IEEE International Conference on Acoustics, Speech and Signal Processing（ICASSP）. IEEE, 2019: 5871-5875.

[191] Zhang Y, Zhang H, Zhang M, et al. Do users rate or review? Boost phrase-level sentiment labeling with review-level sentiment classification[C]//Proceedings of the 37th international ACM SIGIR conference on Research & development in information retrieval. 2014: 1027-1030.

[192] Zhang Y, Zhang M, Zhang Y, et al. Daily-aware personalized recommendation based on feature-level time series analysis[C]//Proceedings of the 24th international conference on world wide web. 2015: 1373-1383.

[193] Zhong E, Fan W, Wang J, et al. Comsoc: adaptive transfer of user behaviors over composite social network[C]//Proceedings of the 18th ACM SIGKDD international conference on Knowledge discovery and data mining. 2012: 696-704.

[194] 高庆吉, 赵志华, 徐达, 等. 语音情感识别研究综述[J]. 智能系统学报, 2020, 15（1）: 1-13.

[195] 李航. 统计学习方法[M]. 北京: 清华大学出版社, 2012.

[196] 李海峰, 陈婧, 马琳, 等. 维度语音情感识别研究综述[J]. 软件学报, 2020, 31（8）: 2465-2491.

[197] 孙晓虎, 李洪均. 语音情感识别综述[J]. 计算机工程与应用, 2020, 56（11）: 1-9.

[198] 吴信东, 库玛尔, 李文波, 等. 数据挖掘十大算法[M]. 清华大学出版社, 2013.

[199] 邬卓恒, 时小芳. 基于机器学习的语音情感识别技术研究[J]. 信息技术与信息化, 2022（1）: 213-216.

[200] 杨淑莹. 模式识别与智能计算——MATLAB技术实现（附光盘）[M]. 北京: 电子工业出版社, 2009.

[201] 朱菊霞, 吴小培, 吕钊. 基于SVM的语音情感识别算法[J]. 计算机系统应用, 2011, 20（5）: 87.

[202] Aguilar G, Rozgić V, Wang W, et al. Multimodal and multi-view models for emotion recognition[DB/OL].（2019-06-24）[2023-06-30]. https://arxiv.org/abs/1906.10198.

[203] Arias JP, Busso C, Yoma NB. Shape-based modeling of the fundamental frequency contour for emotion detection in speech[J]. Computer Speech & Language, 2014, 28（1）: 278-294.

[204] Vaswani A, et al. Attention is all you need[C]//Advances in neural information processing systems, 2017: 5998-6008.

[205] Borchert M, Dusterhoft A. Emotions in speech-experiments with prosody and quality features in speech for use in categorical and dimensional emotion recognition environments[C]// Proc. of the 2005 Int'l Conf. on Natural Language Processing and Knowledge Engineering. IEEE, 2005.

[206] Schuller B, Rigoll G, Lang M. Speech emotion recognition combining acoustic features and linguistic information in a hybrid support vector machine-belief network architecture[C]//2004 IEEE International Conference on Acoustics, Speech, and Signal Processing, 2004: I-577.

[207] Busso C, Lee S, Narayanan S. Analysis of Emotionally Salient Aspects of Fundamental Frequency for Emotion Detection[J]//IEEE Transactions on Audio, Speech, and Language Processing, 2009, 17（4）: 582-596.

[208] Cen L, et al. Chapter 2 – A Real-Time Speech Emotion Recognition System and its Application in Online Learning[M]. Emotions, Technology, Design, and Learning, Tettegah S Y, Gartmeier M. Academic Press: San Diego. 2016: 27-46.

[209] Chadza T, Kyriakopoulos K G, Lambotharan S. Analysis of hidden Markov model learning algorithms for the detection and prediction of multi-stage network attacks[J]. Future generation computer systems, 2020, 108（Jul.）: 636-649.

[210] Clavel C , Vasilescu I, Devillers L, et al. Fear-type emotion recognition for future audio-based surveillance systems[J]. Speech Communication, 2008, 50(6): 487–503.

[211] Cowie R, Douglas-Cowie E, Tsapatsoulis N, Votsis G, Kollias S, Fellenz W, Taylor JG. Emotion recognition in human-computer interaction[J]. IEEE Signal Processing Magazine, 2001, 18(1): 32–80.

[212] Émond C, Ménard L, Laforest M, Bimbot F, Cerisara C, Fougeron C, Gravier G, Lamel L. Perceived prosodic correlates of smiled speech in spontaneous data[M]// Proc. of the Interspeech. 2013.

[213] Gupta P, Rajput N. Two-stream emotion recognition for call center monitoring[C]// Eighth Annual Conference of the International Speech Communication Association 2007. Antwerp, Belgium, 2021.

[214] Han K, Yu D, Tashev I. Speech emotion recognition using deep neural network and extreme learning machine[C]//Interspeech 2014, 2014.

[215] Hassan E A, Gayar N E, Moustafa MG. Emotions analysis of speech for call classification[C]// 2010 10th International Conference on Intelligent Systems Design and Applications. Cairo, Egypt: IEEE, 2010: 242–247.

[216] Hinton G E, Osindero S, Teh Y W. A fast learning algorithm for deep belief nets[J]. Neural computation, 2006, 18(7): 1527–1554.

[217] Huang Z, Dong M, Mao Q, et al. Speech emotion recognition using CNN[C]// Proceedings of the 22nd ACM international conference on Multimedia. 2014: 801–804.

[218] Kaur N, Singh S K. Data Optimization in Speech Recognition using Data Mining Concepts and ANN[J]. International Journal of Computer Science and Information Technologies, 2012, (3): 4283–4286.

[219] Ooi K E B, Low L-S, Lech M, Allen N. Early prediction of major depression in adolescents using glottal wave characteristics and Teager Energy parameters[C]//2012 IEEE International Conference on Acoustics, Speech and Signal Processing(ICASSP). Kyoto, Japan: IEEE, 2012: 4613–4616.

[220] Kerkeni L, Serrestou Y, Mbarki M, et al. Speech Emotion Recognition: Methods and Cases Study[J]. ICAART(2), 2018, 20.

[221] Greff K, Srivastava R K, Koutník J, Steunebrink B R, Schmidhuber J, LSTM: A search space odyssey[J]. IEEE Trans. Neural Networks Learn. Syst, 2016, 28(10):

2222-2232.

[222] Khslil R A, Jones E, Babar M I, et al. Speech emotion recognition using deep learning techniques: A review[J]. IEEE Access, 2019, 7: 117327-117345.

[223] Kim Y, Provost E M. Emotion classification via utterance-level dynamics: A pattern-based approach to characterizing affective expressions[C]//2013 IEEE International Conference on Acoustics, Speech and Signal Processing. IEEE, 2013: 3677-3681.

[224] Kwon O-W, Chan K, Hao J, Lee T-W. Emotion recognition by speech signals[C]// Eighth European Conference on Speech Communication and Technology. Geneva, Switzerland, 2003: 125-128.

[225] LEE C-C, Mower E, Busso C, Lee S, Narayanan S, Emotion recognition using a hierarchical binary decision tree approach[J]. Speech Commun, 2021, 53 (9-10): 1162-1171.

[226] Lee J, Tashev I. High-level feature representation using recurrent neural network for speech emotion recognition[C]//Interspeech 2015, 2015.

[227] LIM W, Jang D, Lee T. Speech emotion recognition using convolutional and recurrent neural networks[C]//2016 Asia-Pacific signal and information processing association annual summit and conference (APSIPA). IEEE, 2016: 1-4.

[228] Alam M, Samad MD, Vidyaratne L, Glandon A, Iftekharuddin KM. Survey on Deep Neural Networks in Speech and Vision Systems[J]. Neurocomputing, 2020, 417: 302-321.

[229] Mirsamadi S, Barsoum E, Zhang C. Automatic speech emotion recognition using recurrent neural networks with local attention[C]//2017 IEEE International conference on acoustics, speech and signal processing (ICASSP). IEEE, 2017: 2227-2231.

[230] Neiberg D, Ejenius K, Laskowski K. Emotion recognition in spontaneous speech using gmms. 2007.

[231] Nicholson J, Takahashi K, Nakatsu R. 2000. Emotion recognition in speech using neural networks. Neur. Comput, Appl. 9 (4): 290-296.

[232] Nwe TL, Foo SW, De Silva LC. Speech emotion recognition using hidden Markov models[J]. Speech Communication. 2003, 41 (4): 603-623.

[233] Pell MD, Monetta L, Paulmann S, Kotz SA. Recognizing emotions in a foreign language[J]. Journal of Nonverbal Behavior, 2009, 33 (2): 107-120.

[234] Petrushin V. Emotion in speech: Recognition and application to call centers[C]// Proceedings of artificial neural networks in engineering, 1999, 710: 22.

[235] Poon-Feng K, Huang D Y, Dong M, et al. Acoustic emotion recognition based on fusion of multiple feature-dependent deep Boltzmann machines[C]//The 9th International Symposium on Chinese Spoken Language Processing. IEEE, 2014: 584-588.

[236] R. A. KHALIL, E. Jones, M. I. Babar, T. Jan, M. H. Zafar and T. Alhussain, Speech Emotion Recognition Using Deep Learning Techniques: A Review[J]. IEEE Access, 2019, 7: 117327-117345.

[237] Rong J, Li G, Chen Y-P. Acoustic feature selection for automatic emotion recognition from speech[J]. Inform. Process. Manag, 2009, 45(3): 315-328.

[238] Cichy R, Khosla A, Pantazis D, et al. Comparison of deep neural networks to spatio-temporal cortical dynamics of human visual object ecognition reveals hierarchical correspondence[J]. Sci. Rep. 2016, 6: 27755.

[239] Salakhutdinov R, Hinton G E. Deep Boltzmann Machines[J]. Journal of Machine Learning Research, 2009, 5(2): 1967-2006.

[240] Sant'Ana R, Coelho R, Alcaim A. Text-independent speaker recognition based on the Hurst parameter and the multidimensional fractional Brownian motion model[J]. IEEE Trans. on Audio, Speech, and Language Processing, 2006, 14(3): 931-940.

[241] Sidorov M, Ultes S, Schmitt A. Emotions are a personal thing: Towards speaker-adaptive emotion recognition[C]//2014 IEEE international conference on acoustics, speech and signal processing(ICASSP). IEEE, 2014: 4803-4807.

[242] Tato R, Santos R, Kompe R, Pardo JM. Emotional space improves emotion recognition[C]//Proc. of the 7th Int'l Conf. on Spoken Language Processing. 2002.

[243] Thompson WF, Balkwill LL. Decoding speech prosody in five languages[J]. Semiotica, 2006, 158: 407-424.

[244] Tickle A. English and Japanese speakers' emotion vocalisation and recognition: A comparison highlighting vowel quality[C]//Proc. of the ISCA Tutorial and Research Workshop(ITRW)on Speech and Emotion. 2000.

[245] Wang YT, Han J, Jiang XQ, Zou J, Zhao H. Study of speech emotion recognition based on prosodic parameters and facial expression features[C]//Proc. of the Applied Mechanics and Materials. 2013.

[246] Xie Y, Liang R, Liang Z, et al. Attention-based dense LSTM for speech emotion recognition[J]. IEICE TRANSACTIONS on Information and Systems, 2019, 102（7）: 1426-1429.

[247] Yang LC, Campbell N. Linking form to meaning: The expression and recognition of emotions through prosody[C]//Proc. of the 4th ISCA Tutorial and Research Workshop（ITRW）on Speech Synthesis. 2001.

[248] Lin LY, Wei G. Speech emotion recognition based on HMM and SVM[C]//2005 International Conference on Machine Learning and Cybernetics, 2005, 8: 4898-4901.

[249] Yüncü E, Hacihabiboglu H, Bozsahin C. Automatic Speech Emotion Recognition Using Auditory Models with Binary Decision Tree and SVM[C]//2014 22nd International Conference on Pattern Recognition, Stockholm, Sweden, 2014: 773-778.

[250] Zao L, Cavalcante D, Coelho R. Time-frequency feature and AMS-GMM mask for acoustic emotion classification[J]. IEEE Signal Processing Letters, 2014, 21（5）: 620-624.

[251] Lipton Z C, Berkowitz J, Elkan C. A critical review of recurrent neural networks for sequence learning[DB/OL].（2015-10-17）[2023-06-30]. https://arxiv.org/abs/1506.00019.

[252] Zhang T, Wu J. Speech emotion recognition with i-vector feature and RNN model[C]//2015 IEEE China Summit and International Conference on Signal and Information Processing（ChinaSIP）. IEEE, 2015: 524-528.

[253] 丁名都, 李琳. 基于CNN和HOG双路特征融合的人脸表情识别[J]. 信息与控制, 2020, 49（1）: 47-54.

[254] 李博, 郭琛, 任慧. 基于加权K近邻算法的抽象画图像情感分布预测[J]. 中国传媒大学学报（自然科学版）, 2018, 25（1）: 36-40.

[255] 梁华刚, 易生, 茹锋. 结合像素模式和特征点模式的实时表情识别[J]. 中国图象图形学报, 2017, 22（12）: 1737-1749.

[256] 李祖贺. 基于视觉的情感分析研究综述[J]. 计算机应用研究, 2015（12）: 3521-3526.

[257] 王伟凝, 余英林. 图像的情感语义研究进展[J]. 电路与系统学报, 2004, 8（5）: 101-109.

[258] 王韦祥, 周欣, 何小海, 等. 基于改进MobileNet网络的人脸表情识别[J]. 计算

机应用与软件，2020，37（4）：137-144.

[259] 王阳，穆国旺，睢佰龙. 基于HOG特征和SVM的人脸表情识别[J]. 河北工业大学学报，2013，42（6）：39-42.

[260] 夏炜，夏洪文，周晶晶. 基于情感计算的情感Agent模型构建与应用[J]. 中国电化教育，2008（10）：3.

[261] 谢毓湘，栾悉道，吴玲达. 多媒体数据语义鸿沟问题分析[J]. 武汉理工大学学报：信息与管理工程版，2011，33（6）：5.

[262] 杨子文，陈蕾，浦建宇. 基于两层迁移卷积神经网络的抽象图像情感识别[J]. 中国科学技术大学学报，2019.

[263] 张立志，王冬雪，陈永超，孙华东，韩小为. 基于GMRF和KNN算法的人脸表情识别[J]. 计算机应用与软件，2020，37（10）：214-219.

[264] 钟新波. 基于计算机视觉的情感计算[J]. 现代计算机，2008（7）：4.

[265] Arandjelovic R, Gronat P, Torii A, Pajdla T and Sivic J. NetVLAD：CNN architecture for weakly supervised place recognition[C]//Proceedings of the IEEE Conference on Computer Vision and Pattern Recognition, 2016：5297-5307.

[266] Baveye Y, Bettinelli J N, Dellandréa E, et al. A large video database for computational models of induced emotion[C]//2013 Humaine Association Conference on Affective Computing and Intelligent Interaction. IEEE, 2013：13-18.

[267] Borth D, Ji R, Chen T, et al. Large-scale visual sentiment ontology and detectors using adjective noun pairs[C]//Proc of the 21st ACM International Conference on Multimedia. New York：ACM Press, 2013：223-232.

[268] B. Y. LeCun, Yann and G. Hinton. Deep learning[J]. Nature, 2015, 521：436-444.

[269] Chen T, Borth D, Darrell T, et al. DeepSentiBank：visual sentiment concept classification with deep convolutional neural net-works[DB/OL]. （2014-10-30）[2023-06-30]. https：//arxiv.org/abs/1410.8586.

[270] Dan-Glauser E S, Scherer K R. The Geneva affective picture database（GAPED）：a new 730-picture database focusing on valence and normative significance[J]. Behavior research methods, 2011, 43（2）：468.

[271] Datta R, Joshi D, Li Jia, et al. Studying aesthetics in photographic images using a computational approach[C]//Proc of the 9th European Conference on Computer Vision. Berlin：Springer, 2006：288-301.

[272] Douglas-Cowie E, Cowie R, Sneddon I, et al. The HUMAINE database：Addressing the collection and annotation of naturalistic and induced emotional

data[C]//International conference on affective computing and intelligent interaction. Springer, Berlin, Heidelberg, 2007: 488-500.

[273] Erbas K U. Facial Emotion Recognition with Convolutional Neural Network Based Architecture[J]. International Journal of Computer and Information Engineering, 2014, 15(1): 67-74.

[274] Girshick R, Donahue J, Darrell T, Malik J. Rich feature hierarchies for accurate object detection and semantic segmentation[C]//Proceedings of the IEEE conference on computer vision and pattern recognition. IEEE, 2014: 580-587.

[275] Goodfellow I J, Erhan D, Carrier P L, et al. Challenges in representation learning: A report on three machine learning contests[J]. Neural NETW, 2015, 64: 59-63.

[276] Zhang H, Jolfaei A, Alazab M. A Face Emotion Recognition Method Using Convolutional Neural Network and Image Edge Computing[J]. IEEE Access, 2019, 7: 159081-159089.

[277] Haddad J, Lézoray O, Hamel P. 3d-cnn for facial emotion recognition in videos[C]//International symposium on visual computing. Springer, Cham, 2020: 298-309.

[278] Ji SW, Xu W, Yang M, Yu K. 3D Convolution Neural Networks for Human Action Recognition[J]. IEEE Transactions on Pattern Analysis and Machine Intelligence, 2013, 35: 221-231.

[279] Joshi D, Datta R, FedorovskayaE, et al. Aesthetics and emotions in images[J]. Signal Processing Magazine, 2011, 28(5): 94-115.

[280] Lang P J. International affective picture system(IAPS): Affective ratings of pictures and instruction manual[J]. Technical report, 2005.

[281] Lucey P, Cohn J F, Kanade T, et al. The extended Cohn-Kanade dataset(ck+): A complete dataset for action unit and emotion-specified expression[C]//2010 IEEE Computer Society Conference on Computer Vision and Pattern Recognition-Workshops, San Francisco, CA, USA, 2010: 94-101.

[282] Lundqvist D, Flykt A, Ohman A. The Karolinska directed emotional faces-KDEF, CD ROM from department of clinical neuroscience, psychology section[M]. Stockholm: Karolinska Institutet, 1991.

[283] Lyons M, Kamachi M, Gyoba J. The Japanese Female Facial Expression(JAFFE) Dataset[DB/OL]. [2023-06-30]https://doi.org/10.6084/m9.figshare.5245003.v2.

[284] Machajdik J, Hanbury A. Affective image classification using features inspired by psychology and art theory[C]//Proceedings of ACM Internation Conference on

Multimedia. Firenze, Italy: ACM, 2010, 83-92.

[285] Marchesotti L, Perronnin F, Larlus D, et al. Assessing the aesthetic quality of photographs using generic image descriptors[C]//Proc of IEEE International Conference on Computer Vision. 2011: 1784-1791.

[286] Pang Bo, Lee L. Opinion mining and sentiment analysis[J]. Foundations and Trendsin Information Retrieval, 2008, 2(1-2): 1-135.

[287] Picard R W. Affective computing[M]. Cambridge: MIT Press, 2000.

[288] Le Q V, Jaitly N, Hinton G. A simple way to initialize recurrent networks of rectified linear units[DB/OL]. (2015-04-07) [2023-06-30]. https://arxiv.org/abs/1504.00941.

[289] Ren, S, He, K, Girshick, R and Sun, J. Faster R-CNN: Towards real-time object detection with region proposal networks[C]//Proceedings of the Advances in Neural Information Processing Systems, 2015: 91-99.

[290] Girshick R, Donahue J, Darrell T, et al. Rich Feature Hierarchies for Accurate Object Detection and Semantic Segmentation. Computer Vision and Pattern Recognition, 2014.

[291] Sartori A, Şenyazar B, Salah A A A, et al. Emotions in abstract art: does texture matter?[C]//Proceedings of the 18th International Conference on Image Analysis and Processing,LNCS 9279. Berlin: Springer,2015: 671-682.

[292] Simonyan K, Zisserman A. Very deep convolutional networks for large-scale image recognition[C]//International Conference on Learning Representations, 2015.

[293] Valstar M, Pantic M. Induced disgust, happiness and surprise: an addition to the MMI facial expression database[C]//Proc. 3rd Intern. Workshop on EMOTION (satellite of LREC): Corpora for Research on Emotion and Affect, 2010: 65.

[294] You Q, Luo J, Jin H, et al. Robust image sentiment analysis using progressively trained and domain transferred deep networks[C]//Proceedings of the Twenty-Ninth AAAI Conference on Arti-ficial Intelligence. Menlo Park, CA: AAAI, 2015: 381-388.

[295] Yanulevskaya V, Uijlings J, Bruni E, et al. In the eye of the beholder: employing statistical analysis and eye tracking for analyzing abstract paintings[C]//Proceedings of the 20th ACM International Conference on Multimedia. New York: ACM, 2012: 349-358.

[296] Zhao S, Yao H, Gao Y, et al. Predicting personalized image emotion perceptions

in social networks[J]. IEEE transactions on affective computing, 2016, 9（4）: 526-540.

[297] Soleymani M, Lichtenauer J, Pun T, et al. A multimodal database for affect recognition and implicit tagging[J]. IEEE transactions on affective computing, 2011, 3（1）: 42-55.

[298] 陈月芬, 崔跃利, 王三秀. 基于生理信号的情感识别技术综述[J]. 系统仿真技术, 2017, 13（1）: 1-5.

[299] 陈泽龙, 谢康宁. 基于脑电EEG信号的分析分类方法[J]. 中国医学装备, 2019, 16（12）: 151-158.

[300] 冯晓杭, 刘平, 李妍, 等. 大学生基本情绪识别眼动研究[J]. 青岛大学师范学院学报, 2012, 29（2）: 36-39.

[301] 林时来, 刘光远, 张慧玲. 蚁群算法在呼吸信号情感识别中的应用研究[J]. 计算机工程与应用, 2011, 47（2）: 169-172.

[302] 潘航, 解仑, 刘靖, 等. 面向孤独症辅助康复的交互机器人系统[J]. 计算机集成制造系统, 2019, 25（3）: 673-681.

[303] 权学良, 曾志刚, 蒋建华, 等. 基于生理信号的情感计算研究综述[J]. 自动化学报, 2021, 47（8）: 1769-1784.

[304] 孙中皋, 薛全德, 王新军, 等. 基于脑电信号的情感识别方法综述[J]. 北京生物医学工程, 2020, 39（2）: 186-195.

[305] 田媛. 现代心电图诊断技术与心电图图谱分析实用手册[M]. 北京: 当代中国音像出版社, 2004.

[306] 陶小梅, 陈心怡. 在线学习环境中基于眼动特征情感识别研究[J]. 计算机技术与发展, 2021, 31（3）: 186-190.

[307] 王琳, 张陈, 尹晓伟, 等. 一种基于驾驶员生理信号的非接触式驾驶疲劳检测技术[J]. 汽车工程, 2018, 40（3）: 333-341.

[308] 王崴, 赵敏睿, 高虹霓, 等. 基于脑电和眼动信号的人机交互意图识别[J]. 航空学报, 2021, 42（2）: 292-302.

[309] 衣晓峰. 专注力如何让脑电信号"说实话"[N]. 健康报, 2021-07-21（6）.

[310] 朱佳俊, 林挺宇, 张恒运, 等. 脑电波分析及处理综述[J]. 智能计算机与应用, 2021, 11（2）: 123-128.

[311] 毋斌. 基于小波变换的心电信号阈值去噪[J]. 山西科技, 2018, 33（1）: 77-79.

[312] Ahirwal M K, Kose M R. Emotion recognition system based on EEG signal: A

comparative study of different features and classifiers[C]//2018 second international conference on computing methodologies and communication (ICCMC). IEEE, 2018: 472–476.

[313] Alghowinem S, AlShehri M, Goecke R, et al. Exploring eye activity as an indication of emotional states using an eye–tracking sensor[M]//Intelligent systems for science and information. Springer, Cham, 2014: 261–276.

[314] Alberto C, Maniezzo D.Distributed optimization by ant colonies[C]//Proc of the First European Conf on Artificial Life.Paris: Elsevier Publishing, 1991: 134–142.

[315] Alhagry S, Fahmy A A, El–khoribi R A. Emotion recognition based on EEG using LSTM recurrent neural network[J]. International Journal of Advanced Computer Science and Applications, 2017, 8(10).

[316] Aracena C, Basterrech S, Snáel V, et al. Neural networks for emotion recognition based on eye tracking data[C]//2015 IEEE International Conference on Systems, Man, and Cybernetics. IEEE, 2015: 2632–2637.

[317] Boucsein W. Electrodermal activity[M]. New York: Plenum Press, 1992.

[318] Cacioppo J T, Tassinary L G. Principles of psychophysiology: Physical, social, and inferential elements[M]. New York: Cambridge University Press, 1990.

[319] Chen F, et al. Robust Multimodal Cognitive Load Measurement[M]. Springer, Cham, 2016: 87–99.

[320] Chowdhury RH, Reaz MB, Ali MA, Bakar AA, Chellappan K, Chang TG. Surface electromyography signal processing and classification techniques[J]. Sensors (Basel), 2013, Sep 17; 13(9): 12431–12466.

[321] Dorigo M, Di Caro G, Stutzle T. Ant algorithms[J]. Future Generation Compuer System, 2000, 16: 5–7.

[322] Duan R N, Zhu J Y, Lu B L. Differential entropy feature for EEG–based emotion classification[C]//2013 6th International IEEE/EMBS Conference on Neural Engineering (NER). IEEE, 2013: 81–84.

[323] Ekman P, Levenson R W, Friesen W V. Autonomic nervous system activity distinguishes among emotions[J]. Science, 1983, 221(4616): 1208–1210.

[324] Englehart K, Hudgins B, Parker P A, Stevenson M. Classification of the myoelectric signal using time–frequency based representations. Med. Eng. Phys. 1999, 21: 431–438.

[325] Zeng F, Lin Y, Siriaraya P, et al. Emotion Detection Using EEG and ECG Signals

from Wearable Textile Devices for Elderly People: Original Papers[J]. Journal of Textile Engineering, 2020, 66(6): 109–117.

[326] Ferdinando H, Ye L, Seppänen T, et al. Emotion recognition by heart rate variability[J]. Australian Journal of Basic and Applied Science, 2014, 8(14): 50–55.

[327] He P, Kahle M, Wilson G, et al. Removal of ocular artifacts from EEG: a comparison of adaptive filtering method and regression method using simulated data[C]//2005 IEEE Engineering in Medicine and Biology 27th Annual Conference. IEEE, 2006: 1110–1113.

[328] Liu F, Liu G, X Lai. Emotional Intensity Evaluation Method Based on Galvanic Skin Response Signal[C]//2014 Seventh International Symposium on Computational Intelligence and Design, 2014: 257–261.

[329] Geng W, Du Y, Jin W, Wei W, Hu Y, Li J. Gesture Recognition by Instantaneous Surface EMG Images[J]. Sci. Rep. 2016, 6: 36571.

[330] Guo J J, Zhou R, Zhao L M, et al. Multimodal emotion recognition from eye image, eye movement and EEG using deep neural networks[C]//2019 41st Annual International Conference of the IEEE Engineering in Medicine and Biology Society (EMBC). IEEE, 2019: 3071–3074.

[331] Becker H, Fleureau J, Guillotel P, Wendling F, Merlet I, Albera L. Emotion recognition based on high–resolution EEG recordings and reconstructed brain sources[J]. IEEE Transactions on Affective Computing, 2016.

[332] Hess E H, Polt J M. Pupil size as related to interest value of visual stimuli[J]. Science, 1960, 132(3423): 349–350.

[333] Healey J, Nachman L, Subramanian S., Shahabdeen J, Morris M. Lecture Notes in Computer Science: Pervasive Computing[M]. Berlin: Springer. 2020: 156–173.

[334] Healey J. Towards creating a standardized data set for mobile emotion context awareness[C]//NIPS 2012 workshop—Machine learning approaches to mobile context awareness.

[335] Healey J A, Picard R W. Detecting Stress During Real–World Driving Tasks Using Physiological Sensors[J]. Intelligent Transportation Systems IEEE Transactions on, 2005, 6(2): 156–166.

[336] Huang H, Hu Z, Wang W, et al. Multimodal emotion recognition based on ensemble convolutional neural network[J]. IEEE access, 2020(8): 3265–3271.

[337] Hudgins B, Parker P, Scott RN. A new strategy for multifunction myoelectric control. IEEE Trans. Biomed. Eng. 1993, 40: 82–94.

[338] Jackson D C, Mueller C J, Dolski I, et al. Now you feel it, now you don't: Frontal brain electrical asymmetry and individual differences in emotion regulation[J]. Psychological science, 2003, 14(6): 612–617.

[339] Jia Z L, Mountstephens J, Teo J. Emotion Recognition Using Eye-Tracking: Taxonomy, Review and Current Challenges[J]. Sensors, 2020, 20(8).

[340] Kim KH, Bang SW, Kim SR. Emotion Recognition System using Short-term Monitoring of Physiological Signals[J]. Medical Biology Engine Computer, 2004, 42: 419–427.

[341] Kim J, Andre E. Emotion Recognition Based on Physiological Changes in Music Listening[J]. IEEE Transactions on Pattern Analysis & Machine Intelligence, 2008, 30(12): 2067–2083.

[342] Kim KS, Choi HH, Moon CS, Mun CW. Comparison of k-Nearest Neighbor, Quadratic Discriminant and Linear Discriminant Analysis in Classification of Electromyogram Signals Based on the Wrist-Motion Directions[J]. Curr. Appl. Phys. 2011, 11: 740–745.

[343] Laezza R. Deep Neural Networks for Myoelectric Pattern Recognition An Implementation for Multifunctional Control. Master's Thesis, Chalmers University of Technology, Gothenburg, Sweden, 2018.

[344] Lakshmi K G A, Surling S N N, Sheeba O. A novel approach for the removal of artifacts in EEG signals[C]//2017 International Conference on Wireless Communications, Signal Processing and Networking (WiSPNET). IEEE, 2017: 2595–2599.

[345] Lanatà A, Armato A, Valenza G, et al. Eye tracking and pupil size variation as response to affective stimuli: a preliminary study[C]//2011 5th International Conference on Pervasive Computing Technologies for Healthcare (PervasiveHealth) and Workshops. IEEE, 2011: 78–84.

[346] Lang P J. The emotion probe: Studies of motivation and attention[J]. American Psychologist, 1995,50(5): 372–385.

[347] Lee H J, Lee S G. Arousal - valence recognition using CNN with STFT feature - combined image[J]. Electronics Letters, 2018, 54(3): 134–136.

[348] Lee J, Yoo S K. Deep Learning based Emotion Classification using Multi Modal

Bio—signals[J]. Journal of Korea Multimedia Society, 2020, 23(2): 146–154.

[349] Li M, Xu H, Liu X, et al. Emotion recognition from multichannel EEG signals using K–nearest neighbor classification[J]. Technology and health care, 2018, 26 (S1): 509–519.

[350] Zhang L, Walter S, Ma XY, Werner P, Al–Hamadi A, Traue H C, Gruss S. "BioVid Emo DB": A Multimodal Database for Emotion Analyses validated by Subjective Ratings[C]//Proc. IEEE Symposium Series on Computational Intelligence, 2016.

[351] Liu W, Zheng W L, Lu B L. Emotion recognition using multimodal deep learning[C]//International conference on neural information processing. Springer, Cham, 2016: 521–529.

[352] Lundqvist LO. Facial EMG reactions to facial expressions: A case of facial emotional contagion?[J]. Scandinavian Journal of Psychology, 1995, 36: 130–141.

[353] Lu Y, Zheng W L, Li B, et al. Combining eye movements and EEG to enhance emotion recognition[C]//Twenty–Fourth International Joint Conference on Artificial Intelligence, 2015.

[354] Luo W, Zhang Z, Wen T, Li C, Luo Z. Features Extraction and Multi–Classification of sEMG Using A GPU–Accelerated GA/MLP Hybrid Algorithm[J]. X–ray Sci. Technol. 2017, 25: 273–286.

[355] Mehmood R M, Lee H J. A novel feature extraction method based on late positive potential for emotion recognition in human brain signal patterns[J]. Computers & Electrical Engineering, 2016, 53: 444–457.

[356] Anadi M K, Subramanian R, Kia S M, Avesani P, Patras I, Sebe N. DECAF: MEG–Based Multimodal Database for Decoding Affective Physiological Responses[C]// IEEE Transactions on Affective Computing, 2015, 6(3): 209–222.

[357] Oh SJ, Kim DK. Comparative Analysis of Emotion Classification Based on Facial Expression and Physiological Signals Using Deep Learning[J]. Applied Sciences, 2022, 12(3).

[358] Oktavia N Y, Wibawa A D, Pane E S, et al. Human emotion classification based on EEG signals using Naïve bayes method[C]//2019 International Seminar on Application for Technology of Information and Communication (iSemantic). IEEE, 2019: 319–324.

[359] Park M S, Oh H S, Jeong H, et al. EEG–based emotion recogntion during

emotionally evocative films[C]//2013 International Winter Workshop on Brain-Computer Interface（BCI）. IEEE, 2013: 56–57.

[360] Partala T, Surakka V. Pupil size variation as an indication of affective processing[J]. International journal of human-computer studies, 2003, 59（1–2）: 185–198.

[361] Paul S, Banerjee A, Tibarewala D N. Emotional eye movement analysis using electrooculography signal[J]. International Journal of Biomedical Engineering and Technology, 2017, 23（1）: 59–70.

[362] Phinyomark A, Quaine F, Charbonnier S, Serviere C, Tarpin-Bernard F, Laurillau Y. EMG Feature Evaluation for Improving Myoelectric Pattern Recognition Robustness[J]. Expert Syst. Appl. 2013, 40: 4832–4840.

[363] Phinyomark A, Scheme E. EMG Pattern Recognition in the Era of Big Data and Deep Learning. Big Data and Cognitive Computing, 2018. 2（3）: 21.

[364] Picard R W, Vyzas E, Healey J. Toward machine emotional intelligence: Analysis of affective physiological state[J]. IEEE transactions on pattern analysis and machine intelligence, 2001, 23（10）: 1175–1191.

[365] Picard R W, Healey J. Affective Wearables[J]. Personal and Ubiquitous Computing, 1997, 1（4）: 231–240.

[366] Rafael A. C, Sidney D, Jonathan G, Arvid K. The Oxford Handbook of Affective Computing（1st. ed.）. Oxford University Press, Inc., USA, 2014.

[367] Rayatdoost S, Rudrauf D, Soleymani M. Expression-guided EEG representation learning for emotion recognition[C]//ICASSP 2020–2020 IEEE International Conference on Acoustics, Speech and Signal Processing（ICASSP）. IEEE, 2020: 3222–3226.

[368] Raudonis V, Dervinis G, Vilkauskas A, et al. Evaluation of human emotion from eye motions[J]. International journal of advanced computer science and applications, 2013, 4（8）: 79–84.

[369] Safieddine D, Kachenoura A, Albera L, et al. Removal of muscle artifact from EEG data: comparison between stochastic（ICA and CCA）and deterministic（EMD and wavelet-based）approaches[J]. EURASIP Journal on Advances in Signal Processing, 2012（1）: 1–15.

[370] Savran A, Ciftci K, Chanel G, et al. Emotion detection in the loop from brain signals and facial images[C]//Proceedings of the eNTERFACE 2006 Workshop, 2006.

[371] Schwartz G E, Fair P L, Salt P, et al. Facial muscle patterning to affective imagery in depressed and nondepressed subjects[J]. Science, 1976, 192(4238): 489–491.

[372] Sharma K, Castellini C, van den Broek E L et al. A dataset of continuous affect annotations and physiological signals for emotion analysis[J]. Sci Data, 2019, 6: 196.

[373] Shim H M, Lee S. Multi-Channel Electromyography Pattern Classification Using Deep Belief Networks for Enhanced User Experience[J]. Cent. South Univ., 2015, 22: 1801–1808.

[374] Shu L, Xie J, Yang M, et al. A review of emotion recognition using physiological signals[J]. Sensors, 2018, 18(7): 2074.

[375] Shu Y, Wang S. Emotion recognition through integrating EEG and peripheral signals[C]//2017 IEEE international conference on acoustics, speech and signal processing(ICASSP). IEEE, 2017: 2871–2875.

[376] Soleymani M, Pantic M, Pun T. Multimodal emotion recognition in response to videos[J]. IEEE transactions on affective computing, 2011, 3(2): 211–223.

[377] WALTER S, Werner P, Gruss S, Traue H C, Al-Hamadi A, et al. The BioVid Heat Pain Database: Data for the Advancement and Systematic Validation of an Automated Pain Recognition System[C]//Proceedings of IEEE International Conference on Cybernetics, 2013.

[378] Tang H, Liu W, Zheng W L, et al. Multimodal emotion recognition using deep neural networks[C]// International Conference on Neural Information Processing. Springer, Cham, 2017: 811–819.

[379] Thammasan N, Moriyama K, Fukui K, et al. Continuous music-emotion recognition based on electroencephalogram[J]. IEICE TRANSACTIONS on Information and Systems, 2016, 99(4): 1234–1241.

[380] Tripathi S, Acharya S, Sharma R D, et al. Using Deep and Convolutional Neural Networks for Accurate Emotion Classification on DEAP Dataset [C]// Proceedings of the Thirty-First AAAI Conference on Artificial Intelligence, San Francisco: AAA Press, 2017: 4746–4752.

[381] Vijaya P A, Shivakumar G. Galvanic skin response: a physiological sensor system for affective computing[J]. International journal of machine learning and computing, 2013, 3(1): 31.

[382] Vijayakumar S, Flynn R, Murray N. A Comparative Study of Machine Learning

Techniques for Emotion Recognition From Peripheral Physiological Signals[C]//ISSC 2020. 31st Irish Signals and System Conference. Letterkenny, June 11th–12th 2020. Ireland, IEEE 2020.

[383] Vyzas E, Picard R W. Affective Pattern Classification[J]. Emotional & Intelligent: The Tangled Knot of Cognition, 1998: 176–182.

[384] Wagner J, Kim J, André E. From physiological signals to emotions: Implementing and comparing selected methods for feature extraction and classification[C]//2005 IEEE international conference on multimedia and expo. IEEE, 2005: 940–943.

[385] Wang Y, Lv Z, Zheng Y. Automatic emotion perception using eye movement information for E-healthcare systems[J]. Sensors, 2018, 18(9): 2826.

[386] Wen Z, Xu R, Du J. A novel convolutional neural networks for emotion recognition based on EEG signal[C]//2017 International Conference on Security, Pattern Analysis, and Cybernetics(SPAC). IEEE, 2017: 672–677.

[387] Wu D R, Xu Y F, Lv B L. Transfer learning for EEG-based brain-computer interfaces: A review of progress made since 2016[J]. IEEE Transactions on Cognitive and Developmental Systems, 2020, 14: 4–19.

[388] Yang S, Yang G. Emotion Recognition of EMG Based on Improved LM BP Neural Network and SVM[J]. J. Softw., 2011, 6(8): 1529–1536.

[389] Zhang Q, Chen X, Zhan Q, et al. Respiration-based emotion recognition with deep learning [J]. Computers in industry, 2017(92–93): 84–90.

[390] Zhang Y, Cheng C, Zhang Y D. Multimodal emotion recognition based on manifold learning and convolution neural network[J]. Multimedia Tools and Applications, 2022: 1–16.

[391] Zheng W L, Liu W, Lu Y, et al. Emotionmeter: A multimodal framework for recognizing human emotions[J]. IEEE transactions on cybernetics, 2018, 49(3): 1110–1122.

[392] Zheng W L, Zhu J Y, Lu B L. Identifying stable patterns over time for emotion recognition from EEG[J]. IEEE Transactions on Affective Computing, 2017, 10(3): 417–429.

[393] Zheng W L, Lu B L. Investigating critical frequency bands and channels for EEG-based emotion recognition with deep neural networks[J]. IEEE Transactions on autonomous mental development, 2015, 7(3): 162–175.

[394] 冯志伟. 自然语言计算机形式分析的理论与方法[M]. 合肥：中国科学技术大

学出版社, 2018.

[395] 郭琛, 高小榕. 用于眼动检测和脑电采集的数据同步方法[C]//第九届全国信息获取与处理学术会议论文集Ⅱ. 丹东, 中国, 2011.

[396] 黄静, 金斯伯里. 用于噪声鲁棒语音识别的视听深度学习[C]//2013 IEEE 声学、语音和信号处理国际会议. IEEE, 2013.

[397] 刘法尧, 等. 多模式阿尔茨海默病分类的原始多核学习[J]. IEEE 生物医学与健康信息学杂志, 2013, 18(3): 984-990.

[398] 刘菁菁, 吴晓峰. 基于长短时记忆网络的多模态情感识别和空间标注[J]. 复旦学报(自然科学版), 2020, 59(5): 565-574.

[399] 潘家辉, 何志鹏, 李自娜, 等. 多模态情绪识别研究综述[J]. 智能系统学报, 2020, 15(4): 633-645.

[400] 秦兵, 等. 情感计算研究进展、现状及趋势[M]. 中文信息处理发展报告, 2021, 15: 461-473

[401] 王传昱, 李为相, 陈震环. 基于语音和视频图像的多模态情感识别研究[J]. 计算机工程与应用, 2021, 57(23): 163-170.

[402] 王兰馨, 王卫亚, 程鑫. 结合 Bi-LSTM-CNN 的语音文本双模态情感识别模型[J]. 计算机工程与应用, 2022, 58(4): 192-197.

[403] 吴迪, 凌绍. 用于手势识别的多模式动态网络. 第22届 ACM 多媒体国际会议论文集, 2014.

[404] 吴友政, 李浩然, 姚霆, 等. 多模态信息处理前沿综述: 应用, 融合和预训练[J]. 中文信息学报, 2022, 36(5): 1-20.

[405] 王志娟, 彭宣维. 知识表征研究——过往与前瞻[J]. 北京科技大学学报(社会科学版), 2021.

[406] 姚鸿勋, 邓伟洪, 刘洪海, 等. 情感计算与理解研究发展概述[J]. 中国图象图形学报, 2022, 24(6): 2008-2035.

[407] 赵小明, 杨轶娇, 张石清. 面向深度学习的多模态情感识别研究进展[J]. 计算机科学与探索, 2022, 16(7): 1479.

[408] 周进, 叶俊民, 李超. 多模态学习情感计算: 动因, 框架与建议[J]. 电化教育研究, 2021.

[409] Angelov P, Soares E. Towards explainable deep neural networks(xDNN)[J]. Neural Networks, 2020, 130: 185-194.

[410] Arevalillo-Herráez M, Cobos M, Roger S, et al. Combining inter-subject modeling with a subject-based data transformation to improve affect recognition from EEG

signals[J]. Sensors, 2019, 19(13): 2999.

[411] Brown T, Mann B, Ryder N, et al. Language models are few-shot learners[J]. Advances in neural information processing systems, 2020, 33: 1877-1901.

[412] Baltrušaitis T, Banda N, Robinson P. Dimensional affect recognition using continuous conditional random fields[C]//2013 10th IEEE International Conference and Workshops on Automatic Face and Gesture Recognition(FG). IEEE, 2013: 1-8.

[413] Poria S, Chaturvedi I, Cambria E, et al. Convolutional MKL Based Multimodal Emotion Recognition and Sentiment Analysis[C]//2016 IEEE 16th International Conference on Data Mining(ICDM), Barcelona, Spain, 2016: 439-448.

[414] Haghighat M, Abdelmottaleb M, Alhalabi W. Discriminant correlation analysis: real-time feature level fusion for multimodal biometric recognition[J]. IEEE transactions on information forensics and security, 2016, 11(9): 1984-1996.

[415] Zhalehpour S, Onder O, Akhtar Z, et al. BAUM-1: A spontaneous audio-visual face database of affective and mental states[J]. IEEE transactions on affective computing, 2016, 8(3): 300-313.

[416] Bojanowski P, Grave E, Joulin A, et al. Enriching word vectors with subword information[J]. Transactions of the Association for Computational Linguistics, 2017, 5: 135-146.

[417] Busso C, Bulut M, LEE C C, et al. IEMOCAP: interactive emotional dyadic motion capture database[J]. Language Resources and Evaluation, 2008, 42(4): 335-359.

[418] Chang Z, Liao X, Liu Y, et al. Research of decision fusion for multi-source remote-sensing satellite information based on SVMs and DS evidence theory[C]// Poceedings of the Fourth International Workshop on Advanced Computational Intelligence. Wuhan, China, 2011: 416-420.

[419] Chen J, Wang C H, Wang K J, et al. HEU emotion: a large-scale database for multimodal emotion recognition in the wild[J]. Neural Computing and Applications, 2021, 33(14): 8669-8685.

[420] Chen J, She Y, Zheng M et al. A multimodal affective computing approach for children companion robots[C]//Proceedings of the Seventh International Symposium of Chinese CHI on-Chinese CHI'19. Xiamen ACM Press, 2019: 57-64.

[421] D' mello S K, Kory J. A review and meta-analysis of multimodal affect detection systems[J]. ACM computing surveys(CSUR), 2015, 47(3): 1-36.

[422] Dhall A, Goecke R, Lucey S, et al. Collecting large, richly annotated facial-expression databases from movies[J]. IEEE Multimedia, 2012, 19(3): 34-41.

[423] Di Mitri D, Schneider J, Specht M, et al. From signals to knowledge: a conceptual model for multimodal learning analytics[J]. Journal of computer assisted learning, 2018, 34(4): 338-349.

[424] Dai W L, Cahyawijaya S, Liu Z H, et al. Multimodal end-to-end sparse model for emotion recognition[C]//Proceedings of the 2021 Conference of the North American Chapter of the Association for Computational linguistics: Human Language Technologies, 2021: 5305-5316.

[425] Devlin J, Chang M W, Lee K, et al. Bert: Pre-training of deep bidirectional transformers for language understanding[DB/OL]. (2019-05-24) [2023-06-30]. https://arxiv.org/abs/1810.04805.

[426] Du CD, Du CY, Li JP, et al. Semi-supervised Bayesian Deep Multi-modal Emotion Recognition[DB/OL]. (2017-04-25) [2023-06-30]. https://arxiv.org/abs/1704.07548.

[427] Ebrahimi Kahou S, Bouthillier X, Lamblin P, et al. EmoNets: Multimodal deep learning approaches for emotion recognition in video[DB/OL]. (2015-05-30)[2023-06-30]. http://export.arxiv.org/abs/1503.01800v1.

[428] Ekman P. An argument for basic emotions[J]. Cognition & emotion, 1992, 6(3-4): 169-200.

[429] Emerich S, Lupu E, Apatean A. Bimodal approach in emotion recognition using speech and facial expressions[C]//Poceedings of the 2009 International Symposium on Signals, Circuits and Systems. Iasi, Romania, 2009: 1-4.

[430] Escalante H J, Kaya H, Salah A A, et al. Modeling, recognizing, and explaining apparent personality from videos[J]. IEEE Transactions on Affective Computing, 2020: 1.

[431] Fidler S, Sharma A, Urtasun R. A sentence is worth a thousand pixels[C]//Proceedings of the IEEE conference on Computer Vision and Pattern Recognition. 2013: 1995-2002.

[432] Freund Y, Schapire R E. Experiments with a new boosting algorithm[C]//Poceedings of the 1996 International Conference on Machine Learning. Bari, Italy, 1996: 148-156.

[433] Gao H, Mao J, Zhou J, et al. Are you talking to a machine? dataset and methods for

multilingual image question[J]. Advances in neural information processing systems, 2015, 28.

[434] Gao J, Li P, Chen Z K, et al. A survey on deep learning for multimodal data fusion[J]. Neural Computation, 2020, 32(5): 829–864.

[435] Garg A, Pavlovic V, Rehg J M. Boosted learning in dynamic Bayesian networks for multimodal speaker detection[J]. Proceedings of the IEEE, 2003, 91(9): 1355–1369.

[436] Ghahramani Z, Jordan M I. Factorial hidden markov models machine learning[J]. Kluwer Academic Publishers, 1997.

[437] Gunes H, Piccardi M. Bi–modal emotion recognition from expressive face and body gestures[J]. Journal of network and computer applications, 2007, 30(4): 1334–1345.

[438] Gurban M, Thiran J P, Drugman T, et al. Dynamic modality weighting for multi-stream hmms inaudio–visual speech recognition[C]//Proceedings of the 10th international conference on Multimodal interfaces. 2008: 237–240.

[439] Hazarika D, Gorantla S, Poria S, et al. Selfattentive feature–level fusion for multimodal emotion detection[C]//Proceedings of the IEEE 1st Conference on Multimedia Information Processing and Retrieval, Miami, Apr 10–12, 2018. Piscataway: IEEE, 2018: 196–201.

[440] Huang J, Kingsbury B. Audio–visual deep learning for noise robust speech recognition[C]//2013 IEEE international conference on acoustics, speech and signal processing. IEEE, 2013: 7596–7599.

[441] Huang J, Tao J H, Liu B, et al. Multimodal transformer fusion for continuous emotion recognition[C]//Proceedings of the IEEE 2020 International Conference on Acoustics, Speech and Signal Processing, Barcelona, May 4–8, 2020. Piscataway: IEEE, 2020: 3507–3511.

[442] Huang Y, Yang J, Liu S, et al. Combining facial expressions and electroencephalography to enhance emotion recognition[J]. Future internet, 2019, 11(5): 105.

[443] Izard C E. Basic emotions, natural kinds, emotion schemas, and a new paradigm[J]. Perspectives on psychological science, 2007, 2(3): 260–280.

[444] Jacko J A. Human computer interaction handbook: Fundamentals, evolving technologies, and emerging applications. 2012.

[445] Jiang X, Wu F, Zhang Y, et al. The classification of multi-modal data with hidden conditional random field[J]. Pattern Recognition Letters, 2015, 51: 63-69.

[446] Jia X, Gavves E, Fernando B, et al. Guiding the long-short term memory model for image caption generation[C]//Proceedings of the IEEE international conference on computer vision. 2015: 2407-2415.

[447] Jin Q, Liang J. Video description generation using audio and visual cues[C]// Proceedings of the 2016 ACM on International Conference on Multimedia Retrieval. 2016: 239-242.

[448] Kahou S E, Bouthillier X, Lamblin P, et al. Emonets: Multimodal deep learning approaches for emotion recognition in video[J]. Journal on Multimodal User Interfaces, 2016, 10(2): 99-111.

[449] Khare A, Parthasarathy S, Sundaram S. Self-supervised learning with cross-modal transformers for emotion recognition[C]//Proceedings of the 2021 IEEE Spoken Language Technology Workshop, Shenzhen, Jan 19-22, 2021. Piscataway: IEEE, 2021: 381-388.

[450] Kim Y, Lee H, Provost E M. Deep learning for robust feature generation in audiovisual emotion recognition[C]//2013 IEEE international conference on acoustics, speech and signal processing. IEEE, 2013: 3687-3691.

[451] Koelstra S, Patras I. Fusion of facial expressions and EEG for implicit affective tagging[J]. Image and vision computing, 2013, 31(2): 164-174.

[452] Krishna D N, Patil A. Multimodal emotion recognition using cross-modal attention and 1D convolutional neural networks[C]//Proceedings of the 21st Annual Conference of the International Speech Communication Association, Shanghai, Oct 25-29, 2020: 4243-4247.

[453] Lewis M, Liu Y, Goyal N, et al. Bart: Denoising sequence-to-sequence pre-training for natural language generation, translation, and comprehension[DB/OL]. (2019-10-29)[2023-06-30]. https://arxiv.org/abs/1910.13461.

[454] Lin H C K, Su S H, Chao C J, et al. Construction of multi-mode affective learning system: taking affective design as an example[J]. Journal of Educational Technology & Society, 2016, 19(2): 132-147.

[455] Liu J, Chen S, Wang L, et al. Multimodal emotion recognition with capsule graph convolutional based representation fusion[C]//ICASSP 2021-2021 IEEE International Conference on Acoustics, Speech and Signal Processing (ICASSP).

IEEE, 2021: 6339–6343.

[456] Li Y, Tao J H, Schuller B W, et al. MEC 2016: the multimodal emotion recognition challenge of CCPR 2016 [C]//Proceedings of the 7th Chinese Conference on Pattern Recognition, Chengdu, Nov 5–7, 2016. Cham: Springer, 2016: 667–678.

[457] Lian Z, Liu B, Tao J H. CTNet: conversational transformer network for emotion recognition[J]. IEEE/ACM Transactions on Audio, Speech, Language Processing, 2021, 29: 985–1000.

[458] Liu Y, Ott M, Goyal N, et al. RoBERTa: a robustly optimized BERT pretraining approach[DB/OL]. (2019–07–26)[2023–06–30]. https://arxiv.org/abs/1907.11692.

[459] Livingstone S R, Russo F A. The Ryerson audio visual database of emotional speech and song (RAVDESS): a dynamic, multimodal set of facial and vocal expressions in North American English[J]. PLoS One, 2018, 13(5): e0196391.

[460] Lühmann A V, Wabnitz H, Sander T, et al. M3BA: A mobile, modular, multimodal biosignal acquisition architecture for miniaturized EEG–NIRS based hybrid BCI and monitoring[J]. IEEE transactions on biomedical engineering, 2016, 64(6): 1199–1210.

[461] Malinowski M, Rohrbach M, Fritz M. Ask your neurons: A neural–based approach to answering questions about images[C]//Proceedings of the IEEE international conference on computer vision. 2015: 1–9.

[462] Mansoorizadeh M, Charkari N M. Multimodal information fusion application to human emotion recognition from face and speech[J]. Multimedia tools and applications, 2010, 49(2): 277–297.

[463] Martin O, KOTSIA I, Macq B, et al. The [16]eNTERFACE 05 audio–visual emotion database[C]//Proceedings of the 22nd International Conference on Data Engineering Workshops, Atlanta, Apr 3–7, 2006. Washington: IEEE Computer Society, 2006: 8.

[464] Mikolov T, Chen K, Corrado G, et al. Efficient estimation of word representations in vector space[DB/OL]. (2013–09–07) [2023–06–30]. https://arxiv.org/abs/1301.3781.

[465] Morency L P, Baltrusaitis T. Tutorial on multimodal machine learning [C]//Proceedings of the 55th Annual Meeting of the Association for Computational Linguistics, 2017.

[466] Mor N, Wolf L, Polyak A, et al. A universal music translation network [DB/OL].

（2018–05–23）[2023–06–30]. https：//arxiv.org/abs/1805.07848.

[467] Murofushi T, Sugeno M. An interpretation of fuzzy measures and the Choquet integral as an integral with respect to a fuzzy measure[J]. Fuzzy sets and systems, 1989, 29（2）: 201–227.

[468] Nefian A V, Liang L, Pi X, et al. A coupled HMM for audio–visual speech recognition[C]//2002 IEEE International Conference on Acoustics, Speech, and Signal Processing. IEEE, 2002, 2: II–2013–II–2016.

[469] Nefian A V, Liang L, Pi X, et al. Dynamic bayesian networks for audio–visual speech recognition[J]. EURASIP journal on advances in signal processing, 2002, 2002（11）: 783042.

[470] Neverova N, Wolf C, Taylor G, et al. Moddrop: adaptive multi–modal gesture recognition[J]. IEEE Transactions on Pattern Analysis and Machine Intelligence, 2015, 38（8）: 1692–1706.

[471] Ngiam J, Khosla A, Kim M, et al. Multimodal deep learning[C]//ICML. 2011.

[472] Nicolaou M A, Gunes H, Pantic M. Continuous prediction of spontaneous affect from multiple cues and modalities in valence–arousal space[J]. IEEE Transactions on Affective Computing, 2011, 2（2）: 92–105.

[473] Nigay L, Coutaz J. A design space for multimodal systems: concurrent processing and data fusion[C]//Proceedings of the SIGCHI conference on Human factors in computing systems–CHI'93. Amsterdam, The Netherlands: ACM Press, 1993: 172–178.

[474] Pan Z X, Luo Z J, Yang J C, et al. Multi–modal attention for speech emotion recognition[C]//Proceedings of the 21st Annual Conference of the International Speech Communication Association, Oct 25–29, 2020: 364–368.

[475] Perepelkina O, Kazimirova E, Konstantinova M. RAMAS: Russian multimodal corpus of dyadic interaction for affective computing[C]//LNCS 11096: Proceedings of the 20th International Conference on Speech and Computer, Leipzig, Sep 18–22, 2018. Cham: Springer, 2.

[476] Ponti JR M P. Combining classifiers: from the creation of ensembles to the decision fusion[C]//Poceedings of the 2011 24th SIBGRAPI Conference on Graphics, Patterns, and Images Tutorials. Alagoas, Brazil, 2011: 1–10.

[477] Poria S, Cambria E, Bajpai R, et al. A review of affective computing: From unimodal analysis to multimodal fusion[J]. Information Fusion, 2017, 37: 98–125.

[478] Poria S, Cambria E, Hazarika D, et al. Multi-level multiple attentions for contextual multimodal sentiment analysis[C]//Proceedings of the 2017 IEEE International Conference on Data Mining, New Orleans, Nov 18- 21, 2017. Washington: IEEE Computer Society, 2.

[479] Poria S, Hazarika D, Majumder N, et al. MELD: a multimodal multi-party dataset for emotion recognition in conversations[C]//Proceedings of the 57th Conference of the Association for Computational Linguistics, Florence, Jul 28-Aug 2, 2019. Stroudsburg: ACL,

[480] Potamianos G, Neti C, Gravier G, et al. Recent advances in the automatic recognition of audiovisual speech[J]. Proceedings of the IEEE, 2003, 91(9): 1306-1326.

[481] Qin T, Liu T Y, Zhang X D, et al. Global ranking using continuous conditional random fields[J]. Advances in neural information processing systems, 2008, 21.

[482] Quattoni A, Wang S, Morency L P, et al. Hidden-state conditional random fields[J]. IEEE Transactions on Pattern Analysis and Machine Intelligence, 2007, 29(10): 1848-1852.

[483] Raffel C, Shazeer N, Roberts A, ET AL. Exploring the limits of transfer learning with a unified text-to-text transformer[J]. J. Mach. Learn. Res., 2020, 21(140): 1-67.

[484] Rajagopalan S S, Morency L P, Baltrusaitis T, et al. Extending long short-term memory for multi-view structured learning[C]//European Conference on Computer Vision. Springer, Cham, 2016: 338-353.

[485] Reiter S, Schuller B, Rigoll G. Hidden conditional random fields for meeting segmentation[C]//2007 IEEE International Conference on Multimedia and Expo. IEEE, 2007: 639-642.

[486] Ren M, Huang X, Shi X, et al. Avec 2017: Real-life depression, and affect recognition workshop and challenge[C]//Proceedings of the 7th annual workshop on audio/visual emotion challenge. 2017: 3-9.

[487] Shoumy N J, Ang L M, Seng K P, et al. Multimodal big data affective analytics: a comprehensive survey using text, audio, visual and physiological signals[J]. Journal of Network and Computer Applications, 2020, 149: 102447.

[488] Siriwardhana S, Kaluarachchi T, Billinghurst M, et al. Multimodal emotion recognition with transformer- based self supervised feature fusion[J]. IEEE Access,

2020, 8: 176274–176285.

[489] Soleymani M, Asghariesfeden S, Pantic M, et al. Continuous emotion detection using EEG signals and facial expressions[C]//Poceedings of the 2014 IEEE International Conference on Multimedia and Expo. Chengdu, China, 2014: 1–6.

[490] Song Y, Morency L P, Davis R. Multimodal human behavior analysis: learning correlation and interaction across modalities[C]//Proceedings of the 14th ACM international conference on Multimodal interaction. 2012: 27–30.

[491] Song Y, Morency L P, Davis R. Multi-view latent variable discriminative models for action recognition[C]//2012 IEEE Conference on Computer Vision and Pattern Recognition. IEEE, 2012: 2120–2127.

[492] Srivastava N, Salakhutdinov R. Multimodal learning with deep boltzmann machines[J]. Advances in neural information processing systems, 2012, 25.

[493] Sun Z, Song Q, Zhu X, et al. A novel ensemble method for classifying imbalanced data[J]. Pattern Recognition, 2015, 48(5): 1623–1637.

[494] Sutton C, McCallu A. An Introduction to Conditional Random Fields for Relational Learning[M]. Getoor L, Taskar B. Introduction to Statistical Relational Learning. The MIT Press, 2007: 93.

[495] Tomkins S. Affect imagery consciousness: Volume I: The positive affects[M]. Springer publishing company, 1962.

[496] Szegedy C, Liu W, Jia Y Q, et al. Going deeper with convolutions [C]//2015IEEE Conference on Computer Vision and Pattern Recognition. June 7–12, 2015, Boston, MA. IEEE, 2015: 1–9.

[497] Verma S, Wang J, Ge Z, et al. Deep-HOSeq: deep higher order sequence fusion for multimodal sentiment analysis[DB/OL]. (2020–10–16) [2023–06–30]. https://arxiv.org/abs/2010.08218.

[498] Vinyals O, Toshev A, Bengio S, et al. Show and tell: A neural image caption generator[C]//Proceedings of the IEEE conference on computer vision and pattern recognition. 2015: 3156–3164.

[499] Wang Y, Guan L. Recognizing human emotional state from audiovisual signals[J]. IEEE Transactions on Multimedia, 2008, 10(5): 936–946.

[500] Wang Z L, Wan Z H, Wan X J. TransModality: an End2End fusion method with transformer for multimodal sentiment analysis[C]//Proceedings of the Web Conference 2020, Taipei, China, Apr 20–24, 2020. New York: ACM, 2020:

2514–2520.

[501] Wöllmer M, Kaiser M, Eyben F, et al. LSTM–modeling of continuous emotions in an audiovisual affect recognition framework[J]. Image and Vision Computing, 2013, 31（2）: 153–163.

[502] Wöllmer M, Metallinou A, Eyben F, et al. Context–sensitive multimodal emotion recognition from speech and facial expression using bidirectional lstm modeling[C]// Proc. INTERSPEECH 2010, Makuhari, Japan. 2010: 2362–2365.

[503] Wu D, Shao L. Multimodal dynamic networks for gesture recognition[C]// Proceedings of the 22nd ACM international conference on Multimedia. 2014: 945–948.

[504] Wu P, Liu H, Li X, et al. A novel lip descriptor for audio–visual keyword spotting based on adaptive decision fusion[J]. IEEE transactions on multimedia, 2016, 18（3）: 326–338.

[505] Wu J, Zhang Y, Zhao X, et al. A generalized zero–shot framework for emotion recognition from body gestures[DB/OL]. （2020–10–20）[2023–06–30]. https: // arxiv.org/abs/2010.06362.

[506] Xu H, Saenko K. Ask, attend and answer: Exploring question–guided spatial attention for visual question answering[C]//European conference on computer vision. Springer, Cham, 2016: 451–466.

[507] Xu J, Durrett G. Neural extractive text summarization with syntactic compression[C/ OL]//Proceedings of the 2019 Conference on Empirical Methods in Natural Language Processing and the 9th International Joint Conference on Natural Language Processing Hong Kong, China. 2019: 3292–3303.

[508] Yan J, Zheng W, Xu Q, et al. Sparse kernel reducedrank regression for bimodal emotion recognition from facial expression and speech[J]. IEEE transactions on multimedia, 2016, 18（7）: 1319–1329.

[509] Yang P, Sun X, Li W, et al. SGM: Sequence generation model for multi-label classification[C/OL]//Proceedings of the 27th International Conference on Computational Linguistics. Santa Fe, New Mexico, USA: Association for Computational Linguistics, 2018: 4939.

[510] Zadeh A, Chen M, Poria S, et al. Tensor fusion network for multimodal sentiment analysis[DB/OL].（2017–07–23）[2023–06–30]. https: //arxiv.org/abs/1707.07250.